Identity Management – eine Einführung

Christian Mezler-Andelberg ist Manager Business Process Management bei Magna Steyr in Graz. In dieser Position ist er unter anderem für Identity Management und die ITIL-Prozesse verantwortlich. Er verfügt über Zertifizierungen zum MCSE NT und W2K, ITIL Foundation und ITIL Servicemanager. Darüber hinaus hat er Ausbildungen in Projektmanagement, Controlling, Mitarbeiterführung und EDV-Recht durchlaufen.

Christian Mezler-Andelberg

Identity Management – eine Einführung

Grundlagen, Technik, wirtschaftlicher Nutzen

dpunkt.verlag

Christian Mezler-Andelberg
christian.mezler@gmx.at

Lektorat: René Schönfeldt
Copy-Editing: René Wiegand, Bonn
Herstellung: Birgit Bäuerlein
Umschlaggestaltung: Helmut Kraus, www.exclam.de
Druck und Bindung: Koninklijke Wöhrmann B.V., Zutphen, Niederlande

Bibliografische Information Der Deutschen Bibliothek
Die Deutsche Bibliothek verzeichnet diese Publikation in der Deutschen Nationalbibliografie; detaillierte bibliografische Daten sind im Internet über <http://dnb.ddb.de> abrufbar.

ISBN 978-3-89864-438-9

1. Auflage 2008

Ringstraße 19 B
69115 Heidelberg

5 4 3 2 1 0

Für Angelika,
die einfach die Idealbesetzung
der weiblichen Hauptrolle in meinem Leben ist

Inhaltsverzeichnis

Anhang

Vorwort

Im Sommer 2005 holte mich mein damaliger Chef in sein Büro, um mir eine neue Aufgabe zu übertragen. Der Projektleiter eines laufenden Identity-Management-Projekts hatte gekündigt und ich sollte das Projekt übernehmen. Auf meine Frage, was ich unter Identity Management zu verstehen hätte, erklärte er mir, dass es eigentlich um Benutzerverwaltung gehe, und dann folgte eine Reihe von Schlagworten wie SSO, Provisioning und Deprovisioning. Ich wusste zwar sehr genau, was Benutzerverwaltung alles umfasst, denn das hatte jahrelang zu meinen Aufgabengebieten gehört, aber unter den meisten Schlagworten konnte ich mir genauso wenig vorstellen wie unter dem Begriff Identity Management selbst. Im Projekt sollte erarbeitet werden, ob das Unternehmen eine Identity-Management-Software kaufen solle oder ob Eigenentwicklungen und Bordmittel ausreichten.

Ich begann also mit meinen Recherchen und eine Ernüchterung folgte der anderen. Abgesehen davon, dass es keine Literatur zu dem Thema gab[1], waren die Definitionen, auf die ich im Internet stieß, teilweise doch sehr unterschiedlich. Auch in den Gesprächen mit diversen Anbietern variierten die Inhalte. Alle sprachen von etwas Ähnlichem, aber doch nicht vom Gleichen.

Genauso ging es mir in den Gesprächen mit den Fachbereichen. Nachdem meine Ansprechpartner mit Identity Management genau so wenig anzufangen wussten wie ich noch einige Wochen zuvor, gingen auch die Anforderungen in die unterschiedlichsten Richtungen.

Meine eigentliche Aufgabe im Unternehmen war damals die Koordination der ITIL-Prozesse und ich hatte aus den Einführungsprojekten gelernt, dass einer der größten Vorteile dieses Prozessmodells die einheitlichen Begriffe waren. Wenn ein Mitarbeiter etwas ändern

1. »Digital Identity« von Windley war zwar schon am Markt gewesen, ich habe das Buch aber leider erst viel später entdeckt.

wollte und eine »Change« einlastete, wussten alle, was gemeint war. Endlich sprachen die Infrastrukturabteilung und die Softwareentwicklung die gleiche Sprache, wenn man über Betriebsthemen diskutierte. So eine Gesprächsbasis wollte ich für mein aktuelles Projekt auch schaffen. Nachdem ich nichts Passendes gefunden hatte, begann ich an einem eigenen Modell zu arbeiten. So entstand die erste Version des Modells, das ich in diesem Buch vorstelle.

Ich begann mit dem Modell zu arbeiten und es zeigte sich, dass sich alle Gesprächspartner sehr schnell im Modell zurechtfanden. Manche taten es sogar als selbstverständlich und banal ab. Das Ziel war auf jeden Fall erreicht, denn zum Thema Identity Management sprachen wir nun vom Gleichen. Dadurch wurde auch schnell klar, dass es sehr viele Anforderungen in diesem Umfeld gab, es aber Monate dauern würde, diese zu sammeln und aufzubereiten. Die Kaufentscheidung wurde vertagt und ich wurde mit einem Evaluierungsprojekt beauftragt.

In diesem Projekt hatte sich soviel Material angesammelt, dass ich beschloss, ein Buch zu verfassen, wie ich es mir bei meinem Einstieg in das Identity Management gewünscht hätte. Auf Grund meiner positiven Erfahrungen mit dem Modell habe ich auch das Buch um das Modell aufgebaut. Ich hoffe, dieses Vorgehen hilft auch Ihnen, sich im Buch und im Identity Management leichter zurechtzufinden.

An dieser Stelle möchte ich noch den Personen danken, ohne die das Buch nicht möglich gewesen wäre.

Zuallererst bei meiner Frau und meinen Kindern, die mich an viele Wochenenden nur wenige Stunden gesehen haben.

Bei meinem Vorgesetzten Manfred Ziegler und dem Director IT Herrn Karl Astecker dafür, dass in der Magna Steyr IT eigene Innovation und intensive Beschäftigung mit neuen Themen nicht nur Platz haben, sondern sogar gefördert werden.

Bei meiner Kollegin Mag. Karin Bruhnsen, mit der ich gemeinsam die erste Version des Modells erarbeitet habe, und bei Herrn Christian Fallend für die Unterstützung (auch beim Manuskript).

Ebenso bei meinem Korrektor René Wiegand, der viel Arbeit mit mir hatte, und bei René Schönfeldt und den anderen Mitarbeitern des dpunkt.verlags, mit denen ich Kontakt hatte, für die angenehme Zusammenarbeit.

Christian Mezler-Andelberg
Stein, September 2007

Einleitung

Begegnet man dem Thema Identity Management (IdM) zum ersten Mal, wirkt es sehr komplex und nicht greifbar. Berater und Hersteller helfen meist auch nicht weiter, denn sie präsentieren oft verwirrende Grafiken, die den Eindruck nahelegen, dass jede dieser Parteien Interesse daran hat, den Eindruck von Komplexität noch zu verstärken. Da die Hersteller verständlicherweise die eigenen Produkte und deren Stärken in den Mittelpunkt stellen, wird in der Regel genau der Leistungsumfang dieser Produkte als Identity Management bezeichnet. Man erhält auf diesem Weg also immer nur einen Ausschnitt der gesamten Thematik. Aber IdM ist weit mehr als eine Menge von Funktionen eines Softwareprodukts, wie ich Ihnen zeigen werde.

Für wen dieses Buch geschrieben ist

Dieses Buchs ist für alle, die beruflich mit Identity Management zu tun haben und einen unabhängigen und umfassenden Einstieg in das Thema suchen. Sie erhalten hier auch das nötige Rüstzeug, um eigene IdM-Projekte durchzuführen. Aus meiner Sicht ist es noch zu früh, um ein IdM-Buch für eine ganz spezielle Zielgruppe zu schreiben. Ich habe daher versucht, sehr viel in das Buch zu packen, auch wenn einige Stellen für den Einsteiger zu kompliziert und andere für einen fortgeschrittenen Leser trivial sein werden. Der Schwerpunkt liegt auf den Bedürfnissen von Firmen bzw. Organisationen, die IT-Systeme betreiben.

Projektleiter, Projektteams, Führungskräfte

Den größten Nutzen bietet dieses Buch daher Projektleitern von IdM-Projekten, Mitgliedern von Projektteams, die technisch oder organisatorisch in IdM-Projekten mitarbeiten, sowie Führungskräften, die solche Projekte entscheiden und lenken sollen. Sie finden im ersten Teil viele Ansatzpunkte, um Projekte zu gliedern. Im zweiten und dritten Teil sollten dann die für das Projekt relevanten Teile ausgewählt werden. Von den Standards im dritten Teil werden in der Regel nur wenige für sie relevant sein.

Berater, Softwareanbieter

Als weitere Zielgruppe sehe ich Berater und Mitarbeiter von Softwareanbietern, die in diesem Umfeld tätig sind. Für Leser, die an der softwaretechnischen Umsetzung interessiert sind, werden im zweiten Teil einige Standards bis hinunter zur Code-Ebene behandelt. Für Berater dürfte wiederum der dritte Teil besonders interessant sein, in dem sehr viele für IdM relevante Standards behandelt werden.

Nicht für private Nutzer

Die Anforderungen des privaten Benutzers werden nur indirekt betrachtet. Ich betone dies deshalb, weil das Thema zunehmend auch für den Endanwender an Bedeutung gewinnt, und zwar im Rahmen der Internetnutzung. Dabei sammelt der Benutzer im Laufe der Zeit eine Reihe von digitalen Identitäten (eBay, Amazon, iTunes, Bürgerkarte usw.), die auch verwaltet und geschützt werden müssen. Eine ausführliche Behandlung der Problematik im privaten Umfeld würde aber den Rahmen dieses Buches sprengen.

Der Endanwender als Kunde oder als Mitarbeiter spielt aber sehr wohl eine Rolle, da die Unternehmen darauf bedacht sein müssen, deren Daten zu schützen. Während also beim Internetbenutzer und beim Mitarbeiter der Schutz der Privatsphäre das vorrangige Ziel ist, geht es im betrieblichen Umfeld um den Schutz der Daten, aber auch darum, Mitarbeitern Berechtigungen »on demand« zu vergeben. Also ohne Verzögerung und mit möglichst geringem Aufwand. Hinzu kommt oft die Anforderung, im Rahmen eines Audits nachzuweisen, wer wann und warum welche Rechte bekommen hat.

Nutzer und Identity Management

Es geht beim Identity Management also einerseits darum, den Benutzern so effizient wie möglich genau jene Berechtigungen zuzuteilen, die sie für ihre Arbeit benötigen, bzw. diese wieder zu entziehen, wenn sie nicht mehr benötigt werden. Andererseits geht es um die berühmten W-Fragen:

- Wer sind meine Benutzer?
- Welche Berechtigungen haben sie?
- Warum haben sie diese Berechtigungen?
- Wer hat sie erteilt bzw. genehmigt?
- Was machen die Benutzer mit den Berechtigungen?

Aufbau des Buches

Teil I
Grundlagen

Dieses Buch besteht aus drei Teilen, die das Thema Identity Management jeweils aus einem anderen Blickwinkel betrachten. Im ersten Teil wird mit einem Ebenen-Modell die organisatorische Grundlage gelegt. Das Modell stellt die einzelnen Themenbereiche in einen Zusammenhang.

Teil II
Technik

Der zweite Teil beschreibt, welche technischen Möglichkeiten und Ansätze es aktuell gibt, um die im ersten Teil vorgestellten Themen zu realisieren. Da die IT-Branche sehr schnelllebig ist, geht es nicht um einzelne Produkte, sondern primär um die konzeptionellen Ansätze und die gängigen Standards. Diese werden sich auch in zukünftigen IdM-Lösungen wiederfinden.

Teil III
Wirtschaftlicher Nutzen ...

Auch wenn es viele Gründe dafür gibt, sich mit dem Thema Identity Management zu beschäftigen, es muss – in welcher Form auch immer – letztlich einen wirtschaftlichen Nutzen geben. Diesem widmet sich der dritte Teil.

... und Compliance

Es gibt auch einen indirekten Nutzen, der immer mehr in den Vordergrund tritt: nämlich Audits oder Revisionen erfolgreich zu bestehen bzw. gesetzliche Auflagen zu erfüllen. Letzteres wird oft mit dem englischen Wort Compliance bezeichnet. Mit dem Sarbanes-Oxley Act (SOX) hat das Thema Compliance eine neue Dimension bekommen, sowohl in der Strenge der Auflagen als auch in der Auswirkung, falls die Auflagen nicht erfüllt werden. Auch werden Methoden vorgestellt, diese Potentiale im Rahmen eines Business Case darzustellen.

Hinweise zur Einführung eines IMS

Die Einführung eines IdM-Systems (IMS) wird nicht direkt behandelt. Diese Beschreibung wäre nur anhand eines konkreten Produktes sinnvoll. Die Vorgehensweise, um die unterschiedlichen Produkte am Markt einzuführen, ist zu unterschiedlich, um einen allgemein gültigen Leitfaden zu erstellen. Mit dem Thema Business Case in Teil 3 des Buches und den Möglichkeiten, das Modell im Rahmen eines IdM-Projekts zu verwenden, werden aber Hinweise für eine IMS-Einführung gegeben. Die vielen Praxisbeispiele sollen zusätzliche Anregungen in einem möglichen Projekt liefern.

Konventionen in diesem Buch

Fachbegriffe, für die eine gängige Abkürzung existiert, werden nur das erste Mal ausgeschrieben und in weiterer Folge abgekürzt, wenn die Verständlichkeit des Textes nicht darunter leidet.

Ich habe bewusst auf ein Glossar verzichtet, da es im Internet einige gute Quellen gibt. Eine gute Übersicht bietet beispielsweise das Lexikon im iam-Wiki (*http://www.iam-wiki.org*) oder das Glossar auf der Website von Kuppinger Cole + Partner (*http://www.kuppingercole.de/glossary/*). Ein recht umfangreiches Glossar in Englisch bietet die Firma M-Tech (*http://mtechit.com/concepts/*).

Teil 1
Grundlagen

Weitgehend losgelöst von der technischen Realisierung werde ich in diesem Teil des Buchs die einzelnen Themen des Identity Managements vorstellen. Dazu bediene ich mich eines Ebenenmodells, das im Laufe dieses Kapitels immer detaillierter beschrieben wird. In Kapitel 5 werden das gesamte Modell und die zugehörigen Prozesse noch einmal zusammengefasst.

Es gibt noch kein allgemein gültiges Modell für das IdM.

Anders als bei ITIL gibt es noch kein allgemein gültiges Modell und auch keine Begriffsdefinition, die übergreifend anerkannt ist. Das hier vorgestellte Modell stellt zwar einen ganzheitlichen Ansatz dar, erhebt aber nicht den Anspruch alleiniger Gültigkeit. Die Abgrenzung der Ebenen und Bereiche ist in vielen Diskussionen mit Anwendern und IdM-Spezialisten entstanden. Es gibt also keinen wissenschaftlichen Hintergrund, der genau diese Form der Darstellung rechtfertigt. Mein Ziel war, einen einheitlichen Ausgangspunkt für weitere Überlegungen zu schaffen. Auch um abweichende Überlegungen klar darstellen und besser diskutieren zu können. Dazu sollte das Modell sehr einfach zu verstehen sein, aber doch genau und umfangreich genug, um alle Fälle damit abzubilden. Bisher ist mir auch noch kein IdM-Thema untergekommen, das nicht in das Modell gepasst hätte, aber viele haben die vorliegende Form bestätigt. Wenn man möchte, könnte man es daher am ehesten als »Best practice«-Modell bezeichnen.

Varianten sind möglich.

Es gibt einige Varianten des Modells, die genauso gut funktionieren würden, wie die vorgestellte. Es ist also durchaus möglich, dass Ihre Vorstellungen von meinen Ausführungen abweichen. Ich möchte Sie deshalb auch gerne einladen, Ihre Vorstellungen mit mir zu diskutieren. Sie erreichen mich dazu unter meinem Namen bei XING.[1]

---

1. *www.xing.com*

1 Warum Identity Management?

Wer seit Jahren in der IT-Branche tätig ist, wird bei Identity Management wenig Neues finden. Die Tatsache, dass für Mitarbeiter in IT-Systemen Benutzer angelegt werden und diese Berechtigungen brauchen, ist nicht revolutionär. Also wieder einmal alter Wein in neuen Schläuchen? Vom Thema her Ja, aber im Detail Nein, denn die Betrachtungsweise und die Anforderungen haben sich geändert und somit auch die Antworten.

Warum ist nun Identity Management ein Thema geworden? Seit einigen Jahren hat das Thema der Vergabe von Berechtigungen in Unternehmen massiv an Bedeutung gewonnen. Dies wurde unter anderem ausgelöst durch:

- komplexer werdende IT-Systeme
- verstärkte globale Zusammenarbeit (auch zwischen unterschiedlichen Firmen)
- höheren Zeit- und Kostendruck
- verschärfte gesetzliche Anforderungen
- neue Bedrohungsszenarien

Grundanforderung

Die Grundanforderung im Identity Management ist sehr einfach: Ein Mitarbeiter hat bestimmte Aufgaben im Unternehmen zu erfüllen. Für viele dieser Aufgaben muss er mit IT-Systemen arbeiten und braucht Zugriff auf die in diesen Systemen verwalteten Daten. Dabei soll er aber nur auf diejenigen Daten Zugriff haben, die er für seine Arbeit wirklich benötigt. Es geht also um Sicherheit.

Es geht um die Sicherheit der Unternehmensdaten ...

Die Bedeutung von IdM im Zusammenhang mit Sicherheit wird auch in den Ergebnissen der CSI/FBI-Umfragen sehr gut sichtbar. Das Computer Security Institute (CSI) ist eine Organisation die sich seit 1974 mit IT-Sicherheit beschäftigt. Sie führt jährlich in Zusammenarbeit mit der US-Bundespolizei FBI eine Umfrage durch und publiziert die Ergebnisse mit dem Ziel, das Bewusstsein zum Thema IT-Sicherheit zu erhöhen. Im Rahmen dieser Umfragen werden Sicherheitsexperten verschiedener Unternehmen befragt. Die Umfrageergebnisse sind als repräsentativ anzusehen, da die Unternehmen gleichmäßig über alle Branchen verteilt sind und die gesamte Bandbreite, was Größe und jährlichen Umsatz betrifft, abdecken. Die CSI/FBI Computer Crime and Security Survey 2006 brachte einige interessante Ergebnisse an den Tag:

- 32% der Firmen berichteten über unerlaubten Zugriff auf Daten.
- 9% der Firmen berichten von Diebstahl geistigen Eigentums.

Verbrechen im IdM-Umfeld verursachten den größten Schaden.

Diese beiden Zahlen scheinen auf den ersten Blick nicht so schlimm zu sein, gewinnen aber durch zwei weitere Zahlen deutlich an Gewicht.

In dem von der Umfrage betrachteten Zeitraum entstand in den beteiligten Unternehmen durch Computerkriminalität ein Schaden von insgesamt 52,5 Millionen US$. Die beiden zuvor genannten Themen, unerlaubter Datenzugriff und Diebstahl geistigen Eigentums, verursachten dabei mit über 16,6 Millionen US$ in Summe den höchsten finanziellen Schaden. Bei einer Rangliste der einzelnen Themen nach der Schadenshöhe verwiesen sie damit sogar die Virenattacken (verursachter Schaden 15,7 Millionen US$) auf den zweiten Platz.

Dazu passt, dass die Befragten auf der Liste der kritischen Themen der nächsten Jahre das Thema »Daten- und Applikationsschutz« als das wichtigste sahen und das Thema »Diebstahl und Missbrauch von privaten Informationen und digitalen Identitäten« auf Platz drei einordneten. Nur die Maßnahmen zur Erfüllung des Sarbanes-Oxley Act[1] (SOX) konnten sich dazwischen schieben. Auch das lässt aufhorchen, da Letztere nicht als Bedrohung im eigentlichen Sinn angesehen werden können. Es führt uns sehr gut zum zweiten Aspekt, dem der Wirtschaftlichkeit. Der vordere Platz von SOX in der Liste der kritischen Themen zeigt, dass es sehr aufwändig und kostspielig ist, die Auflagen des Sarbanes-Oxley Act zu erfüllen.

Es gibt kaum eine Branche, die sich Sicherheit um (fast) jeden Preis leisten kann. Berechtigungen zu vergeben und zu entziehen muss also auch effizient sein.

... und es geht um Effizienz.

Berechtigungen müssen in jedem System abgebildet werden, das Daten und Funktionen zur Verfügung stellt. Es ist mit einem gewissen Aufwand verbunden, diese einzurichten. Wenn es aber darum geht, die Berechtigungen aktuell zu halten, steigt der Aufwand deutlich. Einfacher wird es, wenn sich die Berechtigungen von der Rolle der Benutzer im Unternehmen ableiten. Diese logische Abbildung sollte von speziel-

1. Amerikanisches Gesetz, das Finanzdelikte von börsennotierten Unternehmen verhindern soll. Siehe Abschnitt 19.1

len Applikationen automatisch in die Notation der einzelnen Zielsysteme übersetzt und dort gespeichert werden. Leicht gesagt – nicht ganz so leicht in der Umsetzung.

Zu den Begriffen

Was ist nun diese Identität, die wir managen wollen? Google bietet zu »Identität« 11 Millionen Treffer, was im Vergleich zum englischen »Identity« mit 166 Millionen Treffern fast noch gering erscheint. (Stand: Juni 2007)

Natürlich ist Identität ein sehr allgemeiner Begriff, und im Großteil der oben genannten Treffer geht es nicht um Computer. Im Kontext dieses Buchs passt am besten folgende Definition:

> Identität ist die Summe derjenigen Merkmale, anhand derer ein Individuum von anderen unterschieden werden kann.

Digital erfassbare Merkmale

Für unseren Zweck werden wir uns auf diejenigen Merkmale beschränken, die digital erfassbar sind (auch mithilfe biometrischer Authentisierungsverfahren).

Wenn Management bedeutet, *durch aktives Handeln unter Nutzung von Ressourcen erwünschte oder geplante Ergebnisse zu erzielen*, dann ist die elementare Bedeutung von Identity Management klar. Das Ergebnis ist in erster Linie Sicherheit. Wir müssen dazu Merkmale, die einen Benutzer vom anderen unterscheiden, effizient verwalten und zur Verfügung stellen. Welche Merkmale dabei in Frage kommen, wird durch vier Faktoren bestimmt:

- die technischen Möglichkeiten,
- ob es wirtschaftlich sinnvoll ist (Kosten/Nutzen),
- das individuelle Sicherheitsbedürfnis der Organisation und
- die gesetzlichen Rahmenbestimmungen

Die gesetzlichen Rahmenbestimmungen wirken in zwei Richtungen. Auf der einen Seite ist festgelegt, welche Daten schützenswert sind und wie mit ihnen umzugehen ist. Auf der anderen Seite wird bestimmt, welche Daten zu welchen Anlässen (Ein-, Ausreise, Kreditvergabe usw.) notwendig sind.

»Person« und »Rolle«

Für die weitere Betrachtung möchte ich den Begriff Identity Management für einen viel umfangreicheren Bereich verwenden. Dazu soll die Person als Ursprung der digitalen Identität um die *Rolle* im Unternehmen ergänzt werden. Die Rolle kann im betriebswirtschaftlichen Kontext als Summe von Qualifikation und Kompetenz dargestellt werden.

»Qualifikation« und »Kompetenz«

Qualifikation ist dabei die Fähigkeit eines Mitarbeiters, die von ihm selbst erworben wurde und nicht entzogen werden kann. Die *Kompetenz* besteht dagegen aus arbeitsplatzspezifischen Verpflichtungen und Rechten eines Mitarbeiters, die ihm zugewiesen und wieder entzogen werden können. Die Rolle im IT-Kontext würde sich auf die Kompetenz beschränken, während die Qualifikation als Identitätsmerkmal angesehen werden kann. Über die Rolle werden Zugriffsrechte festgelegt, aber auch die genannten Pflichten. So stellt ein Workflow eine technische Abbildung von Pflichten dar. Dabei ist sogar nachvollziehbar, in welcher Zeit ein Mitarbeiter seiner Pflicht, beispielsweise einen Antrag zu genehmigen, nachkommt.

Daraus leite ich folgende Definition für Identity Management ab:

> Identity Management ist die Summe aller Maßnahmen, die notwendig sind, um Personen und Benutzer in IT-Systemen eindeutig zu erkennen sowie ihnen genau jene Zugriffe zu ermöglichen, die sie aktuell im Rahmen ihrer Tätigkeit benötigen. Dabei sind alle Maßnahmen im Rahmen von standardisierten und nachvollziehbaren Prozessen durchzuführen.

Ich möchte einige Stellen meiner Definition noch etwas ausführlicher beschreiben.

»... die Summe aller Maßnahmen ...«
: Obwohl schon einzelne Maßnahmen wesentliche Verbesserungen bringen können, wird der optimale Nutzen für das Unternehmen erst durch eine Reihe aufeinander abgestimmter Prozesse erreicht. Wie so oft ist dann der Nutzen der Maßnahmen mehr als die Summe der einzelnen Aktionen.

»... um Personen und Benutzer ...«
: Benutzer ist hier als Synonym für einen Account in einem IT-System zu verstehen. In der Regel geht es darum, eine Person zu erkennen, die Zugriff auf Daten und Funktionen braucht. Genau genommen kann ein IT-System eine Person – wenn überhaupt – ausschließlich anhand biometrischer Merkmale eindeutig erkennen. Alle anderen Authentisierungsmethoden, sei es mittels Passwort, Smartcard oder Ähnlichem, stellen nur sicher, dass der Benutzer nur von einem eingeschränkten Anwenderkreis verwendet werden kann. Der Benutzer kann ja auch von einem anderen IT-System, z.B. einer Applikation, die auf eine Datenbank zugreift, verwendet werden.

»... *eindeutig zu erkennen* ...«
Hierunter verstehe ich den Vorgang der Authentisierung, aber auch alle Maßnahmen, die im Vorfeld notwendig sind, um eine Person erkennen zu können.

»... *die Sie aktuell im Rahmen Ihrer Tätigkeiten benötigen* ...«
Im Idealfall stehen nur die für die Tätigkeiten erforderlichen Berechtigungen zur Verfügung und das beschränkt auf den benötigten Zeitraum.

»... *im Rahmen von standardisierten und nachvollziehbaren Prozessen* ...«
Der Reifegrad kann an den Prozessen gemessen werden. Diese müssen dokumentiert und wiederholbar sein und deren Durchführung muss nachvollziehbar sein.

Zeitlicher Verlauf

Die Einflussfaktoren auf diese Maßnahmen kann man in zwei Dimensionen darstellen (siehe Abb. 1–1). Auf der Zeitachse wirken die Veränderungen auf die Person. Ein neuer Mitarbeiter tritt ein und benötigt Systemzugriff. Im Laufe der Zeit verändert sich sein Aufgabenbereich. Dadurch erhält er neue Berechtigungen und verliert andere Berechtigungen, die er nicht mehr benötigt. Irgendwann verlässt er schließlich das Unternehmen. Dann werden seine Accounts, also die Abbildungen seiner Person in den Systemen, deaktiviert und die Berechtigungen gelöscht.

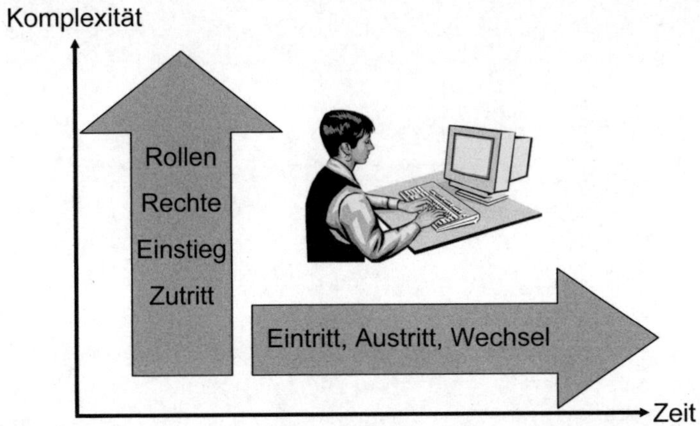

Abb. 1–1
Komplexität im Identity Management

Komplexität

Auf der zweiten Achse steigt die Komplexität. Die Basisberechtigung eines Mitarbeiters ist bei einem herkömmlichen Unternehmen in der Regel der physische Zugang zum Büro oder auf das Werksgelände. Mit der Anzahl der IT-Systeme, die ein Mitarbeiter für seine Arbeit benötigt, und den Tätigkeiten, die er in diesen Systemen zu erledigen hat, steigt die Komplexität weiter. Es wird schwieriger, den Überblick über alle Berechtigungen des Benutzers zu behalten. In vielen Fällen wird es rein technisch gar nicht möglich sein. So sammeln Benutzer im Laufe ihrer Tätigkeit in einem Unternehmen immer mehr Berechtigungen an, unabhängig davon, ob sie diese Berechtigungen tatsächlich benötigen.

2 Ein Ebenenmodell für das Identity Management

Nachdem IdM bis hierher im Überblick behandelt wurde, soll es nun mithilfe eines funktionalen Modells strukturiert und in besser greifbare Einheiten gegliedert werden. Ziel des Modells ist es, alle Themen, die im Rahmen des Identity Managements wichtig sind, in übersichtlicher und einprägsamer Form darzustellen. Darüber hinaus soll die Komplexität des Themas reduziert werden, indem es in Teilbereiche gegliedert wird. Ich habe das Modell im Rahmen meiner Arbeit erstellt und laufend weiterentwickelt. Hier wird die 2007 fertiggestellte Version 2.0 des Modells behandelt.

Das Modell besteht aus vier Ebenen.

Das Modell besteht aus vier Basisebenen (siehe Abb. 2–1), wobei jede Ebene ein Hauptthema darstellt. Die Basisebenen sind:

- Personendaten
- Ressourcen
- Autorisierung
- Authentisierung

Jede Ebene hat wieder mehrere Bereiche.

Jede Basisebene ist wiederum in mehrere Bereiche unterteilt, die jeweils ein Detailthema darstellen. So ist zum Beispiel die Basisebene Personendaten in drei Bereiche unterteilt:

- Mitarbeiter
- Lieferanten und Partner
- Kunden

Die Ebenen wurden so gewählt, dass sie weitgehend unabhängig voneinander betrachtet werden können. Die Ebenen liefern über definierte Schnittstellen ein Ergebnis an die anderen Ebenen oder beziehen über Schnittstellen die Ergebnisse anderer Ebenen. Wie das im Detail aussehen kann, wird in den späteren Kapiteln beschreiben. Die Interaktion zwischen den Ebenen vollzieht sich über Verbindungsschichten, auf die ab Abschnitt 4.5 näher eingegangen wird. Um Verwechslungen zu vermeiden, werden die Ebenen und Verbindungsschichten neben ihrer Bezeichnung noch mit einem Kurzzeichen eindeutig gekennzeichnet. Die Ebenen werden mit »E1« für die Personendaten-Ebene bis »E4« für die Authentisierungs-Ebene durchnummeriert. In den weiteren Beschreibungen werden die Ebenen immer in aufsteigender Reihenfolge von E1 bis E4 behandelt. Die Verbindungsschichten werden mit »VS« und den Nummern der Ebenen, die sie verbinden, gekennzeichnet. So verbindet die Verbindungsschicht VS1-2 die Ebenen E1 und E2 miteinander. Die Reihenfolge, in der die Ebenen in den Verbindungsschichten genannt werden, gibt die Richtung des Datenflusses an. VS1-2 bedeutet, dass primär die Daten von E1 nach E2 übertragen werden, also beispielsweise die Personendaten in den IT-Systemen als Account abgebildet werden. VS3-2 kennzeichnet die Verbindungsschicht zwischen E3 und E2, wobei die Informationen des Rollenmodells in E3 in den Ressourcen E2 abgebildet werden.

Das Modell kann auch als Vorgehensweise dienen.

Das Modell eignet sich für eine ganzheitliche Betrachtung des Themas, aber auch als Vorgehensmodell im Rahmen eines Projekts. In einem Projekt kann jeder Teilbereich isoliert betrachtet und bearbeitet werden. Aber auch wenn es mehrere Projekte gibt, die sich mit einzelnen IdM-Themen beschäftigen, kann es sehr nützlich sein, die Leistungsumfänge der einzelnen Projekte im Modell abzubilden und miteinander zu vergleichen. Bei der Arbeit mit dem Modell haben sich schnell noch zwei andere Anwendungsmöglichkeiten gezeigt, zum einen um den Leistungsumfang von Produktsuiten zu vergleichen, aber auch um schnell ein gemeinsames Verständnis zu neuen Begriffskreationen von Herstellern und Beratern zu finden.

2.1 Die Ebenen im Überblick

E1, die Personendaten-Ebene

Die erste Ebene behandelt die Personendaten. Sie bildet die Basis für alle anderen Ebenen. Die Daten über die physische Person werden innerhalb eines Unternehmens in der Regel von der Personalabteilung zur Verfügung gestellt. Da aber nicht nur eigene Mitarbeiter auf die IT-Ressourcen zugreifen (sei es über Partnerportale, über im Internet angebotene Services oder auch nur zu Wartungszwecken), müssen auch Personendaten von firmenfremden Personen verwaltet werden. Bei Internetservices werden die Informationen im Rahmen der Registrierung meist vom Benutzer bzw. Kunden selbst erfasst. Informationen über Firmen kommen, je nachdem ob Lieferant oder Kunde, von der Einkaufsabteilung beziehungsweise vom Vertrieb.

Interessanterweise wird dieses Thema bei Präsentationen von IdM-Produkten sehr oft als gegeben angenommen, während es bei

Vorträgen über abgewickelte Projekte immer einen sehr hohen Stellenwert hat.

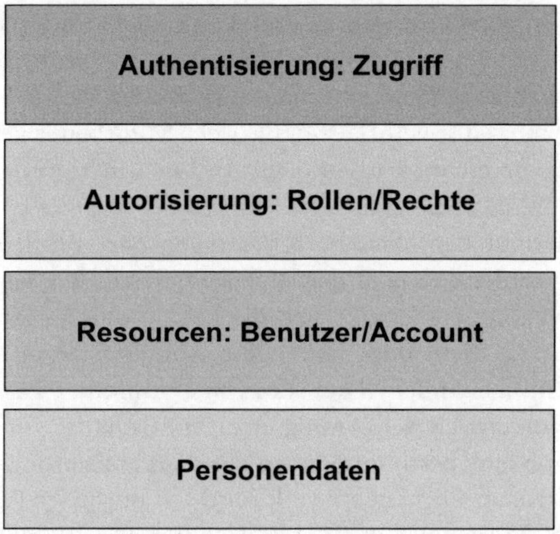

Abb. 2–1
IdM-Schichten-Modell

E2, die Ressourcen-Ebene

In der zweiten Ebene, der Ressourcen-Ebene, werden die Systeme und Daten behandelt, für die Berechtigungen zu verwalten sind. Die Mechanismen der Zugriffssteuerung sind in dieser Ebene in der Regel von den Systemen vorgegeben. So wird beispielsweise auf Basis der Informationen der ersten Ebene für den Zugriff auf das Netzwerk ein *Benutzeraccount* angelegt. Dieser dient als »Träger« für Berechtigungen auf IT-Ressourcen. Dies erfolgt im einfachsten Fall in Form direkter Berechtigungen wie »lesen« oder »schreiben«, die einem Account in Bezug auf eine Ressource (zum Beispiel ein Dokument) zugeordnet werden. In dieser Ebene werden die einzelnen Systeme mit ihren individuellen Berechtigungssystemen behandelt. An der Tatsache, dass eine Person in fast jedem System, in dem sie arbeitet, einen eigenen Account braucht, wird man in absehbarer Zeit nicht herumkommen. Es existieren allerdings inzwischen recht elegante Methoden, mit diesem Umstand zu leben. Diese werden in der dritten Ebene behandelt.

E3, die Autorisierungsebene

In der Autorisierungsebene geht es um *Berechtigungen* und deren Verwaltung. Es ist nur für kleine Systeme oder ein sehr einfaches Berechtigungssystem möglich, jedem Benutzer die benötigten Berechtigungen einzeln zu vergeben. Das hatten bereits die Entwickler der ersten Host-Systeme erkannt, und entwickelten Konzepte, um Berechtigungen nicht einzelnen Benutzern, sondern Gruppen von Benutzern zuzuweisen. Auch dieses Konzept hat seine Grenzen, und so entstand bereits in den 70er Jahren die Idee, Berechtigungen in Form von Rollen zu verwalten. Eine Rolle ist eine Sammlung von Berechtigungen, die notwendig sind, um eine bestimmte Aufgabe zu erfüllen. Für jede Aufgabe, die ein Mitarbeiter im Rahmen seiner Tätigkeit erfüllen soll, erhält er die entsprechende Rolle und damit alle erforderlichen Rechte zugewiesen. Bekommt ein Mitarbeiter eine andere Aufgabe, wird ihm die alte Rolle entzogen und eine neue zugewiesen, die zur neuen Tätigkeit passt. Damit ist gewährleistet, dass der Mitarbeiter keine Zugriffe mehr hat, die er nicht mehr braucht und vielleicht auch nicht mehr haben darf.

E4, die Authentisierungsebene

Um sicherzustellen, dass Berechtigungen nur von derjenigen Person genutzt werden können, der sie zugeteilt wurden, ist eine *Legitimation* notwendig. Dabei gibt sich die Person durch etwas zu erkennen, was nur sie weiß oder hat. Diese Authentisierung wird in der obersten Ebene behandelt. Dies kann in Form eines Passworts oder auch einer biometrischen Kennung erfolgen. Es hängt von der Art des Zugriffs ab, ob eine bestimmte Form der Authentisierung hinreichend sicher ist. In einem Firmennetzwerk wird ein normales Passwort ausreichend sein. Bei einem Zugriff über das Internet wird man sich wahrscheinlich etwas mehr wünschen.

Die Reihenfolge der Ebenen E3 und E4 könnte auch umgedreht werden.

Diese Ebene könnte in der Reihenfolge auch die dritte Ebene sein, weil sie nicht unbedingt auf die E3 (Autorisierung) aufsetzen muss. In der Regel wird die Authentisierung technisch sogar Teil der Systeme der Ebene E2 sein. Die Prozesse der Authentisierung sollten aber übergreifend und getrennt von der technischen Umsetzung betrachtet werden.

Das Modell bietet auch die Möglichkeit, die Ebenen mithilfe von Verbindungsschichten beliebig zu gruppieren. Damit lassen sich bestimmte Sachverhalte (wie z.B. Single Sign On[1]), besser darstellen. Mehr dazu finden Sie in Abschnitt 4.5.

Ein Beispiel

Was jetzt sehr theoretisch geklungen hat, wird nun anhand des Beispiels von Abbildung 2–2 anschaulich. Petra Musterfrau kommt neu in ein Unternehmen und wird dort als Leiterin der Finanzabteilung arbeiten.

Ihre Personaldaten werden im Personalwesen erfasst und an das IdM-System weitergeleitet. Dort wird ein Datensatz als digitale Abbildung von Petra Musterfrau erstellt. Zu Beginn ihres digitalen Daseins erhält sie einen Windows-Account. Darüber hinaus bekommt sie eine Mailadresse und eine Mailbox im E-Mail-System sowie einen SAP-Account. Weil unser Beispielunternehmen schon einen hohen Reife-

1. Mit Single Sign On kann man, nachdem man sich einmal angemeldet hat, verschiedene Applikationen und IT-Systeme nutzen, ohne sich noch einmal anmelden zu müssen.

Abb. 2–2
Beispiel für die Themen im Schichtenmodell

grad im IdM hat, werden diese Accounts automatisch erstellt, nachdem ihr im IdM-System die Rolle der Leiterin der Finanzabteilung zugeteilt wurde. Sie bekommt ihren Benutzernamen und ihr Passwort mitgeteilt, mit denen sie sich in der Firma an den Systemen anmeldet. Wenn sie sich von ihrem Heimarbeitsplatz aus anmeldet, ist zusätzlich noch ein Einmalpasswort notwendig. Diese Berechtigung hat sie extra angefordert.

2.2 Abbildungen des Modells

Als ich zum ersten Mal mit dem Begriff Identity Management konfrontiert wurde, erhielt ich gleich den Auftrag die »richtige« Software auszusuchen. So wie in meinem Fall, wird das Hauptaugenmerk oft auf die Technik gelegt. Im Laufe des Projekts folgt dann die Ernüchterung, dass die technische Realisierung nur ein Teil ist. Sicher ein wichtiger Teil, an dem Projekte auch scheitern können, aber die Vorgaben aus den Unternehmensrichtlinien und die IdM-Prozesse für den Betrieb entscheiden weit mehr, ob ein Projekt erfolgreich ist.

Es sind also Richtlinien, Prozesse und Technik erforderlich, um ein IdM-System zu verwirklichen. Wobei ich unter einem IdM-System genau das verstehe, nämlich ein abgestimmtes Zusammenspiel aus diesen drei Faktoren.

Richtlinien

Die Richtlinien, die eigentlich am Anfang stehen müssten, werden aus dem Spannungsfeld von Unternehmenskultur, gesetzlichen Vorgaben und den Erwartungen der Kunden abgeleitet. Spannungsfeld deshalb, weil diese Anforderungen in entgegengesetzte Richtungen zielen können. So möchte beispielsweise eine Bank größtmögliche Sicherheit beim E-Banking. Das möchte der Kunde zwar grundsätzlich auch, allerdings wünscht er sich primär eine einfache Bedienung. So wird ein Großteil der Kunden strenge Passwortrichtlinien, wie sie in vielen Unternehmen üblich sind, nicht akzeptieren.

Was die internen Richtlinien betrifft, so gibt es Standards und Rahmenwerke, die im dritten Teil des Buches ausführlich behandelt werden.

Abb. 2–3
Abbildungen des Modells

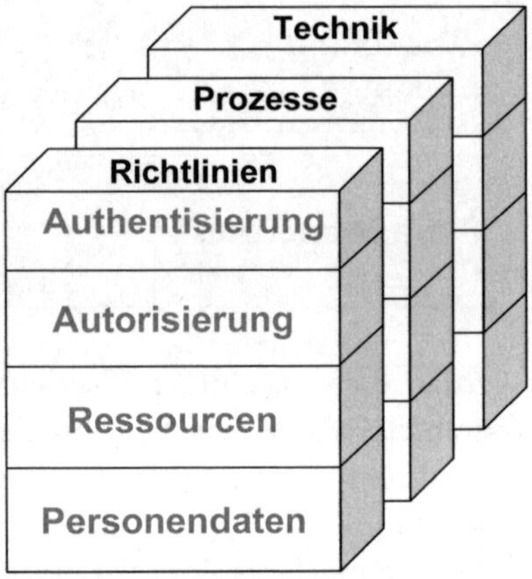

Jedes dieser Rahmenwerke bringt auch eine eigene Darstellungsform mit, wobei IdM immer nur ein Teilbereich ist. Die Themen der Ebenen finden sich auch in diesen Modellen wieder.

Prozesse

Danach folgt die Abbildung der Prozesse. Auch dabei kann nach den Ebenen des Modells vorgegangen werden. Diese Prozesse werden im ersten Teil im Rahmen der detaillierten Beschreibung der Ebenen behandelt.

Technik

Um die Richtlinien und Prozesse umzusetzen, bedarf es noch einer technischen Implementierung. Beim Modell wurden die Themen der Ebenen so gewählt, dass eine Abbildung auf Prozesse ebenso gut möglich ist wie eine Abbildung auf die benötigte Hard- und Software.

Ich behandle die Abbildungen des Modells (Richtlinien, Prozesse und Technik) nicht in der Reihenfolge, wie sie in Abbildung 2–3 dargestellt sind. Ich habe die Erfahrung gemacht, dass viele Menschen, denen ich das Modell vorgestellt habe, ihre Anforderungen bereits im Kopf hatten. Aus diesem Grund habe ich Nutzen und Richtlinien zurückgestellt und behandle das Thema im dritten Teil. Zur leichteren Orientierung steht am Beginn jedes Teils eine Grafik des Modells, in dem die aktuelle Abbildung hervorgehoben ist.

3 Die Prozesse im Modell

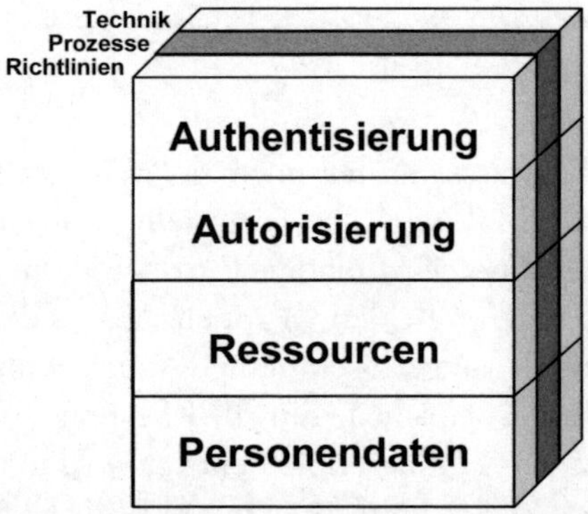

Abb. 3–1
Abbildung des Modells auf Prozesse

Wie man am Beispiel von Abbildung 3–1 sieht, gehört auch eine Reihe von Tätigkeiten zum Identity Management. Diese sollen gemäß der Definition im vorigen Kapitel im Rahmen von standardisierten und nachvollziehbaren Prozessen durchgeführt werden.

3.1 Prozessgruppen

Operative, administrative und gestaltende Prozesse

Zu jeder Ebene gehören drei Gruppen von Prozessen. Die erste Gruppe beinhaltet die operativen Prozesse. Das sind Tätigkeiten, die tagtäglich durchgeführt werden, um das eigentliche Ergebnis zu erzielen, und zwar Benutzer, die mit den passenden Berechtigungen ausgestattet sind. Seltener im Rahmen eines Regelbetriebs sind die administrativen Prozesse, sie bilden die zweite Gruppe. Durch diese Prozesse werden Funktionen des IdM-Systems, innerhalb eines vorab definierten Rahmens erweitert. Sie ermöglichen es, auch auf Situationen zu reagieren, für die es keinen passenden operativen Prozess gibt oder für die Standardprozesse umgangen werden müssen. Ein Beispiel dafür ist die Verwaltung von Vorstandsmitgliedern, die in der Regel nicht von der Personalabteilung verwaltet werden. Die gestaltenden Prozesse stellen die letzte Gruppe dar. Sie passen die Art, wie das Ergebnis einer Ebene erzielt wird, an die Anforderungen an. Manchmal muss auch das Ergebnis einer Ebene selbst angepasst werden.

Abb. 3–2 Prozessgruppen im Schichtenmodell

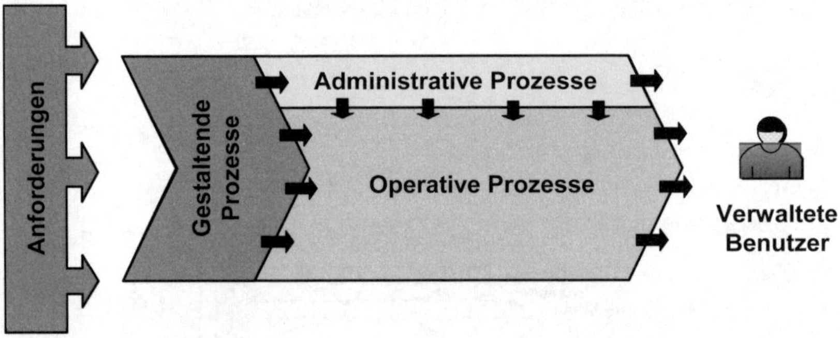

Gestaltende Prozesse

Die gestaltenden Prozesse laufen normalerweise im Rahmen von Projekten ab. Wie in Abbildung 3–2 dargestellt, wirken die Prozesse teilweise aufeinander. Die gestaltenden Prozesse definieren oder ändern die Prozesse der anderen beiden Gruppen. Man sollte der Versuchung widerstehen, diese Prozesse als einmalige Angelegenheit im Laufe eines Einführungsprojektes zu sehen. Ein IdM-System ist in der Regel kein statisches System, das einmal implementiert wird und dann über lange Zeit unverändert weiterläuft. Dazu sind die Anforderungen der Geschäftsprozesse bei den meisten Unternehmen zu dynamisch. Außerdem werden Anpassungen schon aus der engen Verzahnung mit anderen IT-Systemen notwendig, um auf Änderungen dieser Systeme zu reagieren. Es ist daher sinnvoll, diesen Änderungen eine gewisse Aufmerksamkeit zu schenken und sicherzustellen, dass Erweiterungen oder Änderungen in Form von geregelten Prozessen ablaufen. Zu den gestaltenden Prozessen gehört in diesem Modell auch die regelmäßige Überprüfung, ob die Prozesse noch den Anforderungen genügen.

Operative Prozesse

Die eigentliche Verwaltung von Benutzern und Rechten erfolgt zum überwiegenden Teil über die operativen Prozesse. Diese wirken nur indirekt auf die anderen Prozesse.

Administrative Prozesse

Mit den administrativen Prozessen können die operativen Prozesse in einem gewissen Rahmen angepasst werden. Welche Möglichkeiten die Administratoren des Systems dabei haben, wird bereits bei der Definition der Prozesse festgelegt und hängt auch weitgehend von den technischen Möglichkeiten des IdM-Systems ab.

Jede dieser Prozessgruppen wird in einem Unternehmen in einem anderen Verantwortungsbereich liegen. Auf jeden Fall sind unterschiedliche Berechtigungen dafür notwendig.

Das Ergebnis der operativen und administrativen Prozesse sind verwaltete Benutzer und deren Berechtigungen. Die gestaltenden Prozesse liefern dagegen effiziente Prozesse.

3.2 Einflussfaktoren auf die Prozesse

Verschiedene Faktoren beeinflussen die Prozesse.

Ausgelöst werden die eben beschriebenen Prozesse durch drei Faktoren:

- Geschäftsprozesse
- Gesetzliche Anforderungen
- Fluktuation der Mitarbeiter

Geschäftsprozesse

Änderungen an den Geschäftsprozessen, neue Anwendungen, ein erhöhter Sicherheitsbedarf, Benutzerfreundlichkeit oder die Reduktion von Kosten wirken sich auf die Umsetzung der einzelnen Ebenen aus. Diese Anpassungen werden durch die Änderungsprozesse durchgeführt. Die Änderungen wirken sich natürlich ebenfalls auf die operativen und administrativen Prozesse aus. Im nachfolgenden Beispiel sollen die Auswirkungen eines neuen Standorts aufgezeigt werden.

Ein Beispiel

Eröffnet ein Unternehmen beispielsweise eine Niederlassung in China, so beeinflusst dies alle Ebenen: In E1 (Personendaten) müssen die Daten der neuen Mitarbeiter eingebunden werden. Eventuell müssen die Personaldatensysteme für chinesische Schriftzeichen erst tauglich gemacht werden. In E2 (Ressourcen) werden die benötigten Systeme identifiziert und lokale Applikationen neu aufgenommen. Für den neuen Standort werden in E3 dann neue Rollen eingeführt, mit denen die Berechtigungen sowohl der lokalen IT-Systeme als auch der gemeinsam verwendeten Applikationen verwaltet werden. Für manche Aufgaben werden bestehende Rollen ausreichen. Alle Berechtigungen für die neue Niederlassung müssen zusätzlich von einem Beauftragten des Mutterunternehmens genehmigt werden. Dafür muss ein zusätzlicher Schritt im Anmeldungsworkflow eingeführt werden. Auf Grund der fehlenden Patentrechte in China misst das Unternehmen dem Datenschutz einen höheren Stellenwert zu. In E4 (Authentisierung) wird daher eine zusätzliche Authentisierungsmethode mithilfe von Smartcards eingeführt. Ein Mitarbeiter kann sich in der chinesischen Niederlassung nur mit seiner Karte an seinem PC einloggen. Alle Mitarbeiter des Mutterunternehmens, die auch in China arbeiten, müssen mit einer derartigen Karte ausgerüstet werden.

Auch wenn sich die Auswirkungen im Beispiel primär auf ändernde und administrative Prozesse beziehen, werden durch den geänderten Workflow und die Verwaltung der Smartcards (ausgeben, einziehen, beschädigte Karten tauschen usw.) auch die operativen Prozesse nachhaltig beeinflusst.

Gesetzliche Anforderungen

Der zweite Einflussfaktor ist regulativer Natur. Ein Unternehmen ist (abhängig von der Branche) mit mehr oder weniger starken Auflagen konfrontiert. Diese Auflagen ändern sich im Laufe der Zeit. In der Regel geht es darum, festzuhalten und nachzuweisen, welche Person eine bestimmte Tätigkeit durchgeführt hat. Das können Finanztransaktionen, der Einbau eines Triebwerksteils in ein Flugzeug oder eine Testreihe für ein Medikament sein. Die Idee hinter den Vorgaben ist immer, die Qualität zu erhöhen und Missbrauch zu verhindern.

Im Rahmen von Revisionen bzw. Audits wird dann die Einhaltung der Vorschriften geprüft. Werden Abweichungen festgestellt, könnte das sogar die Existenz des Unternehmens gefährden.

Abb. 3–3 *Einflussfaktoren*

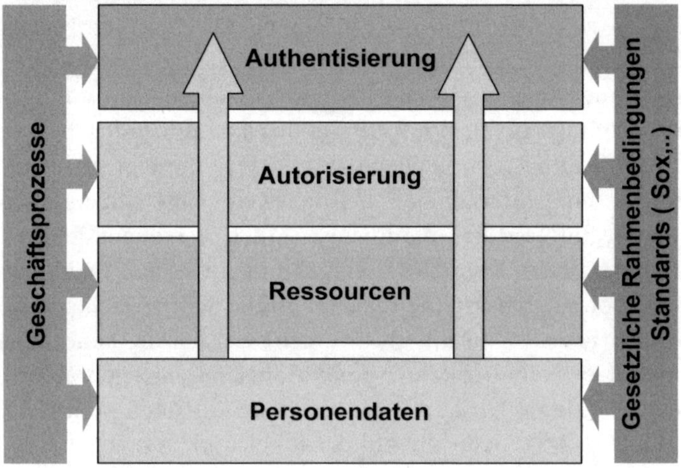

Fluktuation

Zu den zwei genannten Einflussfaktoren wirkt zusätzlich noch die erste Ebene – die Abbildung der physischen Personen – auf alle anderen Ebenen. Wären nicht die Personalwechsel an sich schon genug, so ändert sich auch die Art, wie Menschen für Firmen arbeiten. Virtuelle Teams, Leihkräfte, Outsourcing oder Fusionen wirken sich auch auf die anderen Ebenen aus. Auch die Beziehung zu Kunden und Lieferanten hat sich in den letzten Jahren stark gewandelt. Firmen, die ihr Geschäft über das Internet abwickeln, kennen ihre Kunden nicht mehr persönlich. Trotzdem besitzen sie aber oft mehr Informationen, um ihre Kunden individuell zu betreuen, als das bei einem Ladengeschäft überhaupt möglich wäre. Aber auch bei Internetgeschäften zeigen Kunden eine geringe Bereitschaft zu warten. Der Mitarbeiter eines Unternehmens wird es zumeist verschmerzen, wenn seine Berechtigungen erst am nächsten Tag aktiv sind. Anders der potentielle Käufer im

Internetshop: Er wird ungeduldig und verzichtet schlimmstenfalls auf den Kauf, wenn die Registrierung zu lange dauert oder nicht funktioniert.

3.3 Operative Prozesse

Welche operativen Prozesse gehören nun zu den einzelnen Ebenen?

Auch die Prozesse lassen sich den einzelnen Ebenen zuordnen.

Abb. 3–4
Operative Prozesse

Stammdatenwechsel verwalten

In E1, der Personaldaten-Ebene, werden die Stammdatenwechsel verwaltet. Das heißt, neue Mitarbeiter werden angelegt, Anforderungen von Personen, die sich über ein Portal selbst registriert haben, müssen geprüft und genehmigt und Änderungen an den Berechtigungen abgewickelt werden.

Accounts und Berechtigungen in den Zielsystemen verwalten

In E2, der Ressourcenebene, werden für die erfassten Personen Accounts in den Zielsystemen angelegt. Die Accounts werden wieder deaktiviert oder gelöscht, wenn Personen das Unternehmen verlassen oder Portalbenutzer sich über einen bestimmten Zeitraum nicht mehr angemeldet haben. In dieser Ebene wird nur die Umsetzung in den Zielsystemen (Netzwerk, Datenbank, Mailserver usw.) durchgeführt. Gesteuert werden die Tätigkeiten aus den Ebenen E1 (Personendaten) und E3 (Autorisierung).

Jeder angelegte Account muss genau einer Person zugewiesen sein, wobei eine Person auch mehrere Accounts haben kann. Die Accounts können für unterschiedliche, aber auch für dasselbe System sein. Letzteres ist dann sinnvoll, wenn eine Person mit unterschiedlichen Berechtigungen arbeitet, zum Beispiel einmal als »normaler« Benutzer und einmal als Administrator. Die eindeutige Zuordnung einer Person zu einem Account ist erforderlich um festzustellen, wer eine bestimmte

Aktion durchgeführt hat. Es gibt viele Fälle, in denen dies sogar gesetzlich gefordert wird.

Über die dritte Ebene E3 (Autorisierung) werden dem Account die erforderlichen Rechte zugewiesen. Der Account ist Träger von Berechtigungen und mit dem für die Applikation notwendigen Passwort verknüpft. Auf die Unterscheidung zwischen Passwort beim Account und den Zugriffsmechanismen in der vierten Ebene wird unter Abschnitt 4.4 in der detaillierten Beschreibung noch genau eingegangen.

In E4, der Authentisierungsebene, werden die Legitimationsmethoden dem Account zugewiesen.

Abb. 3–5
Ändernde Prozesse

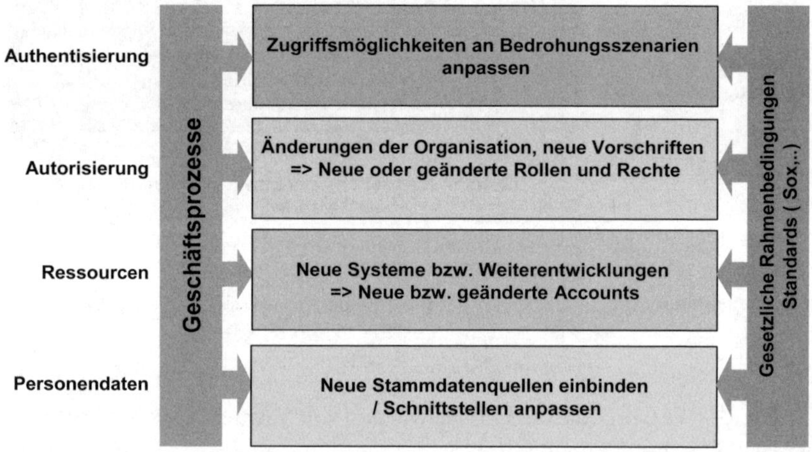

3.4 Gestaltende Prozesse

Die Art und Weise, in der die eben genannten operativen Prozesse durchgeführt werden, wird durch die gestaltenden Prozesse laufend an neue Anforderungen angepasst. Solche Anpassungen kommen natürlich nicht so häufig vor, sollten aber auch geregelt sein, da ihre Auswirkungen meistens schwerwiegender sind. So betrifft die Änderung einer Rollenstruktur alle Benutzer, die bereits eine der geänderten Rollen zugewiesen bekommen haben.

Datenquellen für Stammdaten einbinden

Auch die gestaltenden Prozesse unterscheiden sich von Ebene zu Ebene. In E1 (Personendaten) geht es darum, neue Datenquellen anzubinden und die Eindeutigkeit der neuen Benutzer herzustellen. Dabei kann es unter Umständen sogar notwendig sein, die Schlüsseldaten anzupassen, wenn bestimmte Werte von den neuen Datenquellen nicht oder nur in unzulänglicher Qualität zur Verfügung gestellt werden. Ein Unternehmen verwendet beispielsweise den Vornamen, den Nachnamen sowie das Geburtsdatum als Schlüsselfelder für den Import der Personendaten. Wenn nun von den Mitarbeitern einer neuen Niederlassung keine Geburtsdaten zur Verfügung stehen, muss der Schlüssel über andere Merkmale gebildet werden. Natürlich müssen die gewonnenen Daten auch den anderen Ebenen zugänglich gemacht werden.

IT-Systeme in das IdM-System einbinden

In E2 sind neue IT-Systeme einzubinden und deren Zugriffsberechtigungen zu verwalten. Unabhängig davon, ob es sich um eine neue Applikation handelt oder eine weitere bestehende Applikation eingebunden werden soll, müssen die Berechtigungsmechanismen der Applikation analysiert und integriert werden.

Veränderungen an der Organisation eines Unternehmens oder neue Projekte bedeuten ebenfalls oft neue oder geänderte Rollen in der Autorisierungsebene E3. Abhängig vom Ausmaß der Änderung kann es notwendig sein, das gesamte Rollenmodell zu überarbeiten. Dabei ist es auch wichtig, Rollen zu identifizieren, die nicht mehr benötigt werden, und diese zu deaktivieren.

Die Zugriffsmechanismen in der Authentisierungsebene E4 werden neben den Anforderungen des Unternehmens auch stark von außen beeinflusst. Seit geraumer Zeit ist klar, dass der Kampf gegen Viren, Spam und Co, wenn überhaupt, nur langfristig zu gewinnen ist. Es gibt auch schon Vertragswerke, in denen Viren unter »höhere Gewalt« genannt werden. Gerade beim Thema Authentisierung wird man die Schutzmechanismen laufend an die aktuellen Bedrohungsszenarien anpassen müssen.

3.5 Administrative Prozesse

Neben dem Tagesbetrieb will ein IdM-System auch gepflegt sein. Dazu gehört beispielsweise die Kontrolle der Datenqualität der Personendaten in E1. Wenn Personendaten mit mehreren Quellen synchronisiert werden, können doppelt angelegte und verwaiste Datensätze nie ganz vermieden werden. Ebenso müssen in den IT-Systemen der Ressourcenebene E2 die effektiv vergebenen Berechtigungen mit dem Sollzustand aus der Autorisierungsebene E3 abgeglichen werden. Da über die Rollen in E3 die Berechtigungen gesteuert werden, ergibt sich eine Reihe von administrativen Tätigkeiten. Genehmigungsworkflows müssen adaptiert, neue Rollen hinzugefügt oder bestehende Rollen verändert werden.

4 Die Basisebenen im Detail

Anhand der Ebenen behandle ich nun jeweils das zugehörige Thema. Dabei wird jedes Thema in einer Ebene vollständig abgedeckt und kann unabhängig von den anderen gelesen werden. Natürlich haben die Ebenen mehr oder weniger starke Auswirkungen aufeinander. Diese Wechselwirkungen vollziehen sich im Idealfall aber ausschließlich über klar definierte Schnittstellen.

Die Kapitel können unabhängig voneinander gelesen werden.

Sie müssen sich also nicht an die Reihenfolge der Ebenen halten, sondern können mit einem vertrauten Thema beginnen und von dort ausgehend die anderen Themen angehen. Der Aufbau der Kapitel ist immer gleich. Zuerst beschreibe ich jede Ebene und unterteile sie anschließend in einzelne Bereiche. Zur genauen Abgrenzung der Ebenen untereinander und zum besseren Verständnis folgt eine Liste mit einigen Prozessen der jeweiligen Ebene. Danach gehe ich vertiefend auf einzelne Themen ein. Die Interaktion zwischen den Ebenen beschreibe ich bei der jeweiligen Zwischenschicht.

4.1 Ebene 1 – Personendaten

Woher kommen die Personendaten? Wie kommen wir zu einer konsolidierten Basis, die den anderen Ebenen zur Verfügung gestellt werden kann? Wie sollen wir mit Unterschieden in der Qualität von Personendaten umgehen? Diese Themenbereiche werden in der Regel von IdM-Systemen nicht abgedeckt. Die Applikationen setzen saubere Daten und rechtzeitige Informationen über Änderungen voraus, was aber nur in den wenigsten Fällen vor der Einführung eines IdM-Systems zutrifft.

Zuerst einmal ist zu entscheiden, von welchen Personen überhaupt Daten benötigt werden. Geht es nur um interne Mitarbeiter oder gibt es vielleicht auch Lieferanten und Kunden, die Berechtigungen in den IT-Systemen erhalten sollen?

Abb. 4–1
Bereiche der Ebene E1 (Personendaten)

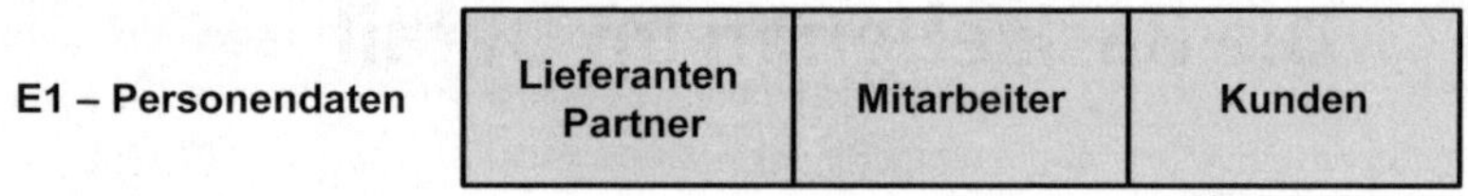

Im Modell wird diese Ebene in drei Bereiche geteilt: Mitarbeiter, Kunden und Lieferanten. Diese Einteilung wurde vorgenommen, da die Verantwortung für die Daten in der Regel in unterschiedlichen Abteilungen eines Unternehmens liegt. Mitarbeiterdaten liefert das Personalwesen, Kundendaten kommen vielleicht aus der eCRM-Lösung des Marketings und Lieferantendaten sind das tägliche Brot der Einkaufsabteilung. Die Kontrolle über die jeweiligen Daten sollte auch bei einer zentralen IdM-Lösung in den jeweiligen Bereichen bleiben. Der Name der Ebene »Personendaten« ist dennoch passend, weil es sich bei den Lieferanten ja nicht um die Unternehmen an sich, sondern um die Mitarbeiter der Unternehmen handelt. Und zwar um diejenigen, die auf die IT-Systeme zugreifen sollen. Auch bei den Kunden geht es um diejenigen Personen, die Zugriff benötigen. Für jeden Bereich gelten unterschiedliche Anforderungen in Hinblick auf das Sammeln und Verwalten der Daten.

Die Bereiche können bei Bedarf weiter unterteilt werden.

Es kann durchaus sinnvoll sein, diese Bereiche noch weiter zu unterteilen. So sind beispielsweise die Daten von Kunden, die über Partnerkonzepte als Wiederverkäufer mit dem Unternehmen zusammenarbeiten, anders zu behandeln als die von Endkunden, die über den Internetshop kaufen.

Beim Bereich Mitarbeiter könnte, wie in Abbildung 4–2 gezeigt wird, weiter unterschieden werden: in Mitarbeiter am Standort, Mitarbeiter desselben Unternehmens, Mitarbeiter anderer Unternehmen derselben Gruppe oder Mitarbeiter von Schwesterunternehmen im Konzern. Für jeden dieser Bereiche können wieder eigene Gesetze gelten oder unterschiedliche Zuständigkeiten bestehen.

Abb. 4–2
Detaillierung des Bereichs Mitarbeiter

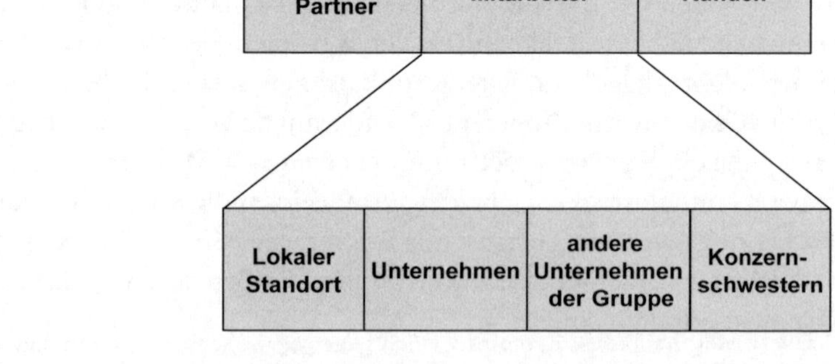

Ich möchte an dieser Stelle noch einmal auf die Abbildungen eingehen. Diese (Richtlinien, Prozesse und Technik) gelten natürlich auch für die Bereiche. Das Modell bekommt dadurch die Form eines Würfels. Auf der X-Achse wird zwischen den Ebenen unterschieden. Die Unterteilung in Bereiche verläuft entlang der Y-Achse und die Abbildungen entlang der Z-Achse.

Die Abbildungen gelten auch für die einzelnen Bereiche.

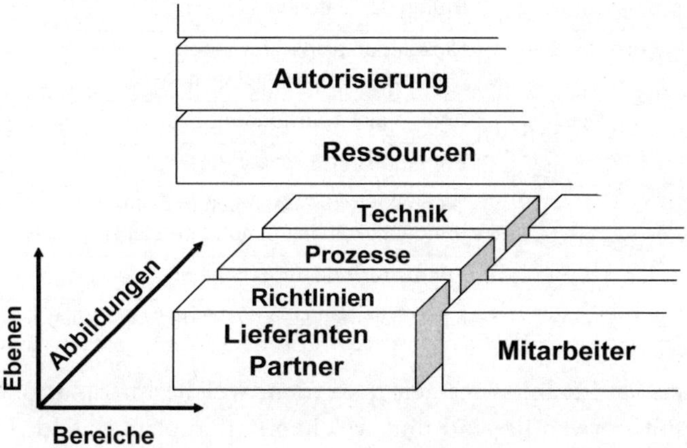

Abb. 4–3
Dimensionen des Modells

Die kleinste Einheit des Modells ist ein Bereich in einer Abbildung, beispielsweise die Richtlinien für die Personendaten der Lieferanten. In vielen Fällen wird es sinnvoll sein, bestimmte Bereiche zusammenzufassen. Das kann wiederum in jeder Abbildung unterschiedlich sein. So können für die Bereiche der Ebene E1 (Personendaten) (Lieferanten, Mitarbeiter und Kunden) die Richtlinien getrennt behandelt werden. Die Prozesse könnten für Kunden und Lieferanten gleich sein, und bei der technischen Umsetzung könnten für alle Bereiche dasselbe Portal und dasselbe Repository[1] verwendet werden.

1. Ich verwende den Begriff Repository (engl. Lager, Depot, Behälter) als Sammelbegriff für alle Arten von Datensammlung.

4.1.1 Prozesse der Ebene E1 (Personendaten)

Tab. 4–1
Prozesse von E1

Gestaltende Prozesse	Festlegen der Attribute und Schlüsselfelder
	Festlegen der führenden Systeme für jedes Attribut
	Erstellen der Importe
Administrative Prozesse	Steuern der Importe
	Prüfen der Datenqualität
Operative Prozesse	Hinzufügen eines Anwenders (eindeutigen Schlüssel vergeben)
	Ändern eines Anwenders
	Entfernen eines Anwenders
	Sammeln und Aufbereiten der Daten (Eindeutigkeit beim Import herstellen)
	Abarbeiten von Importfehlern
	Konsolidierte Daten zur Verfügung stellen

Festlegen der Attribute und Schlüsselfelder

Im ersten Schritt muss festgelegt werden, welche Informationen über die Person notwendig sind und welche überhaupt in das IdM-System übernommen werden dürfen. In den USA dürfen Unternehmen bei Personendaten das Geschlecht nur mit Einschränkungen führen. Das kann speziell bei Namen zu Problemen führen, die aus einem anderen Kulturkreis stammen und bei denen das Geschlecht aus dem Vornamen nicht abgeleitet werden kann, wie zum Beispiel oft bei afrikanischen Vornamen. Auch das Geburtsdatum ist in verschiedenen Ländern relativ heikel. In Deutschland kann dafür die Angabe der Position im Unternehmen problematisch sein, da dadurch Rückschlüsse auf das Gehalt möglich sind.

Auf jeden Fall ist es notwendig, Daten zu sammeln, durch die eine Person eindeutig identifiziert werden kann. Abgesehen von biometrischen Merkmalen, wäre der Reisepass ein weltweit gültiges Unterscheidungsmerkmal. Aber spätestens, wenn Sie Ihre Kunden auffordern, die Reisepassnummer einzugeben, werden Sie auf Widerstand stoßen. Dass der Name allein nicht reicht, ist somit schnell klar.

Exkurs: Namen rund um die Welt

Um etwas detaillierter auf einige Probleme, die der Name aufwirft, einzugehen, möchte ich Sie zu einer kleinen Reise um die Welt einladen.

In Mitteleuropa scheint die Sache recht einfach zu sein. In der Regel gibt es einen Nachnamen und einen Vornamen. Bei genauerem Hinsehen stellt sich heraus, dass mittlerweile viele Personen durch Heirat einen Doppelnamen annehmen. Dieser wird dann auch in der Personaldatenbank geführt. Im Sprachgebrauch wird aber trotzdem oft nur einer der beiden Nachnamen benutzt. Dazu kommen noch Adelstitel. Während sie in Österreich abgeschafft wurden, können sie in Deutschland als Teil des Nachnamens geführt werden. In anderen Ländern ist der Titel eigentlich als Anrede, also anstelle von Herr und Frau, zu verwenden.

In Nordamerika kommt noch der »middle name«, also ein zweiter Vorname dazu. Dieser dient als Unterscheidungshilfe, da es üblich ist, Söhnen die Namen der Väter zu geben. In Lateinamerika ist der Gebrauch von zwei Vornamen und zwei Nachnamen üblich. Dabei ist der eine Nachname der Nachname des Vaters und der andere Nachname der Nachname der Mutter.

In China gibt es eine überschaubare Anzahl von Nachnamen, aber eigentlich relevant ist der Vorname. Dies führt dazu, dass ca. 100 Millionen Chinesen den Nachnamen Li führen. Dazu steht in vielen asiatischen Ländern der Nachname vor dem Vornamen. Viele Asiaten, die in westlichen Firmen arbeiten, verwenden einen westlichen Namen als Alias, der aber nicht ihrem wirklichen Namen entspricht.

In Sri Lanka kommt zuerst der Familienname, der über die väterliche Linie vererbt wird. Dann folgt der Vorname, dem einer oder mehrere Mittelnamen folgen. Zuletzt wird nochmals der bereits am Anfang stehende Nachname des Vaters angefügt. Ein typischer Name wäre beispielsweise Rathnayake Sanduni Renuka Kumari Rathnayake. In Afrika wird oft die Reihenfolge unter den Geschwistern oder eine Gegebenheit zum Zeitpunkt der Geburt als Name benutzt. So bedeutet z.B. »Abimbola« soviel wie »reich geboren«. Diese Ausführungen ließen sich beliebig lang fortsetzen.

Trotzdem bleibt der Name eines der wichtigsten Kriterien.

Name und Geburtsdatum sind die wichtigsten Kriterien.

Dann folgt gleich das Geburtsdatum. Es ist grundsätzlich einfacher zu handhaben als der Name, aber auch nicht ganz ohne Tücken. Zum einen ist das Geburtsdatum in manchen Ländern (z.B. den USA) ein sehr sensibler Punkt und dementsprechend schwer zu erhalten. Zum anderen gibt es Länder, in der die Qualität dieser Information nicht dem westlichen Standard entspricht.

Unabhängig davon bleibt die Kombination aus dem Namen und dem Geburtsdatum die einfachste Möglichkeit, eine relativ hohe Qualität zu erreichen. Sollte das nicht reichen, muss man versuchen, die Basiskombination um länderspezifische Felder (Sozialversicherungsnummer o.Ä.) zu erweitern.

Bei Internetservices hat sich die E-Mail-Adresse des Kunden als Schlüssel eingebürgert. Diese kann, zumindest bei zahlenden Kunden, um die Kreditkartennummer ergänzt werden.

Beispiel: Alternative zum Austausch sensibler Daten

Wenn es innerhalb eines Unternehmens nicht möglich ist, aus allen Ländern die notwendigen Attributsfelder zu erhalten, um die Eindeutigkeit zu überprüfen, ist eine weitere Möglichkeit, die Felder zu codieren. So könnte man mithilfe eines Algorithmus aus den jeweils ersten beiden Zeichen des Vor- und Nachnamens, dem Geburtsdatum oder Teilen davon und weiteren Attributen einen Hash-Wert generieren, der für den Vergleich verwendet wird. So ein Hash-Wert ist sehr gut maschinell vergleichbar und die ursprünglichen Attributen lassen sich nicht oder nur mit beträchtlichem Aufwand ermitteln. Die Verarbeitung würde also wie bei einem Passwort funktionieren, das ebenfalls nicht im Klartext gespeichert oder verarbeitet wird. Der Hash wird im Quellland generiert und somit brauchen keine sensiblen oder geschützten Daten weitergegeben werden.

Festlegen des führenden Systems

Zu jedem Attribut muss das führende System festgelegt werden. Wenn die gleichen Daten aus mehreren Systemen bezogen werden, muss auch der Bezug zum Quellsystem gespeichert werden. Das ist z.B. der Fall, wenn Mitarbeiterdaten aus unterschiedlichen Personaldatensystemen importiert werden. Ebenso kann es bei Kunden und Lieferanten vorkommen, dass es länderspezifische Datenbestände gibt, die zusammengeführt werden müssen. Es muss also stets eindeutig nachvollziehbar sein, aus welcher Quelle ein Datensatz stammt. Dies kann durch ein eigenes Attribut geschehen oder durch eine zusätzliche Codierung. Ein eigenes Attribut ist flexibler in der Anwendung, denn dadurch können der Name der Quelle, ein Code oder ein Schnittstellenpfad gepflegt werden.

Wie das nachfolgende Beispiel zeigt, drehen sich die Vor- und Nachteile um, wenn man die Quelle in ein anderes Attribut hineincodiert.

Beispiel

Jede Person, die im IdM-System erfasst wird, bekommt eine eindeutige 11-stellige ID. Diese ID setzt sich wie folgt zusammen:

- Zuerst fünf Stellen als Kenner für die Quelle

  cc ... Country Code (DE, AT, US, ...) für das Land, in dem das Quellsystem betrieben wird oder in dem der Webserver steht, an dem sich der Kunde registriert.

  t ... Typ der Quelldaten: K für Kunden, M für Mitarbeiter oder L für Lieferantendaten. Daraus lässt sich auch der Typ des Datensatzes ableiten.

  qq ... laufende Nummer für das Quellsystem. Beginnt in jedem Land mit 01.

- Dann das Jahr, in dem die ID erstellt wurde.

  yy ... Im Gegensatz zu den Anwendungen aus dem vorigen Jahrtausend dürfen wir annehmen, dass die jetzt konzipierten Systeme beim nächsten Jahrhundertwechsel nicht mehr bestehen werden.

- Am Schluss noch eine vierstellige laufende Nummer für jede angelegte Person.

  nnnn ... je nach Anwendung können vier Stellen zu viel oder deutlich zu wenig sein.

Die ID eines Mitarbeiters, der in der deutschen Konzernzentrale angelegt wurde, könnte also so aussehen: DEM01070245

Für Menschen, die täglich mit den Daten und den IDs zu tun haben, hätte so eine ID bereits sehr viel Aussagekraft. Ohne ergänzende Dokumentation ist die ID aber nicht zu erschließen.

Was passiert, wenn ein Mitarbeiter über ein anderes Personaldatensystem geliefert wird? Nach dem beschriebenen System würde sich die ID ändern. Dies hätte Vor- und Nachteile, die auf jeden Fall in den abhängigen Prozessen berücksichtigt werden müssen.

Erstellen der Importe

Der Aufwand für das Befüllen und Synchronisieren des IdM-Systems hängt stark von der Anzahl und der Qualität der Quellsysteme ab. Es können hierbei entweder Stamm- oder Bewegungsdaten verwendet werden. Bei Stammdaten handelt es sich um eine aktuelle Kopie aller Datensätze aus dem Quellsystem. Beim Import müssen diese Sätze mit den Daten verglichen werden, die bereits im System sind. Dieser Vergleich ist relativ aufwändig, da er für alle Daten durchgeführt werden muss, unabhängig davon, ob sich ein Datensatz geändert hat oder nicht. Wenn die Möglichkeit besteht, dass Datensätze im Quellsystem gelöscht werden, muss ein zusätzlicher Abgleich vorgenommen werden. Diese Vorgehensweise liefert die höchste Qualität.

Für eine erstmalige Befüllung des Systems gibt es praktisch keine Alternative, wohl aber für die Synchronisation. Wenn das Quellsystem Bewegungssätze liefert, also nur die Datensätze, bei denen sich seit dem letzten Abgleich etwas geändert hat, brauchen nur die Änderungen auf das Zielsystem übertragen zu werden. Dadurch ist der Abgleich wesentlich schneller und es kann in viel kürzeren Zeitabständen abgeglichen werden. Bei der Arbeit mit Bewegungssätzen ist es wichtig sicherzustellen, dass wirklich alle Änderungen geliefert werden. Darüber hinaus kann es sinnvoll sein, in regelmäßigen Abständen zusätzlich die Stammdaten zu vergleichen.

E1 soll konsolidierte Daten zur Verfügung stellen.

Das Ziel dieser Ebene ist es, den anderen Ebenen konsolidierte und bereinigte Daten so schnell wie möglich zur Verfügung zu stellen. Das gilt grundsätzlich für alle Bereiche. Es wird aber nicht möglich sein, alle Daten in derselben Qualität und Geschwindigkeit anbieten zu können. Die höchste Qualität wird immer bei Mitarbeiterdaten vorliegen. Auch die Durchlaufzeit liegt hier weitgehend in der eigenen Verantwortung. Lieferantendaten können in ihrer Qualität auch noch sehr hoch gehalten werden, allerdings wird der Durchlauf durch zusätzliche interne Genehmigungsschritte länger. Bei Kundendaten kann man nur im Rahmen eines Kaufs gewisse Daten prüfen. Bei allen anderen Daten ist man auf die freiwillige Mithilfe des Kunden angewiesen.

Die Qualität der Daten soll aus einem Attribut ersichtlich sein.

Es wird aber nicht in allen Fällen erforderlich sein, die gleiche Qualität zu erzielen. Ebenso werden die Auswirkungen einer längeren Verarbeitungszeit in den Bereichen sehr unterschiedlich sein. Die Entscheidung darüber, welche Qualität der Daten erforderlich ist, muss für jeden Anwendungsfall eigens getroffen werden. Allerdings ist es wichtig, bei denjenigen Daten, die in dieser Ebene konsolidierten wurden, auch eine Qualitätseinschätzung vorzunehmen. Diese Bewertung der Qualität muss individuell für das Unternehmen festgelegt werden. Dort wo Sicherheit an erster Stelle steht, kann das die Art sein, wie die Personendaten geprüft wurden. Ist ein Unternehmen in der Wehrtechnik tätig, müssen Mitarbeiter, die auf vertrauliche Daten zugreifen können, wesentlich genauere Überprüfungen über sich ergehen lassen als andere Mitarbeiter. Wenn die Art der Datenüberprüfung unabhängig von der Quelle ähnlich ist, kann die Aktualität der Daten als Qualitätsmerkmal verwendet werden.

Beispiel: Level-of-Trust-Konzept

Um die Qualität der Daten bei der weiteren Verarbeitung bewerten zu können, wird jedem Datensatz ein Level of Trust vergeben. Dieser ist abhängig von der Aktualität der Daten.

Level1 (LoT1): Eine tägliche Aktualisierung der Daten. Änderungen an Personendaten werden innerhalb eines Tages weitergegeben.

Level2 (LoT2): Die Daten werden regelmäßig aktualisiert (< 1 Monat) und in bestimmten Zeitabständen überprüft.

Level3 (LoT3): Eine aktive Aktualisierung ist nicht möglich. Die Daten wurden beispielsweise über eine Webregistrierung erfasst. Es gibt auch keine Möglichkeit, die Daten zu prüfen.

Es kann nun festgelegt werden, welcher LoT für eine bestimmte Rollen notwendig ist.

Externe Überprüfung der Daten

Aus verschiedenen Gründen kann es notwendig sein, die Daten gegen externe Quellen zu prüfen. Im Geschäftsleben ist es bei großen Beträgen oder einer längeren Bindung üblich, Informationen über die Bonität des Geschäftspartners einzuholen. Bei Einzelpersonen sind es heute in der Regel primär gesetzliche Anforderungen wie der US Patriot Act (siehe Abschnitt 19.9). Dabei müssen Firmen ihre Kundendaten mit den Daten von Regierungsstellen abgleichen, um sicherzugehen, dass es sich nicht um gesuchte Terroristen handelt.

4.2 Ebene 2 – Ressourcen

Die Ebene 2 wird auch horizontal in Systeme und Inhalt geteilt.

Diese Ebene beinhaltet Ressourcen, die nur Berechtigten zur Verfügung stehen sollen. Sie wird zusätzlich zu den Bereichen auch horizontal geteilt, und zwar in Systembereiche und Inhaltsbereiche. Diese Teilung passt auch zu den Bereichen der Ebene 3 (Autorisierung), die im nächsten Abschnitt beschreiben wird. Dort wird zwischen Zugriff auf Funktionen und Zugriff auf Daten unterschieden. Die Funktionen werden von den Applikationen zur Verfügung gestellt, die in den Systembereichen beheimatet sind, während die Daten in Dateisystemen oder Datenbanken gespeichert sind und durch die Inhaltsbereiche repräsentiert werden.

Systeme: Betriebssysteme, Applikationen und Webservices

In diesem Modell wird zwischen drei Systembereichen unterschieden: Betriebssysteme, Applikationen und Portale bzw. Webservices. Unter Applikationen werden alle Arten von Software verstanden, unabhängig davon ob sie über einen Webclient oder über einen lokalen Client am Endgerät bedient werden. Grundsätzlich würden daher auch Portale oder Webservices in diese Kategorie fallen. Es gibt aber Wechselwirkungen mit einem IdM-System, gerade bei Portalen, weshalb Webapplikationen in einem eigenen Bereich zusammengefasst werden. An dieser Stelle möchte ich noch einmal darauf hinweisen, dass die Aufteilung der Bereiche nur eine mögliche Variante ist. Diese Aufteilung sollte abhängig vom Einsatzbereich des Modells individuell festgelegt werden. So könnten im öffentlichen Sektor Workflowsysteme so bedeutend sein, dass sie in einem eigenen Bereich zusammengefasst und gesondert behandelt werden. Genau so könnte es für ein produzierendes Unternehmen sinnvoll sein, Applikationen zur Produktentwicklung von Applikationen zu trennen, die zur Produktion benötigt werden. In der Regel werden die Systeme zur Produktentwicklung einen höheren Schutzbedarf haben.

E2 – Ressourcen	E2.2 Inhalt	Dateien	Daten	Webinhalt
	E2.1 System	Betriebssystem Dateisystem (Windows, Unix)	Systeme (ERP, CAx, DB, PPS,..)	Portale, Web, Webservices

Abb. 4–4
Bereiche der Ebene 2 (Ressourcen)

Inhaltsbereiche: Dateien, Daten, Webinhalt

Bei den Inhaltsbereichen wird zwischen Dateien und Daten unterschieden. Dabei sind mit Daten all jene Informationen gemeint, die in Datenbanken abgelegt sind. Also auch Dateien und Dokumente, wenn sie in Datenbanken gespeichert werden. Grund für die Teilung sind die unterschiedlichen Möglichkeiten bei der Verwaltung von Berechtigungen, die Dateisysteme und Datenbanken im Moment noch bieten. Der Webinhalt wird hier, wie bei den Systembereichen auch, als eigener Bereich dargestellt. Die Darstellung und die Bearbeitung sind bei Webinhalten per Definition getrennt. Die Berechtigungen auf diese Informationen sind daher doppelt zu vergeben. Ähnliches kann natürlich auch für die Daten gelten. Die Einteilung wurde hier wieder auf Grund der handelnden Personen getroffen. In großen Unternehmen werden Berechtigungen im Dateisystem und die Datenbankberechtigungen von verschiedenen Administratoren verwaltet. Und die Lese- und Schreibrechte auf den Webservern werden wiederum von anderen Personen verwaltet.

4.2.1 Prozesse von E2 (Ressourcen)

Tab. 4–2 *Prozesse von E2*

Gestaltende Prozesse	Einbinden neuer Zielsysteme
	Schema für die Klassifizierung von Daten und Applikationen entwickeln
	Klassifizieren von Applikationen
Administrative Prozesse	Administrative Prozesse in den Zielsystemen
Operative Prozesse	Klassifizieren von Daten
	Operative Prozesse in den Zielsystemen

Ein IdM-System wird oft nicht alle Applikationen umfassen.

In absehbarer Zeit wird es nicht möglich sein, alle Applikationen eines Unternehmens in ein IdM-System zu integrieren. Vielmehr bedarf es einer genauen Abschätzung, bei welchen Applikationen eine Einbindung sinnvoll ist und in welcher Reihenfolge die Applikationen integriert werden sollen. Es ist naheliegend, mit dem Netzwerkzugriff, in der Regel mit Active Directory oder einem anderen Verzeichnisdienst (LDAP), zu beginnen, da der Netzwerkzugriff die Basis für weitere Berechtigungen ist. Viele Applikationen können diese Authentisierung ebenfalls nutzen. Wird der Netzwerkzugriff entzogen, kann der Benutzer, wenn überhaupt, nur noch über Umwege auf die Applikationen zugreifen. Es ist daher nicht so kritisch, wenn die Rechte in den Applikationen nicht vollständig entzogen werden können. Dennoch sollte es das Ziel sein, alle Berechtigungen zu entziehen. Bei vielen Systemen, beispielsweise dem Dateisystem unter Windows, wird es praktisch kaum möglich sein, weil einfach die technischen Möglichkeiten fehlen. Deshalb müsste eigentlich auch bei einem Funktionswechsel ein neuer Account vergeben werden, was in der Praxis kaum machbar ist. Genauso ist es in vielen Firmen üblich, bei einem Wiedereintritt den alten Account zu aktivieren, was die Bearbeitung erheblich verkürzt. Es muss einem aber klar sein, dass damit Berechtigungen in Applikationen, die bei Austritt nicht ordnungsgemäß entzogen wurden, wieder mit aktiviert werden.

Die weitere Vorgehensweise beim Einbinden der Applikationen hängt von den primären Gründen für ein IdM-System ab. Geht es um Compliance, z.B. SOX, müssen zuerst einmal die dafür relevanten Applikationen eingebunden werden. Steht die Sicherheit im Vordergrund[2], sind es die Applikationen, mit denen die geschäftskritischen Daten bearbeitet werden. Sind Einsparungen das Hauptmotiv, so sind die Applikationen mit den größten Benutzerzahlen zu beachten.

4.2.2 Datenklassifizierung

Berechtigungen auf Daten sind nur bei klassifizierten Daten handhabbar.

Im Inhaltsbereichen ist es verlockend, gleich die Klassifikation der Daten in das IdM-Projekt mit einzubauen. Da Datenklassifikationsprojekte ebenfalls in die Kategorie »Projekte mit hohem Risiko« gehören, ist davon dringend abzuraten. Trotzdem wird man nicht umhinkommen, sich auf die eine oder andere Weise mit diesem Thema zu beschäftigen.

Ob es um die Modellierung von Rollen geht oder um die Sicherheitsanforderungen für die Authentisierung – die Basis werden immer bewertete Daten und Zugriffe bilden. Alles andere führt wieder dazu, dass jeder Zugriff individuell bewertet werden muss. Darf Rolle A Dokument X sehen oder nicht? In der Praxis wird dann oft das eingeführt, was ich eine »Zwei-Klassen-Gesellschaft-Plus« nenne: (praktisch) nichts oder (fast) alles, plus Berechtigungen für die wirklich wichtigen Dokumente, die handverlesen nach Ermessen eines Zuständigen vergeben werden. Um das zu verhindern, müssen übergreifende Kategorien geschaffen werden. Oft stammen Vorstöße zur Datenklassifikation von den Verantwortlichen für die Speichersysteme. Deren Ziel ist aber, die Daten so günstig wie möglich zu speichern und trotzdem die Anforderungen der Geschäftsprozesse zu erfüllen. Dabei stehen Verfügbarkeiten, Wiederherstellungszeiten oder der Aufbewahrungszeitraum an erster Stelle. Eine einfache Einteilung wäre:

2. Was nicht bedeutet, dass es bei SOX nicht auch um Sicherheit geht.

Eine Einteilung von Daten aus Sicht der Datenhaltung reicht nicht.

- Unternehmenskritisch
  Diese Daten sind für das Unternehmen von höchstem Wert. Sie sind hoch verfügbar und dürfen selbst im Katastrophenfall nur minimale Ausfallzeiten haben.
- Geschäftsdaten
  Diese Daten werden für die Geschäftsprozesse benötigt und müssen eine gute Verfügbarkeit haben. Die Daten können innerhalb von acht Stunden wiederhergestellt werden.
- Onlinedaten
  Onlinedaten sind Datenbanken und Workflowsysteme, die sich nicht unmittelbar auf die Kernprozesse des Unternehmens auswirken. Zu dieser Kategorie gehören auch die Daten der Mail-Server.
- Nearline Data
  Diese Daten werden nach Anforderung zugänglich gemacht und stehen nach einer gewissen Zeitspanne zur Verfügung.

Diese Parameter helfen auf IdM-Seite wenig. Aus IdM-Sicht werden Kategorien benötigt, mit deren Hilfe man die Daten automatisch den Rollen in den Geschäftsprozessen zuordnen kann.

Die Klassifikation für ein IdM-System benötigt zusätzliche Parameter.

Zum einen sind das Kategorien, die den Geschäftsprozess oder die Funktion der Informationen im Prozess spezifizieren. Dazu gehören:

- Datentyp
- Projekt
- Kunde

Zum anderen sind es Kategorien, die die Vertraulichkeit der Daten beschreiben.

- *Sicherheitsstufe Normal*
  Sollten die Daten das Unternehmen verlassen oder in falsche Hände geraten, entstehen weder auf rechtlicher noch finanzieller Seite schwerwiegende Konsequenzen für das Unternehmen. Es ist auch keine Rufschädigung zu erwarten. Ein Datenmissbrauch hätte minimale finanzielle bzw. soziale Auswirkungen auf die betroffene Person.
- *Sicherheitsstufe Hoch*
  Sollten die Daten das Unternehmen verlassen oder in falsche Hände geraten, entstehen massive rechtliche Konsequenzen und ein hoher finanzieller Schaden, der das Unternehmen aber nicht gefährdet. Eine Rufschädigung für das Unternehmen ist zu erwarten, und ein Datenmissbrauch hätte schwerwiegende Folgen für die betroffene Person.

- *Sicherheitsstufe Sehr hoch*
  Sollten die Daten das Unternehmen verlassen oder in falsche Hände geraten, würde das rechtlich oder finanziell die Existenz des Unternehmens bedrohen. Die Rufschädigung für das Unternehmen wäre enorm. Ein Datenmissbrauch würde den finanziellen bzw. sozialen Ruin für die betroffene Person bedeuten.

4.2.3 Berechtigungssysteme in Applikationen

ACLs

Access Control Lists (ACLs) sind aktuell die gebräuchlichste Form für einen Zugriffsmechanismus. Beispielsweise verwenden Microsoft-Betriebssysteme ACLs, um den Zugriff auf Dateien zu regeln. Die ACL ist an das Objekt gebunden und stellt eine Liste von Benutzern und deren Berechtigungen dar. Die Information über die Berechtigten ist dadurch jederzeit verfügbar und die Berechtigungen sind sofort änderbar, was ideal für eine verteilte Verwaltung von Berechtigungen ist. Aufwändig wird es allerdings, wenn man alle Berechtigungen finden möchte, die ein Benutzer innerhalb eines Systems hat. Dazu ist es notwendig, alle ACLs dieses Systems zu prüfen.

Protection Bits

Sehr ähnlich zu ACLs sind protection bits, wie sie bei klassischen Unix-Berechtigungssystemen eingesetzt werden. Beim Owner-Group-World-Konzept werden die Benutzer in drei Kategorien eingeteilt. Die Kategorien sind

- Owner, Self
  Der Ersteller oder Besitzer der Datei
- Group
  Eine Gruppe von Benutzern, die über dieselben Berechtigungen auf die Datei verfügen
- World, Other
  Alle Benutzer, die nicht zur Gruppe der Berechtigten gehören oder selbst Besitzer der Datei sind

Für jede dieser Benutzerkategorien werden vom System Rechte zum Schreiben, Lesen oder Ausführen der Datei gespeichert. Es ist als klare Einschränkung zu sehen, dass nur ein Benutzer und eine Gruppe zugewiesen werden können. Daher wurde dieses Konzept über die Jahre erweitert, beispielsweise um die Möglichkeit, Gruppen zu schachteln (nested groups).

4.3 Ebene 3 – Autorisierung

Immer mehr Prozesse eines Unternehmens verlagern sich von einer physischen in eine virtuelle Welt. Das Aufheben physischer Beschränkungen hat dabei viele Vorteile, es wirft aber auch Probleme auf. Viele neue, aber auch einige sehr alte, die aufs Neue gelöst werden müssen. Seit langem haben sich Menschen damit beschäftigt, wichtige Informationen zu schützen und dabei viele ausgeklügelte Strategien entwickelt. Mit den ersten gespeicherten Daten verlagerten sich diese Bemühungen auf das neue Medium. Die Anforderungen sind dieselben geblieben. Es gilt, die Vertraulichkeit, Integrität und Verfügbarkeit der Informationen sicherzustellen.

- Vertraulichkeit
  Bestimmte Informationen sollen nur einem ausgewählten Benutzerkreis zugänglich sein.
- Integrität
  Es soll sichergestellt sein, dass Informationen nicht unbemerkt verändert werden. Nur Personen, die dazu berechtigt sind, dürfen die Daten ändern. Und in manchen Fällen muss nachvollziehbar sein, wer sie geändert hat und was geändert wurde.
- Verfügbarkeit
  Die Daten müssen zu jedem Zeitpunkt verfügbar sein.

Im Sinne der ersten beiden Punkte muss also festgelegt werden, auf welche Daten ein Benutzer zugreifen darf und was er mit ihnen machen darf. In der elementarsten Ausprägung kann der Benutzer lesen oder ändern.

Abb. 4–5 *Bereiche der Ebene 3 (Autorisierung)*

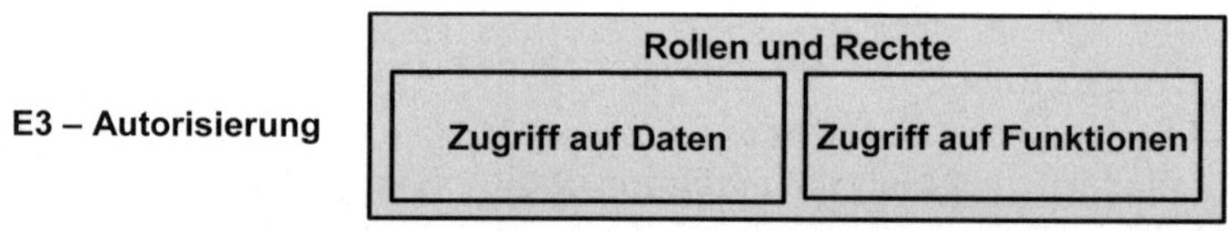

Diese Zweiteilung spiegelt sich auch im Modell wieder. Und so ist diese Ebene in die Bereiche *Zugriff auf Daten* und *Zugriff auf Funktionen* unterteilt (siehe Abb. 4–5).

Der Datenzugriff kann in unterschiedliche Abstraktionsebenen unterteilt werden.

Zur besseren Abgrenzung der Ebene soll auch hier eine horizontale Teilung benutzt werden. Diese Teilung ist nicht im Modell abgebildet und soll nur dem besseren Verständnis dienen. Die Teilung wird von den unterschiedlichen Abstraktionsebenen des Datenzugriffs gebildet. Die unterste Ebene stellt, wie Abbildung 4–6. zeigt, die Zugriffsmechanismen dar. Diese sind in den Applikationen und Systemen realisiert und gehören damit in die Ressourcenebene E2.

Richtlinien

Auf der obersten Ebene braucht ein Unternehmen Datenschutz- und Datenzugriffs-Richtlinien. Darin ist geregelt, wer Zugriff auf welchen Daten des Unternehmens hat. Diese Regeln gelten auch über Unternehmensgrenzen hinweg, z.B. für Berater oder Kunden, und betreffen im Idealfall alle IT-Systeme des Unternehmens. Diese Richtlinien spiegeln die Unternehmenskultur im Umgang mit Informationen wider und sind daher in der Regel unterschiedlich.

Datenzugriffsmodelle und -mechanismen

Damit nicht jede einzelne Ausprägung der Datenzugriffsmechanismen in den Applikationen individuell behandelt und analysiert werden muss, existieren Modelle für den Datenzugriff. Durch diese Modelle werden die Richtlinien auf Unternehmensebene mit den Mechanismen in den Applikationen verbunden.

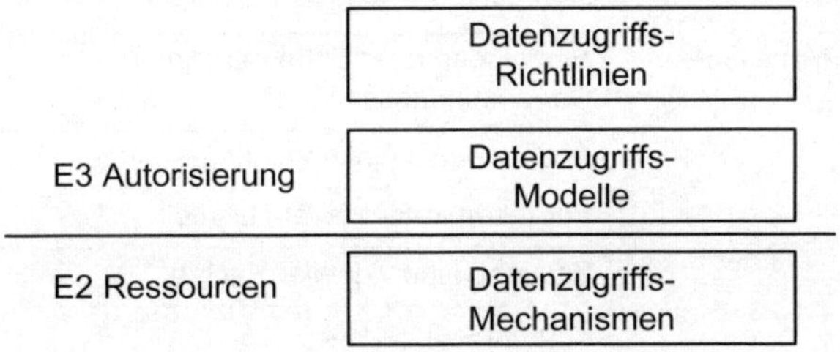

Abb. 4–6
Abstraktionsebenen des Datenzugriffs

Die Grenze zwischen den Ebenen E2 (Ressourcen) und E3 (Autorisierung) verläuft zwischen den Datenzugriffsmechanismen und den Datenzugriffsmodellen. Die Verbindung wird durch die Zwischenschicht S2-3 hergestellt. In dieser Zwischenschicht liegen alle Funktionen, mit der die logischen Abbildungen im Rollenmodell aufgelöst und in die Mechanismen der Applikationen übertragen werden.

4.3.1 Die Prozesse von E3 (Autorisierung)

Tab. 4–3
Prozesse von E3

Gestaltende Prozesse	Rollenmodell entwickeln
	Rollenmodell anpassen
Administrative Prozesse	Hinzufügen einer Rolle
	Entfernen einer Rolle
	Ändern einer Rolle
	Prüfen auf Konfliktfreiheit von Rollen
	Hinzufügen einer Regel
	Entfernen einer Regel
	Ändern einer Regel
	Genehmigungsstellen verwalten
Operative Prozesse	Hinzufügen oder Entfernen eines Genehmigungsschrittes
	Ändern eines Genehmigungsschrittes
	Vergeben individueller Rechte
	Entziehen individueller Rechte
	Zuordnen einer Rolle
	Lösen einer Rolle
	Information des Anwenders über seine Zugriffsberechtigungen
	Benutzer über seinen Authentisierungsbeweis informieren
	Information des Verantwortlichen über die Zugriffsberechtigungen Dritter

4.3.2 Datenzugriffsmodelle

Grundbegriffe für Berechtigungsmodelle

Um Berechtigungssysteme zu beschreiben, haben sich einige englische Begriffe eingebürgert. Ich verwende in den folgenden Beschreibungen, wenn vorhanden, die deutsche Übersetzung. Der Originalbegriff ist immer in Klammern angeführt. Für Begriffe, die bereits Teil des IT-Sprachgebrauchs sind, werden die gängigen Bezeichnungen verwendet.

- Benutzer (user)
  Als *Benutzer* wird die physische Person bezeichnet, die mit einem Computersystem arbeitet. Dabei kann ein *Benutzer* mehrere Accounts oder IDs benutzen.
- Session (session)
  Wenn sich ein *Benutzer* an einem Computersystem anmeldet und damit arbeitet, wird dafür der Begriff *Session* verwendet. Auf vie-

len Computersystemen kann ein Benutzer auch mehrere *Sessions* gleichzeitig starten.

- Subject[3] (subject)
  Um ein Computersystem zu benutzen, startet der Benutzer eine Reihe von Prozessen. Diese werden als Subject bezeichnet. Das Subject greift auf die Daten zu und benutzt dabei die *Berechtigungen*, die dem *Benutzer* zugeteilt wurden.
- Objekt (object)
  Jede Ressource auf einem Computer ist ein *Objekt*, d.h. Dateien, Drucker oder Datenbanken, aber auch einzelne Sätze in einer Datenbank.
- Operation (operation)
  Eine *Operation* ist eine Aktion, die von einem Subject auf ein *Objekt* angewendet wird (Lesen, Schreiben, Löschen usw.).
- Berechtigung (permission)
  Damit ist die Erlaubnis gemeint, eine bestimmte Aktion durchzuführen. In der Regel wird unter *Berechtigung* die Erlaubnis für eine Kombination von *Operation* und *Objekt* verstanden. Wenn zwei unterschiedliche Operationen auf ein *Objekt* angewandt werden, handelt es sich um zwei *Berechtigungen*. Ebenso wenn eine *Operation* auf zwei unterschiedliche *Objekte* angewandt wird.

Least privilege

Die Idee hinter dem *Least-Privilege*-Prinzip ist, dem Benutzer die notwendigsten Rechte zu geben. Dazu müssen zuerst die Rechte identifiziert werden, die der Benutzer für seine Tätigkeit braucht. Ein wichtiger Punkt ist auch, das Ansammeln von Rechten zu verhindern, wenn ein Benutzer einen neuen Verantwortungsbereich übernimmt.

Gegen Ende der 60er Jahre entstanden die ersten Berechtigungssysteme in Form einer Rechte-Matrix. Darin wurde für jeden Benutzer festgelegt, auf welche Systeme er Zugriff hatte. Es folgten Modelle wie das von Bell und LaPadua, das auf Basis von Sicherheitseinstufungen funktioniert. Der nächste signifikante Schritt war die Entwicklung von zwei elementaren Zugriffsmodellen: dem Discretionary[4]-Access-Control-Modell (DAC) und dem Mandatory[5]-Access-Control-Modell (MAC).

Discretionary Access Control (DAC)

Beim DAC vergibt der Ersteller oder Besitzer eines Objekts die Rechte. Ein Subject, das Berechtigungen auf ein Objekt besitzt, kann diese an ein anderes Subject weiterreichen. Dadurch kann ein Subject Zugriff auf ein Objekt bekommen, auf das es eigentlich keine Zugriffs-

3. Da im Verlauf des Buches der englische Begriff »Subject« als standardisierter Begriff vorkommt, verwende ich ihn so durchgängig im ganzen Buch.
4. discretionary = dem Ermessen überlassen, beliebig
5. mandatory = vorgeschrieben, verbindlich

rechte besitzen dürfte. Wenn Herr Huber in der Lohnabrechnung arbeitet und für seine Arbeit eine Excel-Tabelle mit Gehaltsdaten anlegt, so kann er beim DAC einer anderen Person Zugriff auf diese Tabelle gewähren – auch wenn diese Person nach den Unternehmensrichtlinien diese Daten eigentlich nicht sehen dürfte. DAC wird üblicherweise mithilfe von Access Control Lists (ACLs) implementiert. Im Sinne der vorhin vorgestellten Teilung stellen ACLs den Datenzugriffsmechanismus dar, während DAC das Datenzugriffsmodell ist.

Mandatory Access Control (MAC)

Das Problem, dass Daten vom Besitzer an Unbefugte weitergegeben werden, wird bei MAC verhindert, indem jedem Benutzer und jedem Objekt ein Sicherheitslevel zugewiesen wird. Die Sicherheitslevels besitzen eine hierarchische und eine nichthierarchische Komponente. Hierarchische Sicherheitslevels können beispielsweise »Öffentlich« (O), »Vertraulich« (V), »Geheim« (G) und »Streng Geheim« (S) sein. Nichthierarchische Level wären Kategorien wie »Kundenangebot«, »Patententwurf« oder »Gehaltsdaten«. Dadurch kann der Zugriff innerhalb eines Sicherheitslevels noch weiter verfeinert werden. Jeder Sicherheitslevel dominiert den niedrigeren Level. So kann die Excel-Tabelle mit den Gehaltsdaten aus dem vorigen DAC-Beispiel das hierarchische Sicherheitslevel *V* haben. Damit nicht jeder, der berechtigten Zugang zu vertraulichen Daten hat, auch auf die Gehaltsdaten zugreifen kann, wird das Sicherheitslevel *V* noch um die Kategorie »Gehaltsdaten« erweitert. Ein Benutzer kann nun nur dann auf die Datei zugreifen, wenn er das Sicherheitslevel *V (Gehaltsdaten)* hat. Der Benutzer kann mit diesem Sicherheitslevel auch auf Daten der Level *V* oder *N* zugreifen.

Chinese Wall Policy

Ein weiteres Modell ist die *Chinese Wall Policy.* Sie wurde entwickelt, um Zugriffe auf Informationen zu trennen. Besonders bei Beratungsunternehmen besteht die Gefahr, dass die Berater Projekte in unterschiedlichen Unternehmen derselben Branche abwickeln und sie dabei Zugriff auf vertrauliche Informationen haben. Durch die *Chinese Wall Policy* soll sichergestellt werden, dass ein Mitarbeiter des Beratungsunternehmens immer nur auf Daten eines der Unternehmen Zugriff hat und so nicht in einen Interessenkonflikt (conflict of interest, COI) gerät. Dabei werden Unternehmen in Konfliktklassen (COI classes) gruppiert. Zwei Unternehmen gehören dann in die gleiche Klasse, wenn Informationen über ein Unternehmen einen Vorteil für das andere Unternehmen darstellen. Dabei kann jedes Unternehmen nur in einer Konfliktklasse sein und eine Konfliktklasse muss mindestens zwei Unternehmen beinhalten. Beim ersten Zugriff kann ein Benutzer auf die Daten jedes Unternehmens einer Konfliktklasse zugreifen. Sobald der Benutzer aber auf sensible Daten eines der Unternehmen zugegriffen hat, ist er für die Daten aller anderen Unternehmen derselben Konfliktklasse gesperrt.

4.3.3 Role-Based Access Control (RBAC)

Core RBAC

RBAC ist ein Modell, das Anfang der 90er Jahre vom amerikanischen National Institute of Standards and Technology (NIST) entwickelt wurde. Es sollte die Unzulänglichkeiten der bis dahin entwickelten Modelle beseitigen.

Das Modell besteht aus fünf Elementen. Zu den bereits genannten Komponenten Benutzer, Berechtigung, Operation und Objekt kommt noch die Rolle als Sammlung von Berechtigungen hinzu. Dabei kann ein Benutzer mehrere Rollen haben und einer Rolle können mehrere Benutzer zugewiesen werden. Eine Rolle soll alle Berechtigungen beinhalten, die ein Benutzer benötigt, um eine bestimmte Funktion auszuüben. Dadurch wird es sehr einfach, einem Benutzer bei einem Funktionswechsel, seine alten Berechtigungen zu entziehen und neue Berechtigungen zuzuweisen. Es ist auch möglich, auf der Ebene der Geschäftsprozesse Rollen zu definieren, die ein Benutzer nicht gleichzeitig innehaben darf. So kann die Einhaltung dieser Regeln bereits bei der Vergabe der Berechtigungen kontrolliert werden. Wenn sich die Berechtigungen ändern, die für eine bestimmte Aufgabe notwendig sind, können diese direkt in der Rolle geändert werden. Die geänderten Berechtigungen gelten dann für alle Mitarbeiter, die dieser Rolle zugeordnet sind.

Unterschied zwischen Rolle und Gruppe

Es besteht eine Ähnlichkeit zwischen Rollen und Gruppen, wie sie in ACLs verwendet werden. Eine Gruppe ist eine Sammlung von Benutzern, eigentlich Subjekten, die eine spezifische Berechtigung auf ein Objekt haben. Rein von der Funktion her dient eine Rolle demselben Zweck. Der wesentliche Unterschied ist, dass eine Gruppe ein Mechanismus zum Datenzugriff ist und daher je nach Applikation oder System unterschiedliche Ausprägungen haben kann. Eine Rolle hingegen ist eine Baustein eines Modells (siehe Abb. 4–6) und stellt eine Sammlung von Eigenschaften dar. Diese Eigenschaften sind unabhängig von der Implementierung und gelten in der Regel für eine Reihe von IT-Systemen. Bei der Administration von Gruppen werden oft bestehende Benutzer »geklont«, wenn neue Mitarbeiter zu berechtigen sind. Dabei wird der Benutzereinstieg eines Mitarbeiters mit allen Rechten kopiert, angepasst und dem neuen Mitarbeiter zugewiesen. Abgesehen von der hohen Wahrscheinlichkeit, dass doch nicht alle Rechte für den neuen Mitarbeiter benötigt werden, ist der Wartungsaufwand im laufenden Betrieb sehr hoch. Da Gruppen applikations-

Abb. 4–7
Hierarchische Rollenstruktur

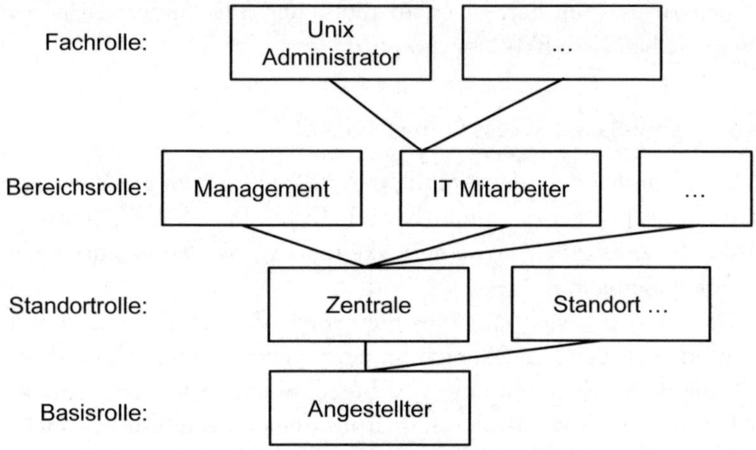

spezifisch sind, müssen die Berechtigungen in jedem System verwaltet werden.

Hierarchisches RBAC

Trotz der Vorteile, die sich durch den Einsatz von Rollen ergeben, ist der Aufwand für die Pflege eines komplexen Rollensystems immer noch recht hoch. Um die Administration zu erleichtern, wurde die Möglichkeit eingeführt, Berechtigungen zu vererben. Dabei erbt eine übergeordnete Rolle die Berechtigungen aller ihr untergeordneten Rollen. Allgemeine Funktionen können so in Basisrollen ausgelagert werden. Diesen können dann spezifischere Rollen übergeordnet werden. Das Beispiel in Abbildung 4–7 zeigt eine Basisrolle »Angestellter«. Diese Rolle beinhaltet Berechtigungen, die alle Angestellte des Unternehmens benötigen (Windows-Einstieg, Mail, Internet usw.). Übergeordnet sind Standortrollen, die den Benutzern abhängig vom Standort bestimmte Berechtigungen, beispielsweise auf das jeweilige Intranet, geben. An den Standortrollen können auch Zutrittsberechtigungen für Firmengebäude hängen.

Als Nächstes kommen Rollen, mit denen die Berechtigungen für Mitarbeiter eines bestimmten Bereichs vergeben werden, und Fachrollen, die auf die jeweilige Tätigkeit zugeschnitten sind. Ein Benutzer der die Fachrolle »Unix-Administrator« zugeteilt bekommt, erbt auch alle Berechtigungen der untergeordneten Rollen. In diesem Fall »IT-Mitarbeiter«, »Zentrale« und »Angestellter«. Einem Mitarbeiter könnte aber auch nur die Basisrolle »Angestellter« zugeordnet werden. In dem Fall bekommt er nur die Rechte dieser einen Rolle zugeteilt. Dieser Aufbau ist vor allem dann sinnvoll, wenn jedem Konto Berechtigungen zugeordnet werden können.

Eine andere Variante wäre, nur den Blättern des Rollenbaums Berechtigungen zuzuteilen. Die Knoten dienen in diesem Fall nur dem

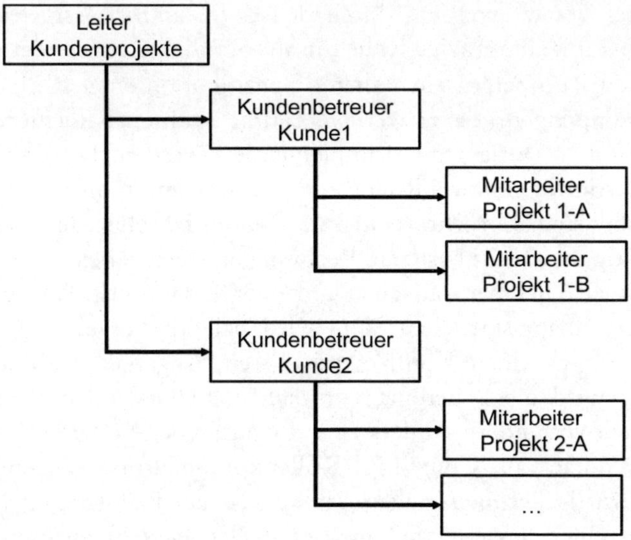

Abb. 4–8
Hierarchie nach Projektstruktur

Sammeln der Rechte. In Abbildung 4–8 ist ein Baum für Projektberechtigungen dargestellt. Dabei können Mitarbeiter Berechtigungen für die Daten eines einzelnen Kundenprojekts erhalten. Der jeweilige »Kundenbetreuer« kann auf alle Projekte eines Kunden zugreifen. Dieses Recht ergibt sich, weil er die Rechte aller zugeordneten Projekte erbt. Die Rollen der »Kundenbetreuer« sind dann wiederum dem »Leiter für Kundenprojekte« untergeordnet, wodurch diese Rolle auf alle Kundenprojekte zugreifen kann. Ich möchte an dieser Stelle noch einmal erwähnen, dass einem Mitarbeiter mehrere Rollen zugeordnet werden können. Es ist auch durchaus denkbar, dass ein Mitarbeiter Rollen in unterschiedlichen Hierarchiestufen zugeteilt bekommt. So kann der »Kundenbetreuer von Kunde1« durchaus in einem Projekt für Kunde2 als »Mitarbeiter« tätig sein.

Rollentypen

Wenn eine Rollenhierarchie, wie in Abbildung 4–7 dargestellt, beispielsweise über den Standort aufgebaut ist, kann es vorkommen, dass bestimmte Rollen für jeden Standort neu modelliert werden müssen. So kann es in jedem Standort eine Personalabteilung geben. Die Rollen innerhalb der Personalabteilungen werden ähnlich bis gleich sein. Allerdings sind die Zugriffsrechte in der Regel auf die Mitarbeiter des jeweiligen Standortes beschränkt. Dazu gibt es die Möglichkeit, sogenannte Rollentypen zu entwerfen. Ein Rollentyp fasst jene Berechtigungen zusammen, die für eine bestimmte Tätigkeit notwendig sind. Durch Parameter kann der Rollentyp weiter spezifiziert werden. Ein Rollentyp wäre in diesem Fall z.B. Sachbearbeiter in der Lohnabrechnung. Diese Rolle soll es ermöglichen, an allen Standorten dieselben Aufgaben zu erfüllen. Wenn nun diese Rolle zugeteilt wird, muss ein

Parameter gesetzt werden, durch den der Standort festgelegt wird. Dadurch kann eine einzige Rolle für alle Standorte verwendet werden.

Rechtetrennung (Separation of Duties, SOD)

Neben Parametern zur näheren Spezifikation einer Rolle können auch Bedingungen gesetzt werden. Damit kann eine Rechtetrennung (Separation of Duties, SOD) implementiert werden. Dies verhindert, dass ein Mitarbeiter zwei Rollen zugeteilt bekommt, die sich gegenseitig ausschließen. Ein Mitarbeiter, der Waren bestellen darf, soll nicht gleichzeitig das Recht besitzen, Rechnungen freizugeben.

SOD wird in einer statischen und einer dynamischen Variante implementiert. Beim statischen SOD wird bei der Vergabe einer Rolle geprüft, ob es einen Konflikt mit bereits zugeteilten Rollen gibt. Dadurch wird die Zuteilung von sich ausschließenden Rollen von vornherein verhindert. Anders beim dynamischen SOD: Dort können einem Benutzer auch ungültige Rollenkombinationen zugeteilt werden. Es wird allerdings sichergestellt, dass ein Benutzer im Rahmen einer einzelnen Session nur eine der Rollen einnehmen kann. Diese Variante ist natürlich wesentlich aufwändiger und kann im Gegensatz zum statischen SOD nur funktionieren, wenn die Zielapplikationen über entsprechende Mechanismen verfügen.

Ein weiterer Anwendungsbereich von Parametern bei Rollen ist sicherzustellen, dass nicht zu viele Mitarbeiter eine bestimmte Rolle innehaben (z.B. Administrator-Rechte) oder dass eine Mindestanzahl von Mitarbeitern über bestimmte Berechtigungen verfügen.

4.3.4 Die Nachfolger: ABAC, RB RBAC, PBAC und Co

Natürlich ist die Entwicklung nicht bei RBAC stehengeblieben. Die Ansätze der letzten Jahre konzentrieren sich dabei vor allem auf die dynamische Vergabe von Berechtigungen aufgrund von Attributen der Benutzer. Ob es sich nun um Attribute Based Access Control (ABAC), Rule Based RBAC (RB-RBAC) oder Policy Based Access Control (PBAC) handelt, die Idee und die zugrunde liegenden Annahmen sind immer dieselben. Einer großen heterogenen Menge an Benutzern steht eine unüberschaubare Anzahl an Objekten zur Verfügung. Beides, sowohl Benutzer als auch Objekte, lassen sich praktisch nicht mehr manuell verwalten. Allerdings wird vorausgesetzt, dass für die Zugriffe die Identität des Benutzers nur eine untergeordnete Rolle spielt. Es geht primär darum festzustellen, ob der Benutzer berechtigt ist oder nicht. So können zum Beispiel alle Lieferanten eines Unternehmens auf Ausschreibungsunterlagen zugreifen. Dabei ist es nicht wichtig, welcher Lieferant auf welche Unterlagen zugreift; es soll nur sichergestellt sein, dass es ein Mitarbeiter einer bereits als Lieferant eingetragenen Firma ist. Für zukünftige Internetanwendungen wäre denkbar, dass der Benutzer über ein Zertifikat nachweisen muss, dass er über 18 Jahre alt ist.

Durch den anhaltenden Trend zu einer *serviceorientierten Architektur* (SOA) wird die Forderung nach dynamischen Berechtigungsmodellen weiter verstärkt. Um diese Funktionalitäten zu erreichen, soll in Form von Regeln oder Richtlinien definiert werden, wie die Vergabe von Rollen bzw. Berechtigungen zu erfolgen hat. Die eigentliche Vergabe der Berechtigung erfolgt dann direkt beim Zugriff über einen entsprechenden Mechanismus.

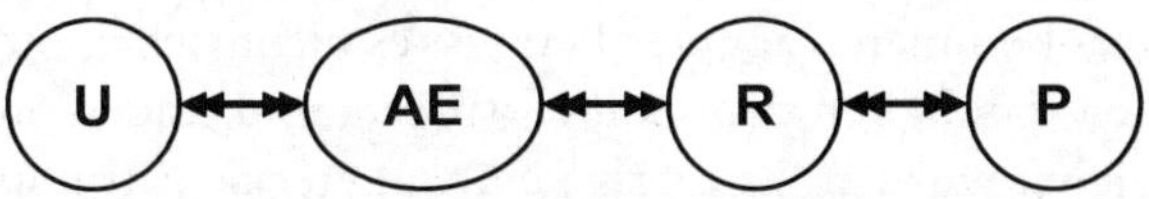

Abb. 4–9
RB-RBAC

Das RB-RBAC erweitert die Elemente von RBAC (Benutzer, Role, Permission) noch um die *attribute expression* (AE). Darin wird festgelegt, aufgrund welcher Attribute ein Benutzer eine bestimmte Rolle bekommt.

4.3.5 Ein passendes Rollenmodell entwickeln

Die Entwicklung eines geeigneten Rollenmodells ist der schwierigste Teil bei der Einführung eines IdM-Systems. Das liegt vor allem daran, dass es bei den meisten Unternehmen einfach nicht möglich sein wird, alle Anforderungen in einem Rollenmodell abzudecken. Auch wenn sich in den letzten Jahren sowohl die theoretischen Ansätze als auch die Werkzeuge stark weiterentwickelt haben, ist es eher die Regel, dass Projekte in diesem Umfeld abgebrochen werden bzw. nur einen Teil der Ziele erreichen.

Wie kommt man nun zu den Rollen eines Unternehmens?

Es gibt in einem Projekt zwei Möglichkeiten, sich dem Thema Rollen zu nähern: Bottom-up, also über den Ist-Stand, oder Top-down über einen definierten Soll-Zustand.

Die Benutzer haben ja bereits Berechtigungen in diversen Applikationen und können damit ihre Aufgaben erfüllen. Es liegt also nahe, zuerst einmal diese Berechtigungen festzustellen.

Role Mining

Dazu müssen die Berechtigungen ausgelesen und in einem Repository gesammelt werden. Danach kann man die Daten mit Methoden aus dem Data Mining analysieren. Man bezeichnet diese Vorgehensweise daher auch als *Role Mining*. Es werden dabei Berechtigungen von Personen mit gleichen Aufgabenbereichen verglichen. Aus dem Resultat lassen sich Basisrollen (Basisberechtigungen) ableiten. Dabei lässt sich unter anderem feststellen, wenn zwei Benutzer mit denselben Aufgaben andere Berechtigungen haben. Aber auch die Berechtigungen können gruppiert und analysiert werden. Dabei kann unter anderem herausgefunden werden, ob es unterschiedliche, redundante Arten gibt, wie Benutzer bestimmte Berechtigungen erlangen.

Role Mining führt relativ schnell zu Resultaten, hat aber auch wesentliche Nachteile. Zuallererst müssen entsprechende Werkzeuge zur Verfügung stehen. Wenn dann einmal die Daten über die Berechtigungen zur Analyse vorliegen, handelt es sich in der Regel um riesige Datenmengen. Es braucht sehr viel Erfahrung und ein solides Wissen über die bestehenden Prozesse bzw. Aufgaben der Mitarbeiter, um zu Resultaten zu kommen. Zu guter Letzt ist es nicht sicher, ob die gefundenen Rollen dann auch dem Soll entsprechen, da sie ja aus dem Ist-Stand abgeleitet wurden. Es ist also ein weiterer Schritt notwendig, in dem geprüft wird, ob die Anforderungen der Geschäftsprozesse und der Compliance erfüllt werden.

Top down

Man kann dies umgehen, indem man mit einem Soll-Zustand beginnt, also mit den Geschäftsprozessen und den davon abgeleiteten Rollen. In der Regel wird eine Analyse der Geschäftsprozesse notwendig sein, die aber sehr aufwändig ist und detailliert genug sein muss, um daraus die notwendigen Berechtigungen für die einzelnen Mitarbeiter abzuleiten. Eine Kombination beider Methoden (Role Mining und Top down) scheint am ehesten zum Ziel zu führen. Dabei werden bestimmte Teilbereiche abgegrenzt und für diese geprüft, ob und inwieweit die definierten Rollen den gefundenen Berechtigungsgruppen entsprechen. Wenn ein Teilbereich fertig abgebildet ist, wird mit dem nächsten begonnen. Um diese Variante zu verfolgen, muss es möglich sein, das Rollenmodell im IdM-System beliebig zu erweitern und mit wenig Aufwand zu ändern. Auf die Möglichkeiten, die aktuelle Systeme bieten, wird im zweiten Teil des Buches eingegangen.

Es bleiben aber auf jeden Fall einige Entscheidungen, die das Unternehmen selbst zu treffen hat:

- Was sind die bereits erwähnten Ausnahmen, die nicht in den Standardrollen abgebildet werden?
- Darf eine Vertretung wirklich alles, was die vertretene Person darf? Zum Beispiel Mitarbeitergespräche unterzeichnen oder auf alle Daten zugreifen?
- Was passiert im Krisenfall? Hier steht Sicherheit gegen Ausfallzeit. Ist es besser, wenn die Mitarbeiter weiterarbeiten können, auch wenn die Sicherheit nicht mehr gewährleistet ist?
- Wie sind die Daten zu klassifizieren? Werden die Daten, die nicht klassifiziert sind, geschützt oder wird der Zugriff zugelassen?

- Was passiert mit Rollen, die nur im Rahmen eines Projekts benötigt werden? Wer hat nach Abschluss des Projekts noch Zugriff auf die Daten und mit welcher Rolle?

Stanford-Modell

Ich möchte zum Abschluss des Abschnitts das Thema Rollen anhand eines Beispiels noch etwas anschaulicher machen. Dabei sollen Rollen aus den Aufgaben der Mitarbeiter abgeleitet und anhand des Stanford-Modells gegliedert werden. Bei diesem Berechtigungsmodell, das von der Stanford University für die Verwaltung der Zugriffe von Studenten und Mitarbeitern entwickelt wurde, werden unterschiedliche Gruppierungsstufen definiert und mit sprechenden Namen versehen. Obwohl nur in der obersten Gliederungsstufe von Rollen gesprochen wird, lässt sich die Struktur über RBAC abbilden. Die Gliederung unterteilt sich in eine System-Sicht und eine Business-Sicht. In der System-Sicht werden die individuellen Berechtigungseinstellungen aus einer oder mehreren Applikationen zu neutralen Berechtigungen zusammengefasst. Diese Berechtigungen stellen die feinste Möglichkeit dar, Rechte in Systemen zu verwalten, sind aber nicht systemspezifisch.

Das Rollenmodell wird über vier Schritte gebildet.

Diese Berechtigungen werden weiter zu Aufgaben gruppiert. Unter Aufgaben werden hier einzelne Tätigkeiten verstanden, die ein Mitarbeiter zu erledigen hat. Die nächste Abstraktionsebene sind Funktionen in den Geschäftsprozessen. Diese bestehen aus einer Reihe von Aufgaben, die für übliche Aktivitäten eines Mitarbeiters benötigt werden.

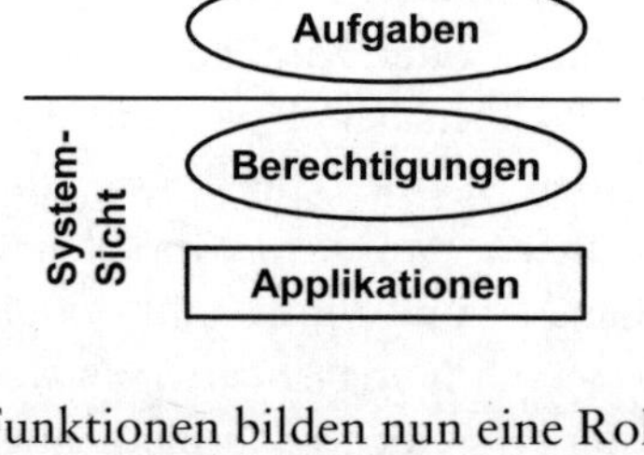

Abb. 4–10
Authority Model der Stanford University

Eine oder mehrere Funktionen bilden nun eine Rolle, die einem Benutzer zugeordnet wird. Auch wenn das Modell an sich keine neuen Ideen bringt, bilden diese vier Abstraktionsebenen einen guten Anhalt beim Aufbau eines Rollenmodells. Dabei ist eine Annäherung über Applikationen, aber auch über die Aufgaben der Benutzer möglich. Durch die vorgegebene Struktur lassen sich die Abstraktionsebenen auch einzeln betrachten und später zusammenfügen.

Das zweite Element für das Beispiel sind Use Cases, wie sie unter anderem bei der Softwareentwicklung verwendet werden. Damit wird dargestellt, welche Funktionen einem Benutzer (Actor) in einem System zur Verfügung stehen sollen. Da es in diesem Beispiel nicht um ein Einzelsystem geht, wird nicht der Benutzer als Actor verwendet, sondern bereits eine Funktion des Benutzers. Also nicht der Verkäufer, sondern eine seiner Aufgaben, nämlich das Verkaufen. Damit werden die Rollen von den Geschäftsprozessen aus entwickelt, wobei nicht der Prozess im Vordergrund steht, sondern die Akteure.

Abb. 4–11
Use Case Vertrieb

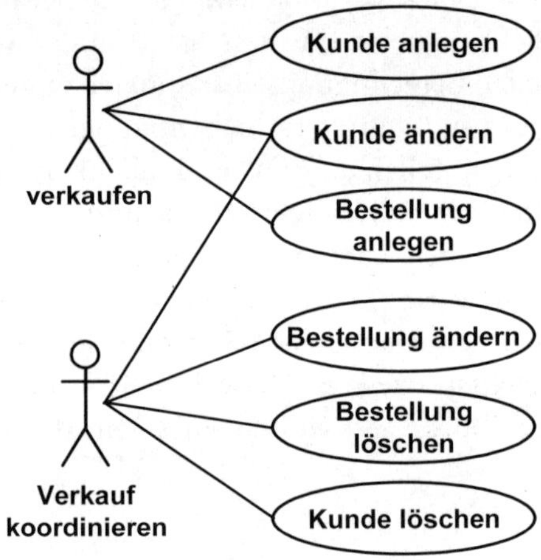

Um nun etwas zu verkaufen, ist eine Reihe von Aufgaben zu erledigen. Zuerst muss ein neuer Kunde angelegt bzw. müssen die Daten eines bestehenden Kunden aktualisiert werden. Kommt es zum Abschluss, muss auch noch eine Bestellung angelegt werden.

Bei der zweiten betrachteten Funktion, »Vertrieb koordinieren«, können keine Bestellungen oder Kunden angelegt werden, allerdings können Bestellungen nachbearbeitet werden. Auch das Löschen von Bestellungen und Kunden ist eine Berechtigung dieser Funktion. Wenn diese Use Cases nun in das Stanford-Modell übertragen werden, so passen sie in die Ebenen Funktionen und Aufgaben. Die Aufgaben werden dann auf der Berechtigungsebene noch weiter aufgeteilt, damit es möglich ist, sie in den Systemen zu implementieren.

Die Funktionen werden noch zu Rollen zusammengefasst. So kann die Rolle »Teamleiter Vertrieb« die Funktionen »Verkaufen« und »Verkauf koordinieren« ausüben. Ein Verkäufer hat in diesem Beispiel nur die Funktion »Verkaufen«. Durch die Möglichkeit, einem Benut-

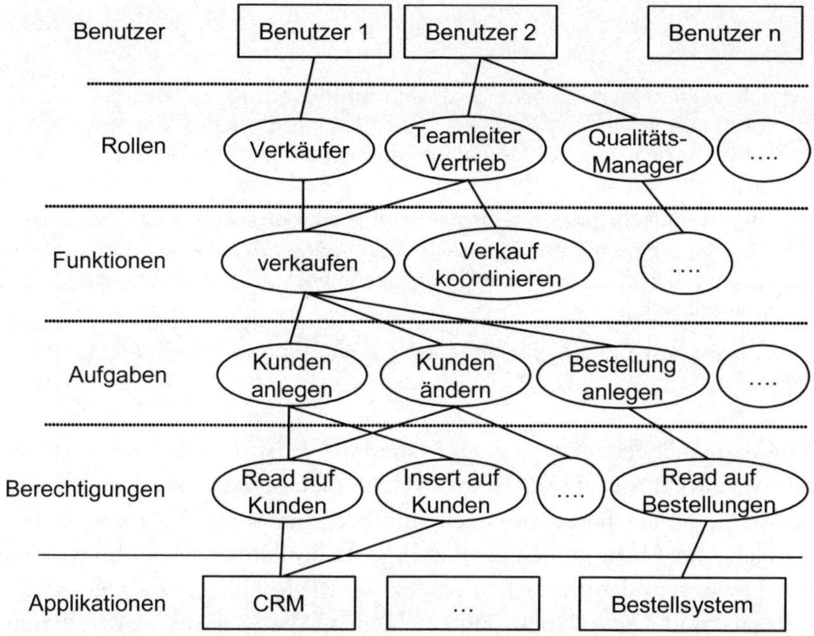

Abb. 4-12
Umsetzen der Use Cases im Stanford Model

zer mehrere Rollen zuzuweisen, entsteht eine zusätzliche Abstraktionsebene, die auch vertikal wirkt. So kann man die Verkaufsprozesse und deren Rollen zuerst abbilden und implementieren. Als nächster Schritt wird dann beispielsweise das Qualitätsmanagement angegangen. Wenn einzelne Personen dann auch Rollen im Qualitätsmanagement besitzen, so kann die Rolle zu einem späteren Zeitpunkt zugewiesen werden.

Auf diese Weise kann man mit einem Rollenmodell dort starten, wo ein effektiver Bedarf besteht. Dabei kann der Bedarf von der Compliance-Seite, vom administrativen Aufwand oder durch Geschäftsanforderungen entstehen. Diesen Aspekten ist der dritte Teil des Buches gewidmet.

4.4 Ebene 4 – Authentisierung

Damit eine Person die zugeteilten Rechte nutzen kann, muss sie sich gegenüber dem jeweiligen System ausweisen. Man sagt, sie muss sich authentisieren, also in einer dem System verständlichen Form nachweisen, dass sie berechtigt ist, mit einem bestimmten Account zu arbeiten. Der Account ist der Träger der Berechtigungen, und durch das Arbeiten mit diesem Account besitzt der Benutzer Zugriff auf Funktionen und Daten.

Eine kleine Erläuterung zu zwei Begriffen, bei denen häufig Unsicherheit besteht:

- Ich verwende in diesem Buch **Authentifizierung** als Begriff für die Überprüfung und Feststellung einer Identität. So kann man beispielsweise sagen: »Der Geldautomat hat mich anhand meiner Scheckkarte authentifiziert.«
- Den Begriff **Authentisierung** verwende ich dagegen für das Nachweisen der eigenen Identität. Analog zum vorigen Beispiel kann man also sagen: »Ich habe mich mithilfe meiner Scheckkarte am Geldautomaten authentisiert.«

Im Englischen ist es einfacher. Da steht das Wort *authentication* für beides.

Das Risiko muss den Aufwand rechtfertigen.

Wie man sich gegenüber einem System ausweist, ist immer ein Abwägen von Risiko und Aufwand. Welche Gefahr besteht, dass jemand versucht, meine Berechtigungen unberechtigterweise zu nutzen? Die Bereiche der Ebene stellen die jeweilige Risikokategorie dar. Im Modell wird zwischen den Bereichen respektive Risikokategorien »*Normal*«, »*Hoch*« und »*Sehr Hoch*« unterschieden. Die Risikokategorie hängt von zwei Faktoren ab. Zuerst vom Wert der Informationen bzw. der Berechtigungen: Wie kritisch sind die Informationen, auf die ich zugreife, und welche Berechtigungen habe ich, die jemand missbrauchen könnte? Dann hängt die Risikokategorie noch von der Absicherung des Netzes ab, bei dem ich mich anmelde. Es ist inzwischen üblich, ein Firmennetz mit einer Firewall zu schützen und auch auf Angriffe von innen zu überwachen. Ähnliches gilt für auch für Partnernetze.[6] Anders sieht es aus, wenn ich über das Internet, also von außen, auf IT-Ressourcen eines Unternehmens zugreife. In diesem Fall steigt das Risiko drastisch an.

Abb. 4–13
Bereiche der Ebene E4 (Autorisierung)

E4 – Authentisierung	**Risiko Normal (LAN)**	**Risiko Hoch (Partnernetze)**	**Risiko Sehr Hoch (Internet)**

Die Bereiche entsprechen Risikokategorien.

Die Risikokategorien lassen sich mithilfe einer Matrix aus den genannten Faktoren ermitteln. Entsprechend der Risikokategorie sollten die geeigneten Autorisierungsmethoden angewandt werden. Natürlich ist die Bewertung eines Risikos eine Entscheidung, die jedes Unternehmen selbst treffen muss.

---

6. Darunter verstehe ich geschlossene Netze, die unterschiedliche Firmen desselben Konzerns oder derselben Branche gemeinschaftlich nutzen.

Tabelle 4–4 zeigt exemplarisch, wie solch eine Matrix aussehen kann.

(Un-)Sicherheit des Netzes				
	Extern	2	3	3
	Partnernetze	2	2	3
	Intern, LAN	1	2	3
Risikokategorie		Öffentliche Daten bzw. allgemeine Rechte	Sensible Daten bzw. spezielle Rechte	Kritische Daten bzw. maßgebliche Rechte
		Wert des Zugriffs		

Tab. 4–4
Risikokategorie-Matrix

Die Sicherheit des Netzes wird in Stufen geteilt: interner Zugriff über das LAN, Zugriff über Partnernetze und externer Zugriff über das Internet. Die Unsicherheit steigt vom LAN zum Internet.

Auf der anderen Achse wird der Wert des Zugriffs eingetragen. Mit Wert ist der Nutzen gemeint, den ein potentieller Angreifer mit den Daten oder den Berechtigungen erlangt. Weitgehend öffentlich zugängliche Daten und einfache Berechtigungen stellen den niedrigsten Wert dar. Je sensibler die Daten und je spezieller die Berechtigungen sind, desto höher ist der Wert. Den höchsten Wert stellen Daten dar, bei denen dem Unternehmen ein beträchtlicher Schaden entsteht, wenn sie in falsche Hände geraten. Bei den Berechtigungen sind das Administrator-Rechte oder Berechtigungen, um Finanztransaktionen durchführen zu können. Aus den Faktoren werden hier drei Risikokategorien abgeleitet. Diese Risikokategorien wurden empirisch ermittelt, aber sie könnten auch über ein mathematisches Modell errechnet werden.

Die Höhe des Risikos rechtfertigt den Aufwand bei der Autorisierung. Dieser Aufwand sollte aber primär technischer Natur sein, da sich gezeigt hat, dass Benutzer oder auch Kunden nur bis zu einem gewissen Grad bereit sind, Mehraufwand für Sicherheit in Kauf zu nehmen.

Die Risikokategorien wirken sich auch auf ein Single-Sign-On-System aus.

Bei einem Single-Sign-On-System müsste diejenige Methode gewählt werden, die der höchsten Risikokategorie entspricht, wobei sich grundsätzlich die Frage stellt, ob ein Single Sign On nicht nur innerhalb des jeweiligen Risikolevels funktionieren soll. Jeder Wechsel in ein höheres Risikolevel sollte über einen neuen Authentisierungsvorgang abgesichert werden.

4.4.1 Prozesse von E4 (Authentisierung)

Tab. 4–5
Prozesse von E4

Gestaltende Prozesse	Definieren der Methoden
	Federation[7] einrichten
Administrative Prozesse	
Operative Prozesse	Anmeldevorgang am Zielsystem
	Verifikation der Identität
	Federation durchführen

Um sich zu authentisieren, gibt es grundsätzlich drei Möglichkeiten:

- *durch etwas, was die Person weiß*
  Im einfachsten Fall muss die Person ein Passwort kennen, das dem Account zugeordnet ist.
- *durch etwas, was die Person besitzt*
  Mithilfe eines Schlüssels oder einer Zutrittskarte beispielsweise erhält eine Person Zutritt zu einem Gebäude. Für IT-Systeme kann ebenfalls eine physische Zutrittskarte verwendet werden. Es könnte aber auch ein Schlüssel in digitaler Form sein, also eine Datei, die der Benutzer übermittelt.
- *durch ein Merkmal, das die Person eindeutig kennzeichnet*
  Das wären alle Arten biometrischer Kennzeichen (Sprache, Fingerabdruck, Iris usw.). Eine Sonderform wäre *etwas, was die Person tut oder kann.* Es gibt Schrifterkennungssysteme am Markt, die eine Unterschrift auch an der Dynamik, mit der sie geschrieben wird, erkennen.

Eine weitere Möglichkeit wäre noch der Ort, an dem sich die Person befindet. So könnte der Zugriff noch an ein bestimmtes Eingabegerät gebunden sein. In der Regel wird der Ort in Kombination mit anderen Methoden benutzt und zusätzlich physisch abgesichert, um eine noch höhere Sicherheitsstufe zu erreichen. Um den Zutritt abzusichern, wird mindestens eine der oben genannten Möglichkeiten benutzt. Im einfachsten Fall ein Schlüssel.

Stärken und Schwächen von Authentisierungsmethoden

Jede dieser Methoden hat spezifische Stärken und Schwächen, wenn es darum geht, eine Person eindeutig zu identifizieren. Passwörter können zwar ausreichend sicher gestaltet werden und sind auch zuverlässig zu verarbeiten, allerdings ist ein sicheres Passwort schwer zu merken. Eine Zutrittskarte, die zum Anmelden am System verwen-

7. Mit Federation bezeichnet man im Identity Management die Nutzung von Benutzeraccounts über Unternehmensgrenzen hinweg (siehe Kapitel 6).

det wird, ist einfacher zu handhaben, kann aber verlorengehen oder einer anderen Person übergeben werden. Außerdem setzt sie den Einsatz von speziellen Lesegeräten voraus. Ein Schlüssel in digitaler Form kann wiederum relativ leicht vervielfältigt werden. Biometrische Verfahren haben zwar nicht die vorher genannten Nachteile, dafür steigt der technische Aufwand deutlich an. Abgesehen von den »Eingabegeräten« stellt auch die Speicherung der biometrischen Daten besondere Herausforderungen an die Systeme.

Biometrische Merkmale haben den Vorteil, dass man sie immer bei sich hat, sie nicht vergessen werden können und man sie auch nicht wirklich weitergeben kann. Letzteres ist vor allem dann relevant, wenn man einer amerikanischen Studie glauben möchte, nach der 71 % der Benutzer ihr Passwort gegen einen Schokoriegel tauschen würden.[8] Leider sind biometrische Methoden nicht so zuverlässig, wie manch ein Hersteller einen glauben machen möchte. Dem Menschen fehlen leider zwei wichtige Eigenschaften, die man sich für einen idealen »Schlüssel« wünscht. Das sind Konstanz und Exaktheit. Die Merkmale einer Person sind nicht konstant, sondern ändern sich im Laufe der Jahre. Aber auch abhängig von der Temperatur kann sich der Fingerabdruck verändern. Es ist also notwendig, die Systeme immer wieder nachzujustieren. Was die Exaktheit betrifft, so ist der Mensch einfach eine Herausforderung für jedes Lesegerät. Er zittert, bewegt sich zu schnell oder zu langsam und ist zeitweise von Krankheiten gezeichnet. Dazu kommen noch Umwelteinflüsse, die weitere Lesefehler verursachen. Daher müssen biometrische Systeme mit Näherungsverfahren arbeiten. Es kann vorkommen, dass eine Person nicht oder als jemand anderer erkannt wird.

Die Kombination von Methoden erhöht die Sicherheit. Das gebräuchlichste Beispiel dazu ist die Bankomatkarte in Kombination mit einem Pin-Code, also die Karte, die der Bankkunde besitzt, und der Pin-Code, den der Kunde kennt. Um das Hauptproblem mit dem Passwort (die menschliche Merkfähigkeit) in den Griff zu bekommen, gibt es ein paar Ansätze. In jedem Fall geht es darum, dass sich der Benutzer so wenig wie möglich merken muss.

Single Sign On

Single Sign On (SSO) soll die Anzahl der Passwörter verringern. Der Benutzer merkt sich ein ausreichend sicheres Passwort und kann sich damit bei allen Applikationen, die er benötigt, anmelden. Da er sich nur noch ein einziges Passwort merken muss, kann dieses dafür länger und sicherer sein. Das muss es auch, denn dieses Passwort hat

8. Quelle: InfoSecurity 2004/TechWeb/Secure Enterprise Magazine

eine wesentlich größere Bedeutung. Eine genauere Betrachtung von SSO erfolgt in Abschnitt 4.5.2.

Challenge-Response

Im Gegensatz zu einem herkömmlichen Passwort-Verfahren, bei dem das »Geheimnis« bei der Authentisierung mitgeteilt wird, stellt beim Challenge-Response-Verfahren ein Teilnehmer einem Gegenüber Fragen über ein gemeinsames Wissen. Der Sender schickt an den Empfänger eine zufällige Zahl. Dieser verschlüsselt die Zahl mittels des gemeinsam bekannten Passworts und sendet die verschlüsselte Zahl zurück. Der Sender verschlüsselt inzwischen die Ursprungszahl mit demselben Passwort und vergleicht sie mit der Antwort des Empfängers. Wichtig ist, dass die verschlüsselten Werte verglichen werden und die Antwort des Empfängers nicht entschlüsselt wird. Dieses Verfahren wird in Netzwerken oder bei Chipkarten angewendet. Es gibt eine Reihe von Möglichkeiten, das Challenge-Response-Verfahren zu attackieren. Vor allem, wenn die Zufallszahl unverschlüsselt übertragen wird, kann der Angreifer versuchen, aus der Zahl und der verschlüsselten Antwort auf das verwendete Passwort zu schließen.

Steganografie

Eine sehr interessante Variante nutzt ein steganografisches Verfahren. Bei SecLookOn der Firma MERLINnovations muss der Benutzer Bilder richtig interpretieren und daraus ein One-Time-Passwort ableiten.

> Steganografie heißt aus dem Griechischen übersetzt »verborgenes Schreiben« und wird als »die Wissenschaft der Kommunikation mit verborgener Nachricht« definiert. Sinn und Zweck ist die Tarnung von Informationen, sodass dem Angreifer die Existenz der getarnten Information nicht auffällt oder er die Information nicht erkennt.

Dabei werden zwei Elemente verwendet: Bilder mit einprägsamen Motiven und Symbolfelder, die jeweils mindestens fünf Eigenschaften haben. Die Eigenschaften sind:

- Zahl (die Zahl ist das Ergebnis und wird nicht für das Passwort verwendet)
- Farbe der Zahl
- Hintergrundfarbe
- Symbol
- Farbe des Symbols

Um das System zu verwenden, sucht sich der Benutzer zuerst zwei Bilder aus, zum Beispiel ein Bild mit einem Turm aus Kaffeetassen und das Bild eines Verkehrszeichens. Diese Bilder kombiniert er dann mit Eigenschaften der Symbolfelder. Im Beispiel von Abbildung 4–14 wird dem Bild mit den Tassen das Symbol Kreuz zugeordnet. Das Bild des Verkehrsschildes steht für die Farbe Schwarz bei den Zahlen (Z). Die Kombination beider Bilder wird dem Symbol Kreis zugeordnet. Wenn keines der Bilder angezeigt wird, so entspricht das dem X-Symbol.

Wenn sich der Benutzer nun anmelden will, sieht er zwei Fenster am Bildschirm. Eines enthält 36 Bilder und das andere 36 Symbolfelder. Bilder und Felder sind in einem Raster von je 6x6 Icons angeordnet. Für den Benutzer ist aber nur ein Bereich von jeweils sechs Bildern oder Symbolen relevant (siehe Abb. 4–16).

Diese Bereiche sind die dritte Information neben den Bildern und der Zuordnung der Bilder zu Eigenschaften, die der Benutzer für sich festlegen muss. Die Bereiche können beliebig gewählt werden. So kann sich der Benutzer bei den Bildern beispielsweise die erste Spalte und bei den Symbolfeldern die zweite Zeile als Bereich aussuchen (siehe Abb. 4–15).

Abb. 4–14
Zuordnung von Bildern zu Eigenschaften

Wenn nun, wie in Abbildung 4–15, in der ersten Spalte der Bilder nur das Bild mit Kaffeetassen angezeigt wird, so muss der Benutzer in der zweiten Zeile der Symbolfelder das Feld mit dem Kreuz-Symbol suchen. Alle anderen Bilder und Symbolfelder, die nicht in seinen Bereichen liegen, sind für den Benutzer nicht relevant, auch wenn seine Symbole dort vorkommen. Die Ziffer auf dem Symbolfeld ist der erste Teil des One-Time-Passworts, das der Benutzer eingeben muss. In diesem Fall wäre es die Zahl Fünf. Wenn er die Zahl eingegeben hat, erscheint der nächste Bildschirm mit neuen Bildern und Symbolfeldern. Ein Durchlauf, der ein Passwort von vier Zahlen ergibt, dauert für einen geübten Benutzer ca. 10 Sekunden.

Abb. 4–15
Anmeldebildschirm mit SecLookOn

Die Sicherheit des Verfahrens hängt von der Ausprägung der Faktoren (Bilder, Kombination, Bereich) ab. Bei SecLookOn kann der Benutzer auch drei Bilder auswählen und diese mit bis zu sechs Eigenschaften verknüpfen. Die Bereiche können beliebig gewählt werden, solange die Kästchen zusammenhängen (siehe Abb. 4–16).

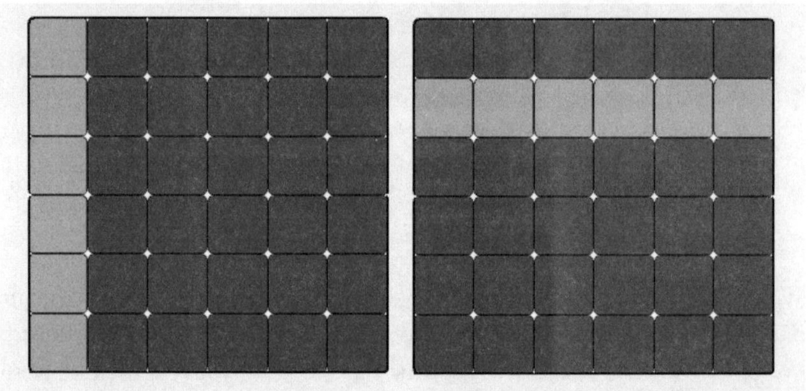

Abb. 4–16
Mögliche Bereiche in SecOnLook

Das Faszinierende an der Methode ist, dass der Schlüssel nicht knackbar ist, weil er nur im Kopf des Benutzers existiert. Auch eine *Man-in-the-Middle-Attacke*[9] funktioniert nicht, weil der Angreifer ja nicht weiß, welche Bilder er schicken soll. Findet der Benutzer kein richtiges Symbolfeld zu seinen Bildern, weiß er, dass etwas nicht stimmt.

9. Bei einer Man-in-the-Middle-Attacke lenkt der Angreifer den Benutzer auf eine fingierte Webseite. Der Benutzer sieht den gewohnten Anmeldeschirm und gibt nichtsahnend Benutzernamen und Passwort ein.

4.5 Die Verbindungsschichten

Auch wenn man die Ebenen einzeln betrachten und bearbeiten kann, so entsteht der Nutzen erst durch die Verbindungsschichten. Sie stellen die Art und Weise dar, wie die Ebenen untereinander Daten austauschen. Während die vier Basisebenen bereits einen vollständigen Rahmen bilden, ist die Anzahl der Verbindungsschichten nicht festgelegt. Ähnlich wie bei den Bereichen einer Ebene ist es je nach gewünschter Granularität möglich, neue Verbindungsschichten für bestimmte Funktionen zu definieren. Auch die Verbindungsschichten können in allen drei Abbildungen (Richtlinien, Prozesse, Technik) existieren.

Vorgänge in den Verbindungsschichten werden weitgehend automatisch erfolgen. In zeitkritischen Prozessen werden sie anlassbezogen ablaufen, sonst über eine Zeitsteuerung mit längeren oder kürzeren Intervallen. Auch ein Import, der jede Minute läuft, ist zeitgesteuert, selbst wenn für den Benutzer nicht mehr erkennbar ist, ob seine Aktion oder der Zeitablauf ausschlaggebend war.

Es ist nicht sinnvoll, alles zu automatisieren.

Es wird aber nicht möglich sein, wirklich jede Eventualität über einen Automatismus abzudecken. Außerdem kann es sinnvoll sein, in besonderen Situationen die automatischen Abgleiche zu umgehen. Ich möchte das an einem Beispiel erläutern: Die Personendaten der Mitarbeiter kommen vom Personalwesen der Konzernzentrale in Deutschland. Aufgrund eines Fehlers wird bei einem Mitarbeiter ein Austritt gesetzt. Der Mitarbeiter befindet sich aber auf Dienstreise in China, und als er es bemerkt, ist es in Deutschland bereits nach 17.00 Uhr. Die Hotline ist rund um die Uhr besetzt und kann den Benutzer wieder aktivieren, aber in der Personalabteilung ist niemand mehr im Büro, der den Fehler korrigiert. Dadurch wird der aktivierte Account beim automatischen Abgleich der Benutzerdaten mit den Personaldaten wieder deaktiviert. Der Benutzer kann sich erneut nicht anmelden. In so einem Fall wäre es sinnvoll, eine Möglichkeit einzubauen, durch die ein Datensatz vom automatischen Abgleich ausgenommen wird. Natürlich braucht es dann auch einen Mechanismus, mit dem diese Datensätze regelmäßig kontrolliert werden.

Es werden nun einige elementare Verbindungsschichten dargestellt.

4.5.1 User Provisioning

Sehr früh musste ich im Rahmen meiner Recherchen feststellen, dass die gängigen Programme nur einen kleinen Teil der Themen des IdM abdecken. Im Wesentlichen werden Datenspeicher und Methoden zur Synchronisation bzw. zur Verteilung von Daten zur Verfügung gestellt.

Die wirkliche Leistung dieser Programme entspricht daher den Zwischenschichten. Zwei Zwischenschichten sind praktisch immer abgedeckt. Einmal die Schicht zwischen Ebene 1 (Personendaten) und der Ebene 2 (Benutzeraccount). In dieser Schicht werden für wirkliche Personen Accounts in den entsprechenden Systemen angelegt. Es werden also die Daten der Ebene 1 in den Systemen der Ebene 2 abgebildet.

Die zweite Schicht macht genau dasselbe zwischen Ebene 3 (Rollen/Rechte) und der Ebene 2 (Benutzeraccount). Die definierten Rollen und die zugehörigen Rechte werden mit den Berechtigungsmechanismen der Systeme der Ebene 2 abgebildet und dem zuvor angelegten Account zugewiesen. Dies wird oft über Workflows gesteuert. Wie in allen Bereichen ist es auch hier wichtig, dass die Vorgänge protokolliert werden und für Auswertungen zur Verfügung stehen.

Abb. 4–17 Standardfunktionen eines IdM-Systems als Verbindungsschichten

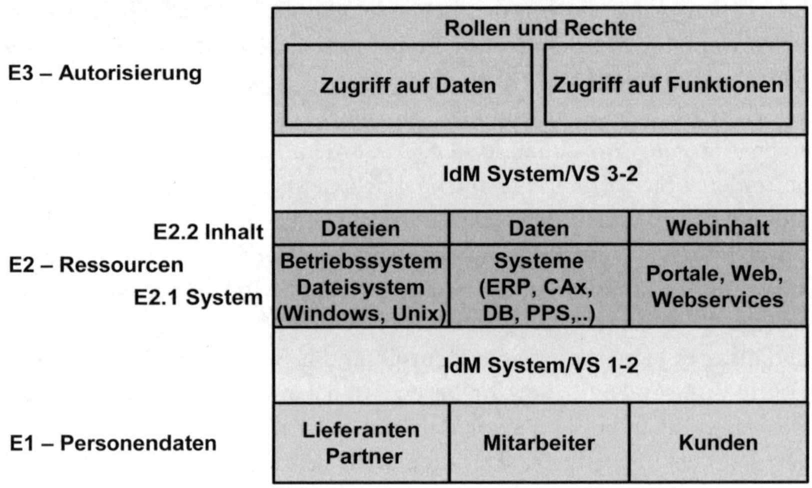

Prozesse der Verbindungsschicht VS1-2

Tab. 4–6 Prozesse von VS1-2

Gestaltende Prozesse	Definieren der Datenabgleiche
	Abbilden der Attribute
Administrative Prozesse	Wieder-in-Kraft-Setzen abgelaufener Konten
	Manuelles Anstoßen bzw. Aussetzen von Datenexporten
Operative Prozesse	Konten unwirksam werden lassen
	Einbringen von Accounts in die Zielsysteme

Prozesse der Verbindungsschicht VS3-2

Gestaltende Prozesse	Attribute unterschiedlicher Informationsobjekte aufeinander abbilden
	Definieren der Workflows
Administrative Prozesse	Feststellen von Abweichungen der Berechtigungen vom Sollzustand
	Anpassen der Workflows
	Manuelles Anstoßen bzw. Aussetzen von Datenexporten
Operative Prozesse	Einbringen der Zugriffsrechte in die Zielsysteme
	Entfernen der Zugriffsrechte aus den Zielsystemen
	Den Anwenders über den Status seines Antrags informieren

Tab. 4–7
Prozesse von VS3-2

4.5.2 Single Sign On (SSO)

Viele Themen des Identity Managements sind für den Benutzer nicht sichtbar. So stellt der gesamte Aufwand für ein Rollenmodell nur einen indirekten Nutzen dar, der von den Benutzern nur eingeschränkt wahrgenommen werden kann. Anders verhält es sich bei SSO. Durch ein derartiges System verringert sich die Anzahl der Passwörter. Im einfachsten Fall braucht er sich nur noch ein Passwort zu merken. Es ist aber auch bei einem SSO-System sinnvoll, Zugriffe mit unterschiedlichem Risikolevel mit einem eigenen Passwort je Risikolevel zu versehen. Solange die Zugriffe des Benutzers denselben Risikolevel haben, braucht er das Passwort nicht noch einmal einzugeben. Hat ein Zugriff einen höheren Risikolevel, wird das entsprechende Passwort abgefragt.

Für den Benutzer ergibt sich sofort ein Komfortgewinn und gleichzeitig steigt die Sicherheit. Da sich die Komplexität bei der Einführung eines SSO-Systems darüber hinaus in Grenzen hält, ergibt sich oft ein schneller Erfolg im Rahmen eines IdM-Projekts.

Ein SSO-System verwaltet die Passwortwechsel für den Benutzer.

Die Funktion eines SSO-Systems ist relativ einfach, auch wenn die Umsetzung nicht trivial ist. Der Anwender wird im SSO-System als Benutzer angelegt und bekommt ein ausreichend sicheres Passwort zugewiesen. Hat sich der Anwender nun im SSO-System angemeldet, übernimmt das System die Anmeldung in den weiteren Applikationen. Dazu muss das System einmal die Log-on-Informationen für die jeweilige Applikation »lernen« und verwaltet dann anstehende Passwortwechsel in den Applikationen selbstständig. An der Art, wie die einzelnen Applikationen mit Passwörtern umgehen, ändert sich nichts. Der

Anwender kümmert sich nur noch um das Passwort im SSO-System. Eventuelle technische Einschränkungen der einzelnen Applikationen hinsichtlich der Passwortlänge oder der möglichen Zeichen in einem Passwort spielen dabei keine Rolle. Die Passwörter für die einzelnen Applikationen werden ja vom SSO-System selbstständig vergeben. Dabei wird auf die Anforderungen der Applikationen eingegangen und ein jeweils passendes Passwort gewählt. Diese Passwörter in den Applikationen sind dem Anwender nicht mehr bekannt. Dies stellt den größten Nachteil von SSO-Systemen dar. Die Einführung eines SSO-Systems bedeutet auch die Einführung eines neuen Single-Point-of-Failure. Es ist daher notwendig, das System entsprechend abzusichern.

Im Modell wird ein SSO-System als Verbindungsschicht zwischen Ebene 4 (Authentisierung) und Ebene 2 (Ressourcen) dargestellt. Nach der ersten Authentisierung übernimmt die Verbindungsschicht die Authentisierung in den weiteren Applikationen. Dabei werden die jeweils individuellen Autorisierungsmethoden und Vorgaben der Applikation bedient.

Abb. 4–18 Positionierung eines SSO-Systems im Modell

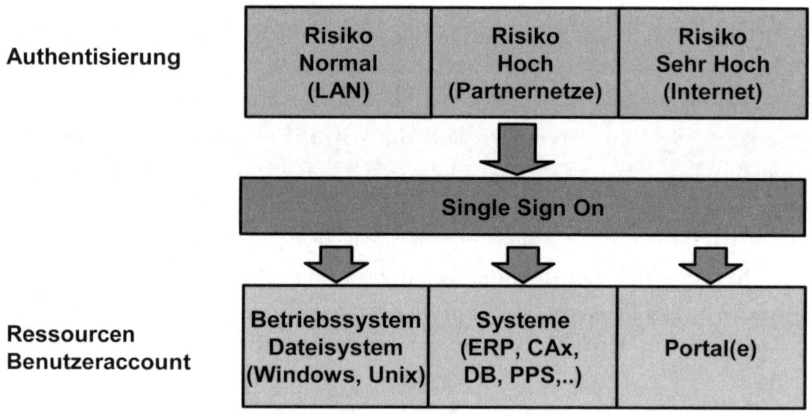

Prozesse der Verbindungsschicht VS4-2

Tab. 4–8 Prozesse von VS4-2

Gestaltende Prozesse	Einbinden von Applikationen in das SSO-System
	Festlegen der Richtlinien für das SSO-Passwort
Administrative Prozesse	
Operative Prozesse	Anmeldeinformation speichern
	Anmeldeinformation beim Zielsystem eintragen
	Anmeldeinformation beim Zielsystem ändern

5 Das gesamte Modell im Überblick

Ich stelle nun alle Elemente des Modells noch einmal gesammelt dar. Diese Form der Darstellung soll Ihnen dazu dienen, einen Überblick über das gesamte Modell zu gewinnen. In der praktischen Arbeit mit dem Modell ist es sinnvoll, nur Teilbereiche darzustellen. Zumindest sollten Sie nur eine Abbildung (Richtlinien, Prozesse oder Technik) darstellen und sich damit auf ein zweidimensionales Modell beschränken. In Kapitel 7 beschreibe ich noch weitere Anwendungsmöglichkeiten des Modells mit den entsprechenden Darstellungen.

Als zweiter Teil des Kapitels werden alle Prozesse, die bei der Beschreibung der einzelnen Ebenen angeführt wurden, in einer Liste zusammengefasst dargestellt. Die Liste erhebt keinen Anspruch auf Vollständigkeit und soll nur die Ebenen schärfer abgrenzen.

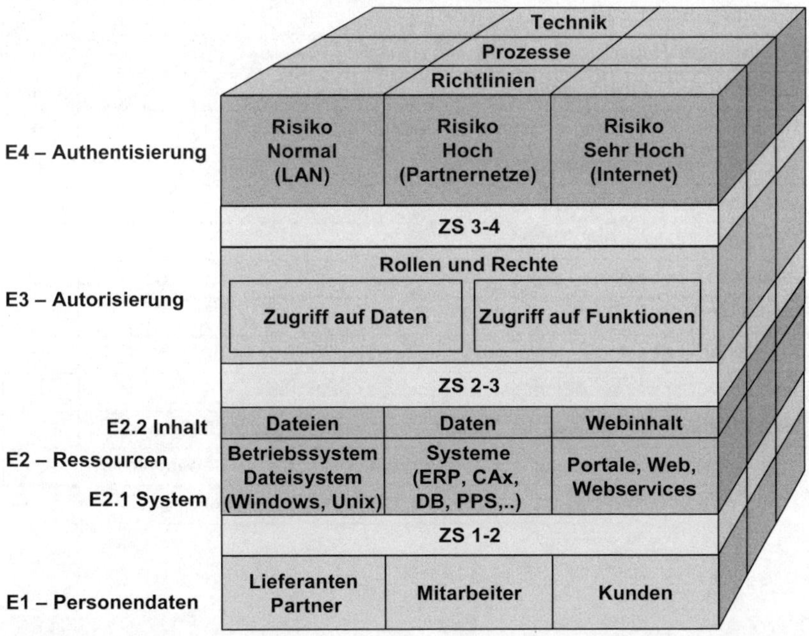

Abb. 5–1
Das gesamte Modell

5.1 Die Prozesse im Modell

Tab. 5–1
Übersicht: Prozesse des Modells

Ebene/Name des Prozesses	Art
E4 – Authentisierung	
Definieren der Methoden	g
Federation einrichten	g
Anmelden am Zielsystem	o
Verifikation der Identität	o
Federation durchführen	o
VS4-2 (SSO)	
Einbinden von Applikationen in das SSO-System	g
Festlegen der Richtlinien für das SSO-Passwort	g
Anmeldeinformation speichern	o
Anmeldeinformation beim Zielsystem eintragen	o
Anmeldeinformation beim Zielsystem ändern	o
E3 – Autorisierung	
Rollenmodell entwickeln	g
Rollenmodell anpassen	g
Hinzufügen einer Rolle	a
Entfernen einer Rolle	a
Ändern einer Rolle	a
Prüfen auf Konfliktfreiheit von Rollen	a
Hinzufügen einer Regel	a
Entfernen einer Regel	a
Ändern einer Regel	a
Genehmigungsstellen verwalten	a
Hinzufügen oder Entfernen eines Genehmigungsschrittes	o
Ändern eines Genehmigungsschrittes	o
Vergeben individueller Rechte	o
Entziehen individueller Rechte	o
Zuordnen einer Rolle	o
Lösen einer Rolle	o
Anwender über seine Zugriffsberechtigungen informieren	o
Benutzer über seinen Authentisierungsbeweis informieren	o
Den Verantwortlichen über die Zugriffsberechtigungen Dritter informieren	o
g = gestaltender Prozess; a = administrativer Prozess; o = operativer Prozess	

→

Ebene/Name des Prozesses	Art
VS3-2	
Attribute unterschiedlicher Informationsobjekte aufeinander abbilden	g
Definieren der Workflows	g
Feststellen von Abweichungen der Berechtigungen vom Sollzustand	a
Anpassen der Workflows	a
Manuelles Anstoßen bzw. Aussetzen von Datenexporten	a
Einbringen der Zugriffsrechte in die Zielsysteme	o
Entfernen der Zugriffsrechte aus den Zielsystemen	o
Anwender über den Status seines Antrags informieren	o
E2 – Ressourcen	
Einbinden neuer Zielsysteme	g
Schema für die Klassifizierung von Daten und Applikationen entwickeln	g
Klassifizieren von Applikationen	g
Administrative Prozesse in den Zielsystemen definieren	a
Klassifizieren von Daten	o
Operative Prozesse in den Zielsystemen definieren	o
VS1-2	
Definieren der Datenabgleiche	g
Abbilden der Attribute	g
Wieder-in-Kraft-Setzen abgelaufener Konten	a
Manuelles Anstoßen bzw. Aussetzen von Datenexporten	a
Konten unwirksam werden lassen	o
Einbringen von Accounts in die Zielsysteme	o
E1 – Personendaten	
Festlegen der Attribute und Schlüsselfelder	g
Festlegen, welches System für welches Attribut das führende System ist	g
Erstellen der Importe	g
Steuern der Importe	a
Prüfen der Datenqualität	a
Hinzufügen eines Anwenders (eindeutigen Schlüssel vergeben)	o
Ändern eines Anwenders	o
Entfernen eines Anwenders	o
Sammeln und Aufbereiten der Daten (Eindeutigkeit beim Import herstellen)	o
Abarbeiten von Importfehlern	o
Konsolidierte Daten zur Verfügung stellen	o
g = gestaltender Prozess; a = administrativer Prozess; o = operativer Prozess	

5.2 Aufgabentrennung im Modell

Ich möchte nun anhand eines Beispiels die Aufgabentrennung zwischen den Ebenen und Verbindungsschichten noch einmal darstellen. In diesem Beispiel sollen bestimmte Mitarbeiter und Lieferanten auf eine Applikation zugreifen können. Dafür sind in der Applikation Accounts einzurichten, für die Personendaten benötigt werden (1). Die Basisdaten für Mitarbeiter und Lieferanten zur Verfügung zu stellen, ist die Aufgabe von zwei getrennten Bereichen der Ebene 1. Die Verbindungsschicht 1–2 sorgt dafür, dass die Daten der Applikation in einem entsprechenden Format zur Verfügung gestellt werden. Falls eine Datenquelle nicht alle Informationen besitzt, die von der Applikation benötigt werden, so ist es ebenfalls eine Aufgabe innerhalb der Verbindungsschicht, die fehlenden Daten aus einer anderen Quelle, hier SAP, zu ergänzen (2). Die Verbindungsschicht würde in diesem Fall also klassische EAI-Funktionalitäten[1] bieten.

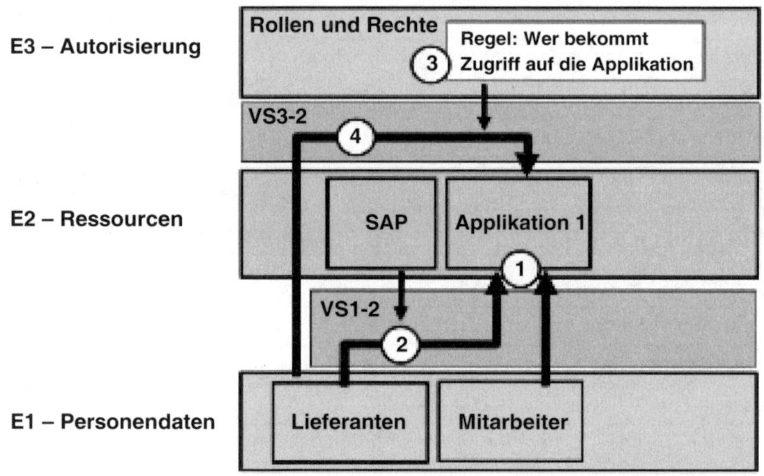

Abb. 5–2
Zusammenspiel der Ebenen und Verbindungsschichten

1. Enterprise Application Integration (EAI) bezeichnet Methoden zum effizienten Austausch von Daten zwischen Applikationen.

Den Auslöser für den neuen Account liefert eine Regel in der Ebene 3, die festlegt, aufgrund welcher Attribute der Account erstellt wird (3). Die Regel liefert an sich nur die Information, ob für einen bestimmten Benutzer ein Account erstellt werden soll. Die Verbindungsschicht 3–2 hat nun die Aufgabe anhand des Ergebnisses der Regel den Account zu erstellen (4) und steuert dabei auch die Vorgänge in der Verbindungsschicht 1–2.

Jeder Bereich hat eine klar definierte Aufgabe und muss sich darauf verlassen, den benötigten Input eines anderen Bereichs zu bekommen. Ebene 1 liefert die Stammdaten und Bewegungsinformationen, Ebene 3 die Regeln, und die Verbindungsschichten kümmern sich um die Übertragung von Daten und Informationen.

6 Federation

Abhängig von der Größe des Unternehmens, kann es sehr aufwändig sein, die Themen der eben vorgestellten Ebenen und Bereiche umzusetzen. Wenn man an die zunehmende Vernetzung zwischen Unternehmen denkt, erkennt man sehr schnell weitere Probleme. So muss auf der einen Seite ein Unternehmen für jede externe Person, die auf interne Systeme zugreifen will, Personendaten pflegen und einen Account anlegen. Diese Aufgaben lassen sich zwar auch an das externe Unternehmen delegieren, damit wird das Problem aber nur verteilt. Auf der anderen Seite erhält eine Person für jedes Unternehmen, mit dessen Systemen sie arbeiten möchte, einen eigenen Account. Diese Problematik gibt es genauso im privaten Umfeld.

Passport war Microsofts Versuch, einen weltweiten Authentisierungsservice zu etablieren.

Die Lösung wäre ein zentraler Authentisierungsservice, der weltweit genutzt wird. Der umfassendste Versuch in dieser Richtung war das Passport-Netzwerk (.Net Passport) von Microsoft. Der Benutzer sollte sich dabei einmal bei Microsoft registrieren und bekam einen Passport Account, der so etwas wie einen Pass für das Internet darstellen sollte. Diesen Account konnte er für alle Services nutzen, die bei Passport beteiligt waren. Die Idee war an sich gut, wurde aber von den Benutzern nicht angenommen. Die Anwender haben nicht akzeptiert, dass die Nutzung beliebiger Services zuerst eine Authentisierung bei Microsoft voraussetzte. Vielleicht war die Firma Microsoft vielen nicht vertrauenswürdig genug. Aber auch alle anderen Institutionen würden am fehlenden Vertrauen scheitern. Dem Staat würde man grundsätzlich vertrauen, aber vielleicht möchte man nicht alle Finanztransaktionen über die Computer der Regierung laufen lassen. Den Banken oder der Sozialversicherung möchte man vielleicht andere Informationen nicht anvertrauen. So wird es keine Instanz geben, der alle Firmen oder Privatpersonen ihre Informationen anvertrauen würden.

Es gibt also wahrscheinlich keine Institution, der ein Benutzer alle Informationen über sich anvertraut. Wohl aber ist er bereit, unterschiedlichen Institutionen jeweils bestimmte Daten anzuvertrauen. Über mehrere Anbieter verteilt liegen also alle Informationen über die Person vor. Wenn diese Person nun die Möglichkeit hätte, je nach Bedarf auf einen der Anbieter zu verweisen, woraufhin dieser genau die gewünschten Informationen bestätigt oder übermittelt, wären wir der Lösung schon einen Schritt weiter. In Hinblick auf Firmen würde das Folgendes bedeuten: Wenn ein Benutzer von Firma A auf Ressourcen der Firma B zugreifen will, können die Systeme von Firma B an einer bestimmten Stelle Informationen über den Benutzer abrufen und aufgrund dieser Informationen entscheiden, ob der Zugriff gerechtfertigt ist und welche Rechte der Benutzer haben soll.

Die Voraussetzung für Federation sind Standards.

Um so etwas zu realisieren, braucht es vor allem standardisierte Methoden für den Austausch von Informationen. Vereinfacht dargestellt reduziert es sich auf die Struktur der Informationen und die Art, wie sie verwaltet, übermittelt und geprüft werden. Und das auf technischer sowie organisatorischer Ebene.

»Federation«[1] bezeichnet Standards, Technologien und Vereinbarungen, die notwendig sind, um den Austausch von Personen- und Berechtigungsinformationen zwischen autonomen Bereichen (z.B. Firmen) zu ermöglichen.

Dabei wird hauptsächlich der Zugriff von Personen auf Services anderer Unternehmen verstanden. Aber sowohl die Beschränkung auf Personen als auch auf Unternehmensgrenzen greift zu kurz. Auch Server und Services, speziell im Zusammenhang mit SOA, werden Federation nutzen, wenn sie über einzelne Bereiche, in denen Berechtigungen und Personendaten autonom verwaltet werden, hinweg operieren.

The Laws of Identity

Microsoft hat 2005 eine als Blog geführte Diskussion[2] über ein Identity-Metasystem initiiert. Dabei ist ein weit beachtetes Whitepaper entstanden, in dem die Voraussetzungen solch eines Systems betrachtet werden. Der Kern sind die .

1. Das englische Wort »federation« hat sich als Bezeichnung für den beschriebenen Themenbereich etabliert und wird daher nicht übersetzt.
2. *www.identityblog.com*

Die »Laws of Identity« lauten:

- Die Kontrolle muss beim Benutzer liegen. Der Benutzer muss jede Aktion genehmigen.
- Nur die notwendigsten Informationen werden übermittelt. Es soll jeweils nur die minimale Information, die für eine Aktion benötigt wird, übermittelt werden.
- Die Information ist auf die notwendigen ausgewiesenen Parteien beschränkt. Alle Parteien müssen sich gegenseitig ausweisen.
- Die Identität ist zielgerichtet. Es muss möglich sein, Identitäten unidirektional zu verwenden, also nur gezielt bestimmten anderen Identitäten bekanntzugeben, oder omnidirektional, wenn bestimmte Informationen der Öffentlichkeit zur Verfügung stehen sollen.
- Pluralismus von Systembetreibern und Technologien: Ein Metasystem muss offen für unterschiedliche Anbieter und Technologien sein.
- Der Mensch muss in das System eingebunden sein. Die Schutzmechanismen dürfen nicht beim Bildschirm enden, sondern müssen den Benutzer bei Angriffen auf seine Identitäten besser unterstützen.
- Konsistenter Umgang mit Identitätsdaten. Der Benutzer soll klar unterscheiden können, wenn sich Technologien und Betreiber ändern, aber trotzdem soll der Umgang mit seinen Identitätsdaten einheitlich und übergreifend funktionieren.

In den folgenden Beispielen wird die Metapher von Benutzern und Firmen verwendet. Die Beispiele gelten ebenso für Bereiche innerhalb einer Firma und alle Prozesse, die auf Daten und Funktionen zugreifen.

Vereinfacht geht es bei Federation nur darum, Daten auszutauschen.

Im Grunde genommen geht es bei Federation »nur« um eine standardisierte Form zur Übertragung von Informationen über Personen und Berechtigungen. Die grundsätzlichen Themen, die im Modell dargestellt werden, bleiben dieselben. Es muss zunächst entschieden werden, ob die Identität des Benutzers bei einem Zugriff nachvollziehbar sein muss. In vielen Fällen reicht ein anonymer Zugriff, falls sichergestellt ist, dass die Person das Recht hat zuzugreifen. Sollen alle Mitarbeiter eines Kunden auf Produktdaten zugreifen können, ist es nicht notwendig, jeden Zugriff namentlich nachzuweisen, solange sichergestellt ist, dass es sich wirklich um einen Mitarbeiter des Kunden handelt. Verlässt ein Benutzer das Unternehmen des Kunden, ist durch die Abfrage auf aktive Mitarbeiter auch sichergestellt, dass er nicht mehr zugreifen kann. Damit ist solch ein Zugriff sogar sicherer als ein personalisierter Account, denn dieser müsste erst durch eine zusätzliche Synchronisation gesperrt werden. Werden zum anonymen Benutzer noch weitere Attribute übergeben, ist es sogar möglich, dem Benutzer bestimmte Rollen zuzuweisen und seinen Zugriff so zu regulieren.

Ist es erforderlich nachzuvollziehen, um welche Benutzer es sich handelt, wird man nicht umhinkommen, die Daten des Benutzers auch im Zielsystem abzulegen. In diesem Fall sollte mit Federation die Übermittlung der Daten effizienter und sicherer ablaufen.

Bei Federation gibt es bestimmte Rollen.

Welche Rollen gibt es nun bei Federation?

- Der **Identity Provider (IDP)** ist diejenige Stelle, die digitale Identitäten erstellt und vorhält. Zum Beispiel vergibt ein Kreditkarteninstitut Identitäten für den Zahlungsverkehr oder ein Unternehmen für seine Kunden und Mitarbeiter Identitäten für die eigenen IT-Systeme. Auch der Staat stellt seinen Bürgern Identitäten für die E-Governance-Systeme aus.
- Der **Service Provider (SP)** stellt einen Service zur Verfügung und benötigt dafür Identitäten. Das können eine Webseite oder ein Onlineservice sein, die Identitäten verwenden, welche von einem Identity Provider zur Verfügung gestellt werden.
- Eine **Attribute Authority (AA)** kontrolliert bestimmte Benutzerinformationen.
- **Subjects (S)** bezeichnet alles, wofür es eine digitale Identität gibt und worüber die Anfragen (Claims) erfolgen. Beispiele sind Benutzer, Firmen und Organisationen.
- **Claims Transformers (CT)** übersetzen Informationen über die Identität, die in einem System verstanden werden, in eine Form, die auch von anderen Systemen verstanden wird und für diese Systeme vertrauenswürdig ist. Das betrifft unterschiedliche Systemformate wie beispielsweise X.500, Kerberos, SAML und SXIP. Die Information kann aber auch abhängig vom Kontext angepasst werden. So kann aus der Information »ist ein Angestellter« die Information »darf anfordern« generiert werden. Aus »Geburtsdatum: 22.3.1960« wird die reduzierte Information »Person ist über 18«.

Das Zusammenwirken dieser Rollen soll nun anhand verschiedener Beispiele dargestellt werden.

Beispiel 1: Web Single Sign on

Ein Benutzer (*Subject, S*) meldet sich in seiner Firma (*Identity Provider, IDP*) an und kann auf Applikationen eines anderen Unternehmens (*Service Provider, SP*) in einer anderen Security-Domäne zugreifen, ohne sich noch einmal anzumelden und ohne seine persönlichen Daten zu übermitteln. Dies passiert über:

- Verknüpfung über Rollen: Beim Zugriff auf das fremde System (*Service Provider, SP*) werden Attribute mitgegeben, die es dem *SP* ermöglichen, den Benutzer einer Rolle zuzuordnen. Daraus ergeben sich die Zugriffsrechte des Benutzers. Der *SP* weiß nicht, welche Person hinter dem Benutzer steht, der zugegriffen hat. Im einfachsten Fall reicht dem *SP* auch die Information, dass der Benutzer Mitarbeiter eines Partnerunternehmens ist. Der Benutzer erhält daraufhin bestimmte Basisberechtigungen.
- Account Linking: Personendaten existieren bereits bei beiden Unternehmen. Beim Zugriff wird eine ID übertragen, durch die das Zielsystem den Benutzer zuordnen kann. Ein weiteres Anmelden ist nicht notwendig. Dabei ist wichtig, dass die übermittelte ID anonym sein kann. Das heißt, es lassen sich aus der ID keine Rückschlüsse, über die Person ziehen. Beide Unternehmen verwalten unabhängig voneinander eine eigene Identität des Benutzers.

Der Benutzer bekommt die Zugriffsrechte über Rollen oder Account Linking.

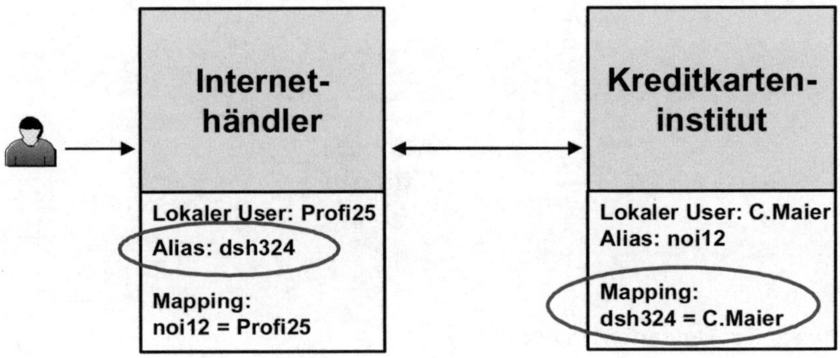

Abb. 6–1
Accountmapping

Beispiel 2: Anfordern von Attributen

Der Service Provider kann zusätzliche Informationen anfordern.

Während der Benutzer (*Subject*) arbeitet, werden vom *Service Provider (SP)* zusätzliche Informationen benötigt. Der Benutzer fragt beispielsweise das Wetter ab, und der *SP* fragt beim *Identity Provider (IDP)* die Heimatadresse des Benutzers ab, um ihm die Informationen über das lokale Wetter anzubieten. Dabei reicht es, wenn der *Claim Transformer (CT)* aus der Adressinformation nur die Stadt oder die Postleitzahl des Benutzers herausfiltert und nur diese Information vom *IDP* an den *SP* übermittelt wird.

Wie eingangs beschrieben, werden nicht alle Informationen bei einem *IDP* liegen. Es ist also möglich, dass der *IDP* auf eine Anfrage die Adresse einer *Attribute Authority (AA)* zurückgibt, von der die benötigten Attribute verwaltet werden. Der *SP* fragt die Information dann von dieser *AA* ab.

1. Der Benutzer meldet sich beim *Service Provider (SP)* an. Die Authentisierung wird über den *Identity Provider (IDP)* durchgeführt.
2. Der *SP* benötigt zusätzliche Informationen und fragt den *IDP*.
3. Der *IDP* gibt die Adresse der *Attribute Authority (AA)* bekannt und übermittelt ein Ticket, das bestätigt, dass der *SP* die Informationen abfragen kann.
4. Der *SP* fordert die Informationen an.
5. Abhängig von den Daten kann die *AA* noch eine Bestätigung vom Benutzer anfordern.
6. Die Daten werden dem *SP* übermittelt.

Abb. 6–2
Anfordern von Attributen

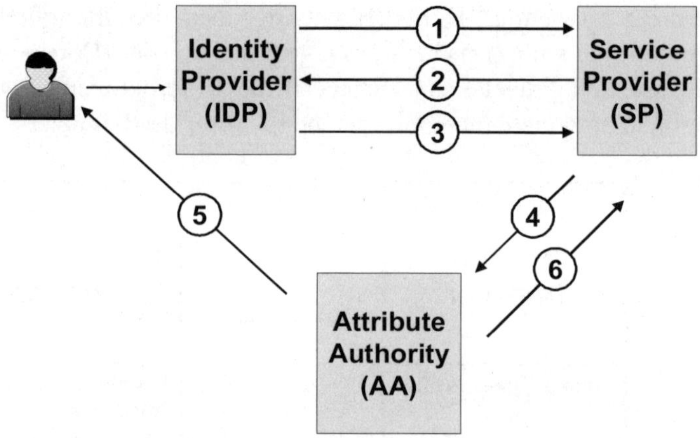

Beispiel 3: Federation in Applikationen

Bei den ersten beiden Beispielen wurde angenommen, dass ein Benutzer über den Browser auf einen Service zugreift. Federation kann aber auch in Applikationen zur Anwendung kommen.

Der Benutzer benutzt den firmeninternen Webshop, über den Anforderungen abgewickelt werden. Will er eine Bestellung für Büromaterial aufgeben, so liegt diese direkt auf einem Server des Vertragspartners. Der Benutzer füllt die Anforderung aus und gibt sie auf. Dabei werden automatisch die Informationen über den Benutzer in das Dokument geschrieben. Aufgrund dieser Informationen wird die Bestellung autorisiert und abgewickelt.

Solche Abläufe setzen ein gewisses Vertrauen und eine rechtliche Basis zwischen den Unternehmen voraus.

Beispiel 4: Mobile Webservices

Services am Handy sind ein konkreter Anwendungsfall für Federation.

Ich möchte das Thema Federation nun in einem etwas anderen Kontext betrachten, und zwar bei der Nutzung eines Services über das Handy. Bei der Internetnutzung wird die Rolle des PCs zu Gunsten anderer Endgeräte abnehmen. Das Thema IdM wird aber auch beim intelligenten Kühlschrank oder wie im nachfolgenden Beispiel beim Handy als Endgerät eine zentrale Rolle spielen.

Bei einem Kauf über das Handy sind zumindest drei Parteien involviert. Jede dieser Parteien hat unterschiedliche Interessen.

- Der Kunde möchte bei verschiedenen Anbietern kaufen und macht sich oft keine Gedanken über Sicherheit. Der Benutzer erwartet, dass die Transaktion korrekt und sicher abläuft. Beim Handy ist es nicht üblich, nach der Eingabe des PINs weitere Benutzernamen oder Passwörter einzugeben. Der Benutzer erwartet nichts anderes als ein Single Sign On. Er möchte weltweit alle Dienste nutzen können, ohne sich weitere Gedanken über Anbieter, Abrechnungsmodalitäten oder Dienste zu machen.
- Der Verkäufer möchte an möglichst viele Kunden verkaufen und ihnen dabei eine einfache Abwicklung bieten. Der Kunde soll mit einem Klick das gewünschte Produkt (Klingelton, Verkehrsinformation usw.) erwerben können.
- Der Telefonieprovider ist gerne bereit, den Verkauf für eine »kleine Beteiligung« am Umsatz zu unterstützen. Dabei stellt er die technische Basis zu Verfügung.

Die Geschäftsbeziehung zwischen GSM-Benutzer und Serviceanbieter geht über den Provider.

Die Geschäftsbeziehung zwischen den Parteien ist dabei fest vorgegeben. Der Kunde hat einen Vertrag mit dem Telefonieprovider und ist nicht bereit, bei jedem Klingelton, den er kauft, eine Kreditkarteninformation an den Verkäufer zu übermitteln. Die Abwicklung der Zahlung erfolgt also über den Provider, der auch mit dem Verkäufer einen Vertrag hat (siehe Abb. 6–3).

Im Detail läuft der Vorgang in sechs Schritten ab:

1. Der Kunde besucht die Webseite des Verkäufers und beginnt den Kauf eines Services oder Produkts. Zu diesem Zeitpunkt hat sich der Kunde beim Verkäufer noch nicht authentisiert.
2. Der Verkäufer fordert nun eine Authentisierung an und bekommt eine entsprechende Information vom Provider. Dabei werden keine Informationen über den Kunden übermittelt, sondern nur eine ID und die Information, über welchen Service die Bezahlung abgewickelt wird (Verrechnungsdienst).

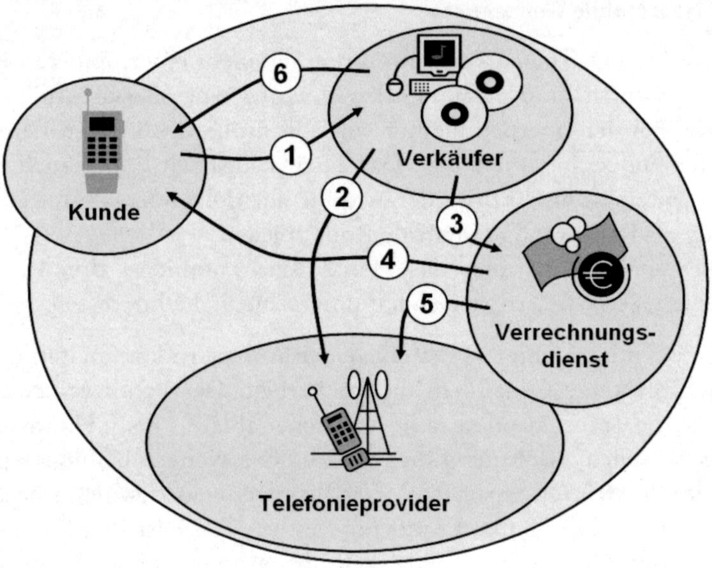

Abb. 6–3
Federation beim Kauf über Handy

3. Der Verkäufer sucht daraufhin den angegebenen Verrechnungsdienst, übermittelt die ID des Kunden und fordert eine Bezahlung an.
4. Bevor der Verrechnungsdienst die Transaktion durchführt, fragt er den Kunden nach einer formellen Bestätigung.
5. Der Verrechnungsdienst übermittelt die Informationen an den Telefonieprovider, der die Abrechnung über die Telefonrechnung durchführen wird.
6. Der Kunde bekommt seinen Service und eine Bestätigung für den Einkauf.

Falls der Telefonieprovider sicherstellt, dass immer dieselbe ID des Kunden übermittelt wird, kann der Verkäufer aufgrund der vergangenen Geschäfte seinen Service an den Kunden anpassen, ohne wirklich zu wissen, wer sein Kunde ist.

6.1 Federation im Schichtenmodell

Die Themen des Schichtenmodells gelten auch für Federation.

Wie schon zuvor erwähnt, ändert das Thema Federation nichts an der Gültigkeit der zuvor behandelten Themen im Schichtenmodell. Im einfachsten Fall werden alle Themen parallel einmal beim Identity Provider und einmal beim Service Provider behandelt. Die Personendaten müssen aber wie in Abbildung 6–4 dargestellt beim Service Provider nicht mehr vorliegen.

Greift der Benutzer, der sich bereits beim *Identity Provider (IDP)* authentisiert hat (1), auf den *Service Provider (SP)* zu (2), wird im Rahmen der Authentisierung beim *SP*, die ja nicht wegfällt, ein Dialog

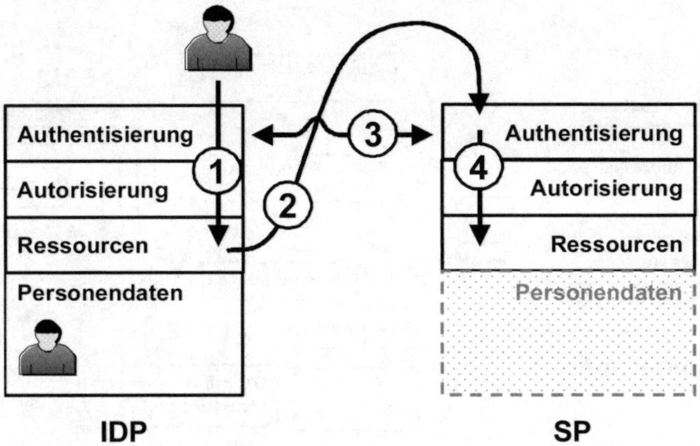

Abb. 6–4
Federation im Schichtenmodell

mit dem *IDP* geführt (3), der die erforderlichen Informationen zur Verfügung stellt. Davon sollte der Benutzer aber nichts merken. Im Rahmen der Authentisierung bekommt der Benutzer auch die erforderlichen Rechte für den Zugriff auf die gewünschten Ressourcen (4). In diesem Sinne bietet Federation einfach eine Erweiterung der Themen im Modell.

In einer Applikation werden praktisch alle Ebenen des Modells durchlaufen.

Etwas anders gestaltet sich die Situation, wenn man Federation als Basis für SOA und die Auflösung von Applikationen, wie wir sie heute kennen, betrachtet. Obwohl Objektorientierung und auch EAI schon seit vielen Jahren ein Thema sind, ist auch zum Zeitpunkt der Erstellung dieses Buches noch der Großteil der Applikationen in sich geschlossen. SOA ist für mich eine Weiterentwicklung[3] der zuvor genannten Themen. Genau genommen werden alle Schichten des Modells in jeder Applikation aufs Neue durchlaufen. Die Applikation speichert den Benutzer (E1) und seine Rechte (E3) und sichert den Zugriff über irgendeine Form der Authentisierung (E4), bevor der Benutzer sie verwenden kann (E2). Mit SOA werden sich diese Funktionen auflösen und es wird Services für einzelne Funktionen geben. So könnte ein Service die Verwaltung von Benutzerdaten dem *IDP* und dem Benutzer überlassen. Der Service arbeitet nur noch mit einer Reihe von Rollen, die dem Benutzer aufgrund seiner Attribute während der Laufzeit zugeordnet werden. Auch die Authentisierung wird von einem eigenen Service übernommen, der nur diese Funktionalität zur Verfügung stellt.

Natürlich wird heute teilweise schon so gearbeitet. Wegen der fehlenden Standards ist es aber immer eine speziell auf die vorliegenden Services abgestimmte Variante. Hier kann Federation durch die standardisierten Formate helfen, solche lose gekoppelten Lösungen in weit größeren Umfang zu ermöglichen.

3. In Abschnitt 18.5 im dritten Teil des Buchs wird SOA ausführlich behandelt.

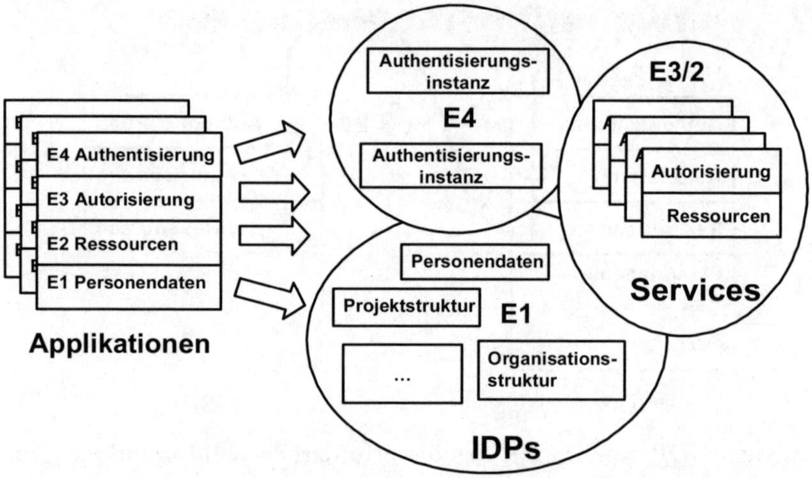

Abb. 6–5
Auflösen von Applikationen in lose gekoppelte Services

7 Anwendungsmöglichkeiten des Modells

Neben der Visualisierung des Themas Identity Management bietet das Modell noch andere Anwendungsmöglichkeiten. Zwei diese Möglichkeiten werden nun kurz vorgestellt.

7.1 Das Modell als Vorgehensweise im Projekt

Das Modell eignet sich sehr gut, um ein Projekt zu strukturieren und einzelne Teilprojekte zu visualisieren. Eine genaue Beschreibung, wie bei einem IdM-Projekt vorzugehen ist, würde allerdings den Rahmen des Buchs sprengen.

Ausgangslage festlegen

Zu Beginn eines Projekts gilt es, Ausgangslage und Ziele zu definieren. Um nun die Ausgangslage zu bestimmen, geht man mit den Wissensträgern des Unternehmens das Modell, beginnend bei E1, Bereich für Bereich durch. Für jeden Bereich wird dann der Reifegrad der Prozesse der jeweiligen Ebene beurteilt. Beispielsweise wird geklärt, ob es für den Bereich *Lieferanten und Partner* konsolidierte Daten gibt. Wie schnell werden Änderungen von Personen in diesem Bereich verarbeitet? Und so weiter.

Diese Bewertung kann zu Beginn relativ oberflächlich passieren. Das Ergebnis der Bewertung könnte also wie unter Abbildung 7–1 aussehen.

Dabei wurden mit einem Plus-Zeichen jene Bereiche markiert, in denen das Unternehmen bereits einen hohen Reifegrad hat. Bereiche mit niedriger Reife wurden mit einem Minus-Zeichen und Bereiche, die einen unterschiedlichen Reifegrad aufwiesen, mit einem Kreis-Symbol gekennzeichnet. So hat dieses Unternehmen die Mitarbeiterdaten und die Berechtigungen auf Betriebssystem- und Datei-Ebene gut im Griff, ebenso den Zugriff im LAN und über Partnernetze. Schlecht sieht es mit den Kundendaten aus, und ein übergreifendes Rechte- und Rollenkonzept fehlt auch noch. Die anderen Bereiche sind, zumindest

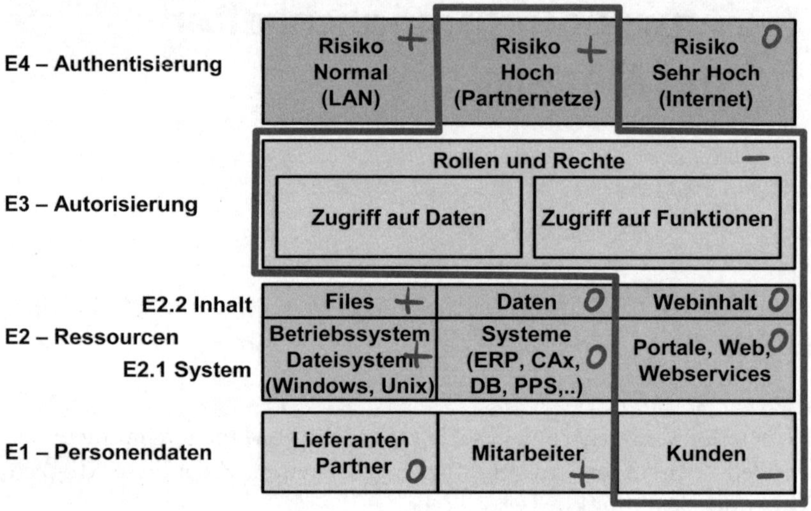

Abb. 7–1
Beurteilung der Bereiche und Abbildung des Projektumfangs

in Teilbereichen, in Ordnung. Natürlich lässt sich auch eine genauere Beurteilung durchführen, in dem die Prozesse nach einem gängigen Reifegradmodell beurteilt werden.

Reifegrad von Prozessen[1]

- 0 Nichtexistent
  Es existiert kein Prozess und auch keine Bestrebung, das Thema in Angriff zu nehmen.
- 1 Initial
  Die Durchführung der Aufgabe erfolgt je nach Anlass unterschiedlich. Es existiert kein standardisierter Prozess.
- 2 Wiederholbar
  Die Aufgabe wird, auch von unterschiedlichen Personen, in der Regel auf dieselbe Art gelöst. Das Wissen ist aber nur bei den durchführenden Personen vorhanden.
- 3 Definiert
  Es gibt eine Beschreibung des Prozesses, die auch für die Weitergabe des Wissens verwendet wird.
- 4 Managed
  Der Prozess kann überwacht und gemessen werden.

Abbilden des Projektinhalts

Über die Bewertung hinaus wurde in Abbildung 7–1 bereits der Schwerpunkt des anstehenden Projektes mit einer dicken Linie abgegrenzt. Es handelt sich also um ein Projekt, in dem Kunden des Unternehmens über das Internet auf Webservices zugreifen und die Berechti-

1. Als Beispiel habe ich eine gekürzte Übersetzung des Reifegradmodells von COBIT (Control Objects for IT siehe Kap.4.2. im dritten Teil) angeführt.

gungen dazu über ein Rollenkonzept verwaltet werden sollen. Bei den Kundendaten und dem Rollenkonzept zeichnen sich bereits Schwerpunkte ab, da diese beiden Bereiche als verbesserungswürdig eingestuft wurden. Mithilfe solch einer einfachen Visualisierung erhält man sehr schnell eine Übersicht über das Projekt, die darüber hinaus noch »Management-tauglich« ist.

Gliederung des Projektinhaltes

Entsprechend der Bereiche kann das Projekt nun in Teilprojekte gegliedert werden. Das heißt, ein Teilprojektleiter kümmert sich um die Konsolidierung der Kundendaten, ein anderer um die Auswahl der Zielsysteme und um die technischen Voraussetzungen, die notwendig sind, um die Benutzer automatisch anzulegen. Diese Teilprojekte lassen sich unabhängig voneinander behandeln. Der Umfang der Bereiche lässt sich dabei an die Größe des Projektes und an die Komplexität des Themas anpassen. In der feinsten Stufe kann ein Themenbereich noch in seine Prozessgruppen gegliedert werden.

7.2 Rechtetrennung im Betrieb

Das Modell stellt nicht nur eine sinnvolle Trennung von Projektaktivitäten dar, die Ebenen verkörpern auch Verantwortungsdomänen im laufenden Betrieb. Wenn wir die drei Hauptkomponenten, Benutzer, Rollen und Ressourcen betrachten, so sind jeweils unterschiedliche Stellen in einem Unternehmen mit deren Verwaltung betraut. Abhängig davon, ob es sich bei den Benutzern um Mitarbeiter, Kunden oder Lieferanten handelt, werden die Personalabteilung, der Vertrieb oder der Einkauf für die Daten verantwortlich sein. Die Daten kommen damit aus einer Applikation der oben genannten Bereiche. Üblicherweise wird der Betrieb oft von einer zentralen IT-Abteilung übernommen, aber die Abläufe sollten dennoch von den Fachbereichen definiert werden. Vom Themenbereich befinden wir uns dabei in Ebene 1 (Personendaten). In Abbildung 7–2 und im weiteren Text wird stellvertretend für alle Bereiche, über die Personendaten in das IdM-System kommen, immer die Personalabteilung angeführt.

Ressourcen, Benutzer und Berechtigungen liegen in unterschiedlichen Zuständigkeitsbereichen.

Den Benutzern stehen die Ressourcen gegenüber, für die Berechtigungen vergeben werden sollen. Unabhängig davon, ob es sich um Datenbanken, Directories, Verzeichnisse oder Anwendungen handelt, gibt es immer einen Ressourcenverantwortlichen. Dieser ist für die Verwaltung des Zielsystems und Anbindung an das IdM-System zuständig. Der Ressourcenverantwortliche darf keine Benutzer manuell anlegen. Dasselbe gilt für die Vergabe von Berechtigungen.

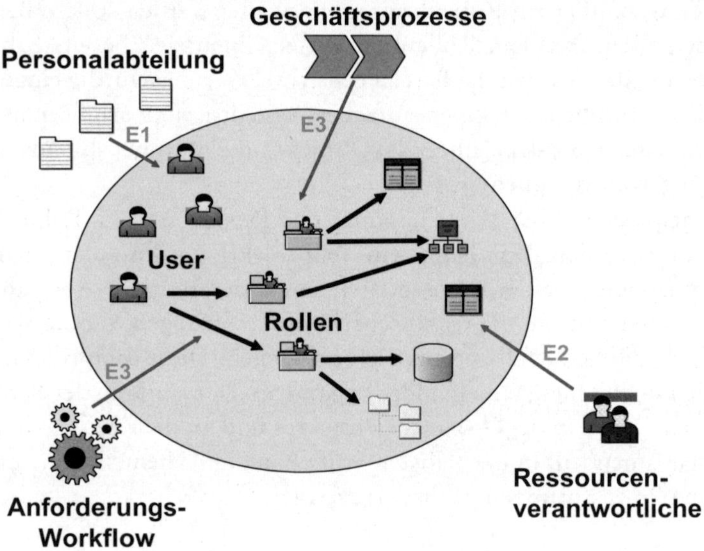

Abb. 7–2 *Unterschiedliche Verantwortlichkeiten im Betrieb*

Die Ressourcen erhalten wie im Modell als Ebene 2 die Personendaten von der Personalabteilung, und die Rollen werden in Ebene 3 (Autorisierung) definiert und zugeordnet.

Die Ebene 3 kommt in der Abbildung zweimal vor. Einmal bei der Definition der Rollen und das zweite Mal bei der Anforderung und Zuteilung von Rollen. Welche Rollen benötigt werden, muss letztendlich von den Geschäftsprozessen abgeleitet werden. Die Definition der Rollen kann nur in Zusammenarbeit mit dem zuständigen Fachbereich erfolgen. Dabei ist es sinnvoll, einen Mitarbeiter des Fachbereichs als Verantwortlichen für die definierten Rollen zuzuteilen. Dieser ist anschließend auch dafür zuständig, Änderungen an den Rollen zu initiieren. Darüber hinaus kann der Verantwortliche in einem Genehmigungsablauf auch die Rolle des fachlichen Genehmigers haben.

Die Berechtigungen werden automatisch oder im Rahmen eines Workflows zugeteilt.

Der Genehmigungsablauf ist Teil des *Provisionings*, also der Zuteilung von Rechten. Dies erfolgt im Idealfall automatisch durch Eigenschaften des Mitarbeiters, wie Abteilung, Stelle oder Standort. Da es nicht praktikabel ist, alle Möglichkeiten durch Automatismen abzudecken, muss es auch einen Anforderungs- und Genehmigungsworkflow geben. Dabei ist noch einmal auf eine Trennung der Rechte zu achten. Der Anforderer und mindestens zwei Genehmiger müssen jeweils unterschiedliche Personen sein.

Rechtetrennung hat ihren Preis.

Somit liefert die Personalabteilung die Personendaten, die Geschäftsprozesse die Rollen und die Ressourcenverantwortlichen liefern die eigentlichen Zugriffsmöglichkeiten. Auf dieser Basis werden die Mitarbeiter automatisch oder nach Anforderung mit Berechtigungen versorgt. Durch diese Trennung wird es sehr schwierig, unbefugt Berechtigungen zu erhalten. Es soll aber an dieser Stelle nicht unerwähnt blieben, dass diese Teilung natürlich eine gewisse Tendenz zur Bürokratie hat. Mit jeder involvierten Abteilung und jeder zusätzlichen Schnittstelle steigt auch die Gefahr, das ursprüngliche Ziel, nämlich effiziente Prozesse, nicht zu erreichen. Es ist daher umso wichtiger, die Ziele bereits im Vorfeld bis auf Kennzahlen herunterzubrechen und diese während der gesamten Designphase im Auge zu behalten.

7.3 Abbilden von Begriffen und Produkt-Suiten

Die Marketingabteilungen der Hersteller sind sehr erfinderisch, wenn es darum geht, ihre Produkte in das rechte Licht zu rücken. Praktisch jeder der großen Hersteller behauptet von sich, als Einziger eine komplette Lösung anbieten zu können. Wenn man genauer hinschaut, gibt es aber immer größere und kleinere Lücken. Auch hier bietet es sich an, ähnlich wie im vorigen Beispiel mit dem Projekt, den Umfang der Suite am Modell einfach einzuzeichnen. Dies lässt sich dann noch mit entsprechenden Bemerkungen ergänzen. Ich habe das in einigen Fällen probiert, und es ist mir immer gelungen, den Funktionsumfang und die wichtigsten Details auf einer Seite zu beschreiben. Nebeneinander gelegt gaben diese Seiten einen guten Überblick über die betrachteten Produkte.

Auch die Bedeutung von Begriffen lässt sich im Modell abbilden.

Ähnlich funktioniert es mit den Begriffen. Wenn ich bei einer Produktvorstellung mit einem neuen Begriff konfrontiert werde, bitte ich meinen Gegenüber, mir den Begriff anhand des Modells zu beschreiben. Auch wenn von ESSO bzw. WSSO gesprochen wird, so geht es eigentlich immer um Single Sign On (SSO). Warum das im Unternehmenskontext Enterprise Single Sign On (ESSO) und bei Webapplikationen Web Single Sign on (WSSO) heißt, kann ich nur eingeschränkt nachvollziehen. Im Modell eingezeichnet geht es immer um eine Verbindungsschicht zwischen der Autorisierungsebene E4 und der Ressourcenebene E2. Ob man für WSSO eine eigene Zwischenschicht einführt, die nur den Webbereich abdeckt, ist Geschmackssache.

7.4 Schnittstelle zu ITIL

ITIL ist die Abkürzung für IT Infrastructure Library, eine Reihe von Best-Practice-Büchern zum IT-Betrieb, die von britischen Regierungsbehörden verfasst und seit 1989 herausgegeben werden. ITIL wird laufend weiterentwickelt, und im Sommer 2007 ist die völlig überarbeiteten Version 3 (ITILv3) erschienen.

Ohne Übertreibung kann man ITIL als den weltweiten De-facto-Standard zum Thema IT-Betrieb bezeichnen. Zwangsläufig stellt sich daher die Frage, wie IdM zu ITIL passt. Da es einige Jahre dauern wird, bis eine relevante Anzahl von Unternehmen ITILv3 eingeführt haben wird, werde ich auch auf die Vorgängerversion eingehen.

ITIL vor v3

Vor der Version 3 wurden mit dem Begriff ITIL meist zwei Bücher aus der gesamten Reihe gemeint. Und zwar *»Service Support«* und *»Service Delivery«*.

Service Support

In »Service Support« geht es um die Basisprozesse für den IT-Betrieb. Diese Prozesse wurden am häufigsten implementiert. Erstens handelte es sich um sehr elementare Prozesse, die jede größere IT-Organisation benötigt, und außerdem war die Qualität der Dokumentation dieser Prozesse in den ITIL-Büchern am weitesten vorangeschritten. Service Support behandelt folgende Prozesse:

- Incident Management
  behandelt Störungen und Anfragen.
- Problem Management
  löst Probleme nachhaltig oder stellt Umgehungslösungen zur Verfügung.
- Change Management
  sorgt dafür, dass Änderungen an der IT-Infrastruktur koordiniert abgearbeitet werden. Auch Änderungen an den ITIL-Prozessen koordiniert konsequenterweise das Change Management.
- Release Management
  bündelt Changes zu Releases und erstellt Basiskonfigurationen.
- Configuration Management
  bildet die IT-Infrastruktur in einem logischen Modell ab. Dieses logische Modell wird in der Configuration-Management-Datenbank (CMDB) gespeichert und ist die Basis für alle anderen Prozesse.

Service Delivery

Das Service Delivery beinhaltet fortgeschrittene Prozesse, mit denen die nächste Qualitätsstufe eines IT-Betriebs erreicht wird. Das sind:

- Service Level Management
  trifft Vereinbarungen über Qualität und Quantität der IT-Services mit den Benutzern.
- Availability Management
  verhindert Unterbrechungen in den Services.

- Continuity Management
  klärt, was bei einem größeren Ausfall der IT zu tun ist. (Notfallplan)
- Capacity Management
  sorgt dafür, dass genügend Ressourcen zur Verfügung stehen, um die Geschäftsanforderungen zu erfüllen.
- Financial Management
  rechnet die IT-Services verursachergerecht ab.

Dass man auch ein IdM-System nach den ITIL-Richtlinien betreiben sollte, ist offensichtlich. Das Thema IdM an sich kam aber in diesen Prozessen nicht vor. Das hat sich mit Version 3 geändert.

ITILv3

In ITILv3 wurde ein Service-Lebenszyklus eingeführt, der in fünf Büchern beschreiben ist. Diese Bücher werden als »ITIL Core« bezeichnet und stellen die einzelnen Elemente des Lebenszyklus dar. Die ursprünglichen Prozesse wurden auf die neue Struktur aufgeteilt und es wurde eine Reihe von neuen Prozessen eingeführt. Bei der nachfolgenden Beschreibung der »Core«-Publikationen habe ich die ursprünglichen ITIL-Prozesse fett markiert.

- **Service Strategy**
  Dieses Element bildet den Kern und gibt Empfehlungen zur strategischen Ausrichtung von Service Management. Dazu gehören Themen wie **Financial Management**, Service Portfolie Management, Organizational Development und Strategic Risk.
- **Service Design**
  Im ersten Schritt des Lebenszyklus geht es um die Erstellung von Services. Dazu gehören Themen wie Application Management, **Availability Management, Business Capacity Management, Business Continuity Management**, Information Security Management und **Service Level Management**.
- **Service Transition**
  Neue oder geänderte Services sollen im nächsten Schritt in die Produktivumgebung übergeführt werden. Dazu gehören Themen wie Services Asset Management, **Change Management, Configuration Management** und **Release Management**.
- **Service Operation**
  Der dritte Schritt behandelt den eigentlichen Betrieb der Services. Dazu gehören Event Management, **Incident and Problem Management**, Request Fulfilment und Access Management.

- **Continual Service Improvement**
  Der laufenden Verbesserung von Services ist das fünfte Buch gewidmet. Dazu gehört alles was notwendig ist, um die Qualität eines Services und die Veränderung dieser Qualität festzustellen, wie z. B. Quality Management und Performance Management.

Access Management

Beim eigentlichen IT-Betrieb, also im Teil Service Operation, wurden mit dem Prozess Access Management auch die Themen des IdM berücksichtigt. Auch wenn dem Prozess nur fünf Seiten gewidmet werden, stellt er doch eine recht gute Sammlung der Themen dar. Der Komplexität des IdM wird die Prozessbeschreibung aber nicht gerecht. Aber immerhin ist IdM nun innerhalb von ITIL klar positioniert und bietet auch einen Ansatz für den zweiten Berührungspunkt zwischen IdM mit ITIL, der CMDB.

Die Configuration Management Database (CMDB)

In der CMDB sind alle Komponenten der IT-Infrastruktur, aber auch Prozesse, Daten und Schnittstellen als Configuration Items (CIs) abgebildet. Aber nicht nur die CIs an sich, sondern auch die Abhängigkeiten zwischen den CIs. Das ist unter anderem notwendig, um eine Risikoabschätzung für einen Change[2] vorzunehmen. Welche Geschäftsprozesse bzw. welche Benutzer sind betroffen, wenn eine bestimmte Netzwerkkomponente abgeschaltet werden muss?

Wegen der möglichen Auswirkungen ist auch dringend anzuraten, Änderungen an Rollen nach den Vorgaben des Change-Prozesses durchzuführen. Um aber die dazu notwendige Risikoabschätzung vorzunehmen, müssen die Rollen in der CMDB noch einmal verwaltet werden. Die logische Konsequenz wäre, die CMDB auch als Repository für die Rollen zu verwenden. Diese Idee gab es schon vor ITILv3, sie wurde aber nur von einem einzigen Hersteller umgesetzt. Interessanterweise hat keiner der großen Hersteller wie IBM, BMC oder HP vor ITILv3 auf diesen Ansatz gesetzt. Und das, obwohl in den genannten Fällen die IdM-Produkte in den gleichen Suiten wie die ITIL-Produkte positioniert wurden.

2. Als Change wird bei ITIL jede Änderung an der IT-Infrastruktur bezeichnet.

8 Andere Darstellungsvarianten

Wie bereits in der Einleitung erwähnt, ist das vorgestellte Modell nicht die einzige Möglichkeit, das Thema IdM darzustellen. Ich möchte nun einige Varianten vorstellen, die mir im Rahmen meiner Recherchen begegnet sind, um zu zeigen, auf welchen unterschiedlichen Arten man sich dem Thema nähern kann. Ich habe auf Kommentare und einen Vergleich mit dem in diesem Buch vorgestellten Modell bewusst verzichtet. Jedes der genannten Modelle ist eine Bereicherung und nicht in Konkurrenz mit anderen zu sehen. Ich habe versucht, in den nachfolgenden Beschreibungen die Ansicht des jeweiligen Erstellers möglichst gut wiederzugeben.

8.1 Darstellung nach dem Modell der Burton Group

Eine der bekanntesten Darstellungen stammt von der Burton Group.

In ihrem 2003 veröffentlichten Basis-Dokument[1] über Identity Management hat die Burton Group zwei Modelle vorgestellt. Beide versuchen, die digitale Identität an sich zu definieren, und stellen diese einmal in einem funktionalen und einmal in einem technischen Kontext dar. Die funktionale Darstellung (siehe Abb. 8–1) zeigt, wie verschiedene Richtlinien (Policies) auf eine digitale Identität einwirken.

Was der Benutzer sieht, wird über eine personalisierte Ansicht gesteuert. Dadurch sieht der Benutzer nur Informationen, die ihn interessieren bzw. er bekommt nur Funktionen angeboten, die er für seine Arbeit braucht. In der nächsten Schicht werden die Rechte des Benutzers geregelt. Idealerweise stehen die beiden Schichten miteinander in Wechselwirkung und der Benutzer bekommt im Rahmen der Personalisierung nur Funktionen angezeigt, die er auch nutzen darf.

Die Berechtigungen und Aktionen eines einzelnen Benutzers müssen auch übergreifend im Unternehmenskontext passen. Das wird über entsprechende Unternehmensrichtlinien (Business Policies) sicherge-

1. Identity Management: It's about Business, Root Document; Burton Group 2003

stellt. Letztendlich müssen die Prozesse im Unternehmen auch gesetzlichen Anforderungen genügen.

Abb. 8–1
Funktionale Definition einer digitalen Identität der Burton Group

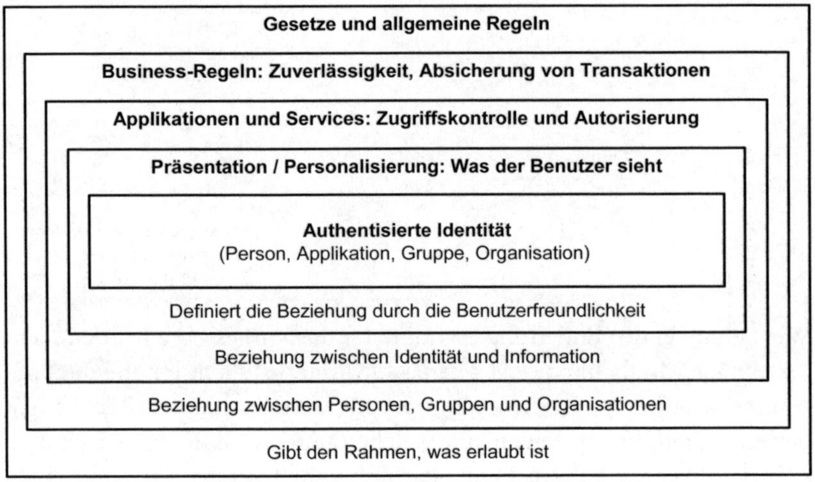

Aus technischer Sicht wird die digitale Identität als eine Sammlung von Informationen dargestellt, die miteinander verknüpft sind. Diese Informationen sind in mehreren Schichten um ein Set von Attributen gelegt, die eine Identität eindeutig definieren (siehe Abb. 8–2). Den Kern bildet eine eindeutige Kennung. Diese kann in Form einer Kunden- oder Personalnummer vorliegen, sie kann aber auch ein eindeutiger Name oder eine E-Mail-Adresse sein. Dazu braucht der Benutzer *Credentials*, mit denen er sich authentisiert, im einfachsten Fall ein Passwort. Der Kontext zu den Geschäftsprozessen wird dann über Profile hergestellt. Das beginnt bei einem allgemeinen Profil mit Attributen, die häufig benötigt werden, wie die Telefonnummer oder die Adresse. Hinzu kommen spezifische Profile, die im Zusammenhang mit einer bestimmten Applikation oder Funktion stehen. Während die eindeutige Kennung sich nicht oder nur sehr selten ändert, werden Profile wesentlich dynamischer zugeordnet, verändert und auch wieder entzogen. Es ist möglich, dass ein Profil nur für sehr kurze Zeit, eventuell auch nur für einen einzigen Zugriff, zugeordnet wird, oder nur in Kombination mit einem anderen Attribut gültig ist.

Diese Modelle werden noch durch einen IdM-Prozess ergänzt. Dieser setzt sich aus folgenden Phasen zusammen:

- Registration/Creation
- Propagation
- Maintenance/Management
- Termination

Bemerkenswert ist, dass die Burton Group die Infrastruktur explizit in ihre Definition von IdM einschließt.

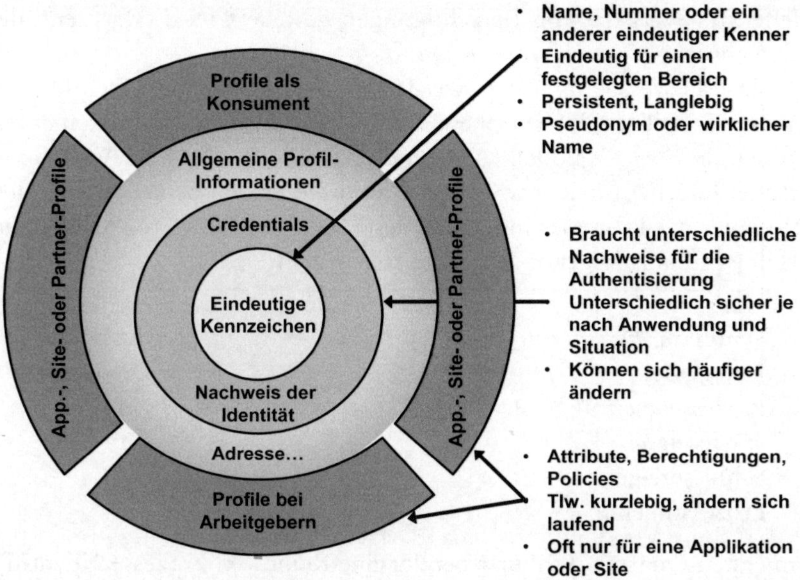

Abb. 8–2
Technische Definition einer digitalen Identität der Burton Group

So ist IdM als *»das Set von Businessprozessen und die notwendige Infrastruktur für die Erstellung, Wartung und Verwendung von digitalen Identitäten«* definiert.

8.2 Darstellung nach Generic IAM

Ein vielversprechender Ansatz für ein allgemein gültiges IdM-Prozessmodell.

Die seit Anfang 2006 bestehende Initiative Generic IAM hat sich zum Ziel gesetzt, ein vollständiges, allgemein gültiges und akzeptiertes Prozessmodell zu definieren. Dieses soll laufend weiterentwickelt und jährlich in der aktuellen Version zur Verfügung gestellt werden.

Das Business als Ganzes, im Modell als *Business Continuing* bezeichnet, wird von drei Säulen des IdM getragen. Diese sind Access Model, Workflow Model und Identity Model. Die Säulen dienen dazu, die IdM-Prozesse entsprechend ihrer Aufgaben einzuteilen. Das Fundament für die Säulen bilden die elementaren Prozesse Event Logging und Reporting.

Identity Model, Access Model und Workflow Model

Prozesse, die Identitäten anlegen und verwalten, sind dem Identity Model zugeordnet. Die zentralen Objekte dieser Prozesse sind Identitäten und Ressourcen. Das Access Model beinhaltet die Prozesse zur Erstellung und Verwaltung der Rechte- und Rollenmodelle. Dabei werden die Vorgaben des Unternehmens im Berechtigungskonzept umgesetzt. Die Vergabe von Berechtigungen, als die Verbindung von Rollen zu Identitäten, wird dann im dritten Modell behandelt, dem Workflow Model. Darin werden alle Prozesse zusammengefasst, mit denen die Vergabe von Berechtigungen gesteuert wird. Das zentrale Element ist der Antrag oder *Request*.

Die Prozessdefinitionen werden eindeutig nummeriert und mit einer vierstelligen ID versehen. Dabei kennzeichnen die ersten zwei Stellen das Prozessmodell (AM für Access Model, WM für Workflow Model und IM für Identity Model) und die letzten beiden Stellen die Nummer des Prozesses innerhalb des Modells. Einem Prozess werden darüber hinaus folgende Attribute zugeordnet:

- Name
- Synonym
- Prozessziel
- Prozesseigner
- Startereignis
- Schlussereignis
- Prozessobjekte

Im ersten Quartal 2007 war bereits eine Reihe von Prozessen identifiziert. Auf der Webseite der Initiative[2] sind folgende Prozesse beschrieben:

- Identity Model
  - hire employee
    Eintritt eines Mitarbeiters. Dabei soll der Benutzer im Personaldatensystem angelegt werden und alle notwendigen Berechtigungen erhalten. Verantwortlich für den Prozess ist der Leiter der Personalabteilung.
  - release employee
    Geplanter oder ungeplanter Austritt eines Mitarbeiters. Dabei müssen alle Konten und Berechtigungen identifiziert und entweder gelöscht oder deaktiviert werden. Verantwortlich für den Prozess ist der Leiter der Personalabteilung.
  - perform global logout
    Sicherstellen, dass alle angelegten und laufenden Sitzungen in allen Anwendungen sofort beendet werden. Dieser Prozess kann vom System oder vom Benutzer selbst ausgelöst werden. Verantwortlich für den Prozess ist der Leiter der zentralen IT.

2. http://www.genericiam.org/

- perform global sacking
  Alle Zugänge eines Mitarbeiters so schnell wie möglich sperren. Dabei handelt es sich um Notfallmaßnahmen, um die Sicherheit der Daten zu gewährleisten. Dieser Vorgang wird in der Regel manuell angestoßen. Verantwortlich für den Prozess ist der Leiter der zentralen IT.
- perform re-certification
  Regelmäßiges Bestätigen der Berechtigungen einer Person durch einen Verantwortlichen. Damit soll sichergestellt werden, dass Benutzer keine Berechtigungen haben, die sie nicht mehr benötigen. Das ist unter anderem eine Vorgabe aus Compliance-Sicht. Verantwortlich für den Prozess ist der Leiter der zentralen IT.
- perform certification
  Einhalten relevanter Standards. Dabei werden alle Abläufe behandelt, mit denen nachgewiesen werden kann, dass die Vorgaben eingehalten wurden. Ausgelöst wird der Prozess, wenn man sich einer Zertifizierung unterzieht. Verantwortlich für den Prozess ist der Leiter der zentralen IT.
- clean data
  Bereinigung der Datenbestände in den Usermanagement-Systemen. Im Rahmen des Prozesses soll die Datenqualität hinsichtlich Plausibilität, Korrektheit und Vollständigkeit verbessert werden. Zur Vollständigkeit zählt auch die Auswahl der erforderlichen Attribute für einen Datensatz. Verantwortlich für den Prozess ist der Leiter der zentralen IT.

- Workflow Model
  - request account
    Anfordern eines Zugangs zu einem EDV-System.
  - request roles
    Anfordern einer genehmigungspflichtigen Rolle.
  - request groups
    Anfordern einer genehmigungspflichtigen Gruppe.

Bei den drei genannten Prozessen handelt es sich um Anforderungs- und Genehmigungsprozesse, die den Mitarbeiter mit Berechtigungen versorgen und die nicht im Rahmen des Prozesses *hire employee* zugeteilt wurden. Dabei soll die Genehmigung im Vier-Augen-Prinzip erfolgen, also von mindestens zwei Verantwortlichen genehmigt werden. Verantwortlich für den Prozess ist der Change-Manager.

8.3 Darstellung nach Produktmerkmalen

Bei der Darstellung von Applikationen wird häufig eine Unterteilung entsprechend der Hauptfunktionalitäten von IdM-Lösungen vorgenommen. Oft stellt jeder Teil ein Produkt in einer Suite dar. Eine Variante wäre die Einteilung in:

- Provisioning Management
  Das beinhaltet das Anlegen, Ändern und Löschen von Benutzeraccounts.
- Access Management
  Darunter werden alle Aspekte der Authentisierung und Autorisierung zusammengefasst. Sowohl von der technischen Realisierung als auch von der organisatorischen Umsetzung, beispielsweise dem Rollenmodell.
- Directory Management
  Die IdM-Daten sollen in einem zentralen Repository gehalten werden. Dieses Repository kann technisch unterschiedlich realisiert werden. Hinzu kommt die logische Struktur.

Ein gutes Modell eines Herstellers ist dann sinnvoll, wenn das Produkt aus bestimmten Gründen feststeht.

Teil 2
Technik

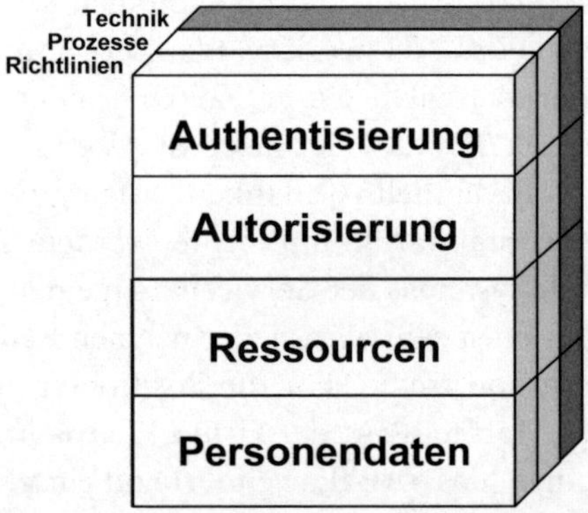

Abb. Teil 2–1
Technische Abbildung

Dieser Teil behandelt die technische Abbildung des Modells. Spätestens bei einer Produktentscheidung ist es notwendig, der organisatorischen Abbildung eine Implementierung in einem Softwareprodukt gegenüberzustellen. Auch dieser Teil folgt im Aufbau dem Modell, und es werden zu jeder Sicht die dafür relevanten Standards und Umsetzungsmöglichkeiten behandelt. IdM ist als selbstständige Disziplin ja noch recht jung, hat aber schon sehr dynamische erste Jahre hinter sich.

Neben bewährten Technologien gibt es eine Reihe neuer Standards.

Neben einigen Standardtechnologien (wie z.B. Directories) gibt es eine ganze Reihe neuer Standards, die rund um IdM geschaffen wurden. Dabei haben unterschiedliche Organisationen teilweise zum selben Thema eigene Standards definiert. Inzwischen gibt es allerdings schon Konsolidierungstendenzen und es entwickeln sich die wesentlichen Standards heraus. Trotzdem wird man beim Einstieg in das Thema mit einer Menge von Abkürzungen konfrontiert, die selbst für die IT-Branche beachtlich ist. Eine umfassende Betrachtung aller technischen Themen würde zu weit führen. Daher habe ich versucht, neben einigen grundlegenden Bausteinen nur die wichtigsten Standards zu behandeln. Bei der Auswahl habe ich auch berücksichtigt, wie oft mir ein Thema im Rahmen meiner Recherchen untergekommen ist. Einzelne Schlüsseltechnologien behandle ich relativ detailliert, um zu zeigen, was sich wirklich hinter einem Begriff wie beispielsweise SAML verbirgt. Andere, wie LDAP, behandle ich nicht so genau, da es bereits ausreichend gute Literatur dazu gibt.

IdM wird eine Basistechnologie.

Bis auf ganz wenige Ausnahmen habe ich auf die Nennung von Anbietern und Produkten verzichtet. Bei den Herstellern zeichnet sich die übliche Entwicklung ab: »Best of Bread« gegen »Suiten«, was synonym für den Kampf junger innovativer Unternehmen gegen die großen Anbieter steht. Diese oft sehr emotional geführte Diskussion ist rational betrachtet bei IdM fehl am Platz. IdM wird eine Grundlage für praktisch alle zukünftigen IT-Anwendungen sein und damit eine Basistechnologie wie das Netzwerk werden. Leser, die schon länger in der IT sind, können sich vielleicht an Zeiten erinnern, wo man diskutiert hat, welcher TCP/IP Stack der Beste ist. Über so etwas macht sich heute keine IT-Abteilung mehr Gedanken. Analog wird auch IdM, als Gesamtservice eine Standardkomponente werden, die entweder im Bereich des Betriebssystems, der Servicemanagement-Suiten oder der ERP-Systeme angesiedelt sein wird. Die einzelnen Bausteine dafür werden in den Hintergrund treten. Für die Positionierung beim Betriebssystem spricht der Markteintritt der Firma Microsoft.

Ein Unternehmen, das SAP flächendeckend einsetzt, hat zumindest die erste Ebene (Personendaten) abgedeckt. Sowohl Mitarbeiter als auch Kunden und Lieferanten liegen vor, und eine ausgeklügelte Berechtigungsverwaltung (eigentlich sogar mehrere) sowie ein Portal gibt es in SAP auch. Die Zukunft wird zeigen, ob die ERP-Anbieter dieses Potential auch wirklich nutzen können.

Die großen Softwareanbieter dominieren den Markt.

Aus der großen Anzahl von Anbietern, die am Anfang den Markt belebten, haben sich inzwischen die bekannten Riesen der Softwarebranche ihre Suiten zusammengekauft und sind nun durchwegs stark positioniert. Eine Chance für Newcomer gibt es aber bei gänzlich neuen Services, wie sie im Kapitel »Federation« angeführt sind. Dabei geht es um Basistechnologien für Web 2.0 und um Geschäftsmodelle wie Google.

Der Überblick in Abbildung Teil 2–2 zeigt, wie die behandelten Themen in das Modell passen. Die Lupe zeigt, welches Thema im Detail behandelt wird.

Navigation durch das Kapitel

Um Lesern, die weniger an Bits und Bytes interessiert sind, das Lesen dieses Buchteils zu erleichtern, habe ich Wegweiser eingebaut. Diese Wegweiser bestehen aus einer Nummerierung (W1 bis W5) und einer Seitenangabe. Immer wenn es sehr technisch wird, zeigt Ihnen

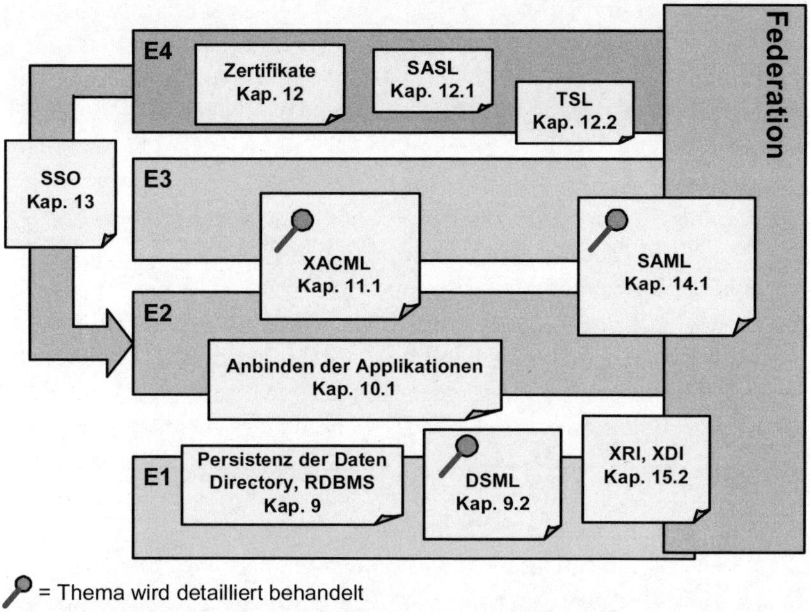

Abb. Teil 2–2
Zuordnung der Kapitel zum Modell

der Wegweiser (z.B.: ➲ *W1 weiter bei Seite 106*) die Seite an, auf der der Ausflug zu den technischen Details wieder beendet wird. Auf der genannten Seite finden Sie dann einen weiteren Wegweiser, mit der gleichen Nummerierung, als »Landungsmarke« (*W1 hier weiter* ➊). Der zweite Wegweiser zeigt genau die Stelle an, wo der Haupttext fortgeführt wird.

9 Technische Aspekte der Ebene 1 (Personendaten)

Bei der technischen Realisierung der Ebene E1 gibt es wie in Abbildung 9–1 dargestellt vier Themenbereiche: den Import der Daten in ein Repository, das Repository selbst, die Bearbeitung der Daten im Repository und den Export in die Zielsysteme. Der Export in die Zielsysteme ist im Modell als Verbindungsschicht dargestellt und wird in der Grafik nur der Vollständigkeit halber angezeigt. Die Möglichkeiten für einen Export in Zielsysteme werden in Abschnitt 10.1 behandelt.

Die Personendaten müssen an einer zentralen Stelle zur Verfügung gestellt werden.

Zuerst müssen die Daten von den Quellsystemen in ein Repository importiert werden, wobei Personaldatensysteme, Directories oder andere Applikationen, in denen Personendaten angelegt werden, als Quellsysteme dienen können. Trotz aller automatischen Importe hat auch das manuelle Erfassen von Daten über eine Eingabemaske durchaus seine Berechtigung. Es ist nicht sinnvoll, jede Eventualität über einen definierten Prozess abzudecken.

Beim Import werden die Daten in eine einheitliche Form gebracht und auf doppelte Einträge hin geprüft. Im Repository können die Daten dann weiter bearbeitet werden. Dazu gehört das Anlegen von Benutzeraccounts, an die später Rollen und Berechtigungen geknüpft

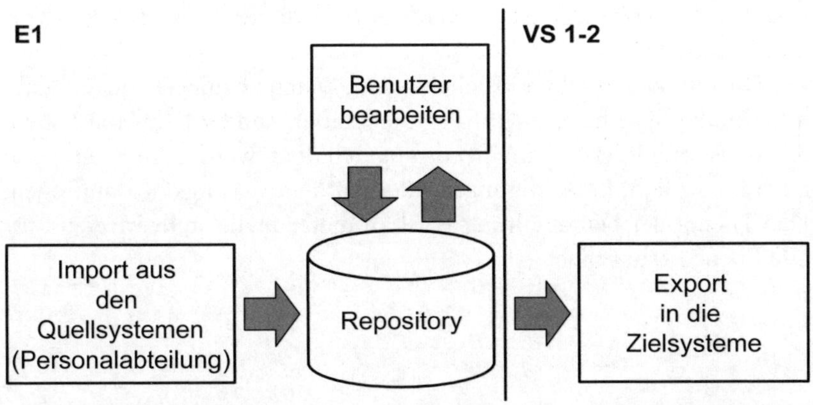

Abb. 9–1
Implementierung von E1

werden. Weiter muss festgelegt werden, in welche Systeme Daten und Accounts übertragen werden. Speziell bei den Daten ist noch zu berücksichtigen, welche Felder in den Zielsystemen benötigt werden und ob diese Informationen weitergegeben werden dürfen. Das setzt eine entsprechende Klassifikation und Kennzeichnung der Felder voraus. Die Information, was übertragen werden soll und darf, steuert den vierten Bereich: den Export der Daten in die Zielsysteme.

Repository

Die Umsetzung der Ebene E1 (Personendaten) ist in der Theorie ganz einfach. Die Daten werden eingesammelt, bereinigt und in einem zentralen Datenpool zur Verfügung gestellt. Die Idee, bestimmte Daten von Benutzern und Ressourcen zentral zu halten, ist ja nicht neu. Directories sind sowohl von der Theorie als auch von der Implementierung ausgereift. Sie sind auch in allen Unternehmen anzutreffen, allerdings in der Regel nicht als ein zentrales Repository, sondern als Ansammlung von Directories mit unterschiedlichen Aufgaben und Inhalten. Daher muss eine Struktur geschaffen werden, um die Directories zu synchronisieren. Dazu wird in der Regel ein zusätzliches Repository etabliert, von dem aus alle anderen befüllt werden.

Manche Datenquellen liefern nur ein einziges Attribut.

Dieses zusätzliche Repository kann ein weiterer Datenspeicher sein, in dem die Personendaten aus verschiedenen Quellen gesammelt werden und die Gesamtheit aller benötigten Attribute enthält. Es ist durchaus möglich, dass bestimmte Quellen nur einzelne Attribute zu den Personendaten liefern. So kann z.B. die Telefonnummer aus der Telefonanlage kommen, in der die Nummer auch vergeben wird. Dieses zusätzliche physische Repository kann eine Datenbank oder ein Directory sein. Die andere Möglichkeit ist, eine virtuelle Sicht über bestehende Datenquellen zu bilden und die Daten über diese Sicht zur Verfügung zu stellen. Natürlich müssen auch in dieser Variante irgendwo Daten gespeichert werden, auch wenn die Hersteller das gerne abstreiten. Aber es ist natürlich ein Unterschied, ob alle Daten noch einmal gespeichert werden, oder ob nur Links zu den bereits bestehenden Daten abgelegt werden. Jede dieser Varianten hat Vor- und Nachteile.

Die nun behandelten Möglichkeiten, Daten abzulegen, gelten nicht nur für die Speicherung von Personendaten, sondern für alle Daten, die in einem IdM-System persistent gehalten werden müssen. Also auch für Rollen, Berechtigungen oder Authentisierungsinformationen. Das Thema der Datenhaltung wird an dieser Stelle stellvertretend für alle Ebene besprochen.

9.1 Directories

Am häufigsten werden Personen- und Accountdaten in Directories gespeichert. Directories sind hierarchische Datenbanken, die auf schnelle Antwortzeiten hin optimiert sind. Die Daten werden dabei in einer Baumstruktur gespeichert, dem Directory Information Tree (DIT). Dieser entspricht oft einer geografischen oder organisatorischen Struktur. Dabei wird von einem Punkt ausgehend die Struktur der verwalteten Informationen aufgebaut.

Directories sind die verbreitetste Form, um Benutzerdaten zu speichern.

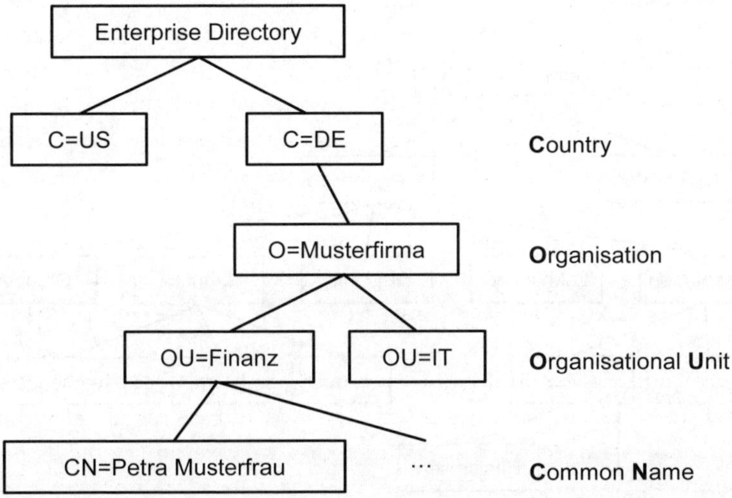

Abb. 9–2
Beispiel eines DIT

Die Einträge besitzen Namen (Relative Distinguished Name, RDN), die aus einem oder mehreren Attributen bestehen und eindeutig in der betreffenden Verzweigung des Baums sein müssen. Alle RDNs, von der Wurzel des Baums bis zum entsprechenden Objekt, ergeben den Distinguished Name (DN), der eindeutig im gesamten Directory ist und gleichzeitig den Pfad zum Eintrag darstellt. Ein Beispiel für einen Distinguished Name ist:

CN=Petra Musterfrau, O=Musterfirma, C=DE

Der RDN *CN=Petra Musterfrau* muss also in der Organisation *O=Musterfirma* eindeutig sein. Es wäre aber möglich, den Namen *CN=Petra Musterfrau* in einem anderen Ast des Baums zu haben, beispielsweise:

CN=Petra Musterfrau, OU=Finanz, O=Musterfirma, C=DE

Auch wenn bei Beispielen für einen DIT immer Personen oder Benutzer verwendet werden, kann man beliebige Informationen in dieser Form ablegen. Im Rahmen eines IdM-Systems können, wie in Abbil-

In einem Directory können beliebige Informationen gespeichert werden.

dung 9–3 dargestellt, auch die Ressourcen, Lokationen oder Organisationseinheiten verwaltet werden. An den Ressourcen hängen in diesem Beispiel auch die zugehörigen Rollen und Accounts. Auch zwischen den Zweigen können einzelne Einträge aufeinander verweisen. So kann ein Benutzer ein Attribut haben, das auf eine Organisationseinheit in einem anderen Zweig verweist. Im Beispiel werden die Rollen eines Benutzers gespeichert, indem Verweise vom Benutzereintrag auf die entsprechende Rollen angelegt werden. Diese Verweise bieten aber nicht die Möglichkeiten einer Verknüpfung in einer relationalen Datenbank.

Abb. 9–3
DIT mit unterschiedlichen Arten von Informationen

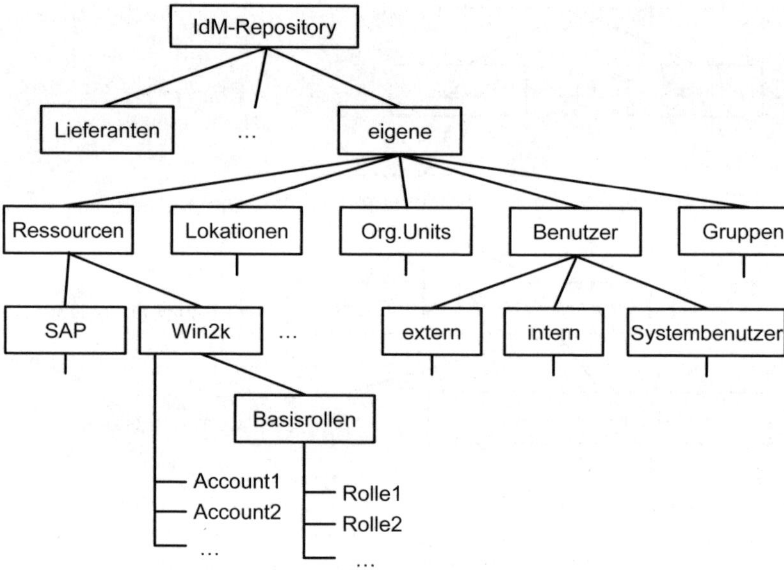

Im Gegensatz zum relationalen Datenmodell einer »klassischen« Datenbank ist das Datenmodell eines Directory objektorientiert. Das bedeutet unter anderem, dass Eigenschaften vererbt werden und ein Knoten alle Eigenschaften der darüber liegenden Knoten erbt. Der Knoten *Benutzer* aus dem Beispiel erbt also alle Attribute der darüber liegenden Knoten *eigene* und *IdM-Repository*. Da auch der Knoten *Ressourcen* genau dieselben Eigenschaften vererbt bekommt, ist es sinnvoll, dass die Knoten *eigene* und *IdM-Repository* nur Attribute besitzen, die für alle darunter liegenden Knoten relevant sind. Personenspezifische Attribute erhält so erst der Knoten *Benutzer*, der diese dann wieder an die darunter liegenden Knoten *extern*, *intern* und *Systembenutzer* vererbt.

Im sogenannten Schema ist die Struktur eines Directory beschrieben. Dabei wird festgelegt, welche Arten von Informationen gespeichert werden können und welche Attribute dazu verwendet werden. Es ist auch möglich, *Subschemata* zu definieren, die nur für einen Teil des Baums gelten. Ebenso kann die Verwaltung des Baums verteilt werden, wodurch einem Administrator die Verantwortung für die Zweige ab einem bestimmten Knotenpunkt übertragen wird. Die delegierten Aufgaben können vom Ändern von Attributeinträgen bis zum Verwalten der Struktur und des *Subschemas* reichen.

Das Schema legt die Struktur des Directory fest.

Der größte Vorteil eines Directory ist die Performance beim Suchen. Daher sind sie für den Einsatz im IdM-Umfeld, wo Informationen sehr oft abgefragt werden, geradezu prädestiniert. Anders sieht es beim Schreiben von Daten aus: Dies dauert deutlich länger als z.B. bei relationalen Datenbanken. Der entscheidende Faktor bei einem Directory ist die Struktur der Daten. Änderungen an der Struktur sind aufwändig und müssen sorgfältig auf alle Auswirkungen hin überprüft werden. Daher sollte genau abgewogen werden, wie detailliert eine reale Struktur in der Struktur eines Directory Information Tree (DIT) abgebildet wird.

Der Ursprung der Directories ist der X.500-Standard, der Ende der 80er Jahre vom Standardisierungsbereich der Internationalen Fernmeldeunion (International Telecommunication Union – ITU-T früher CCITT), einer Unterorganisation der Vereinten Nationen, erarbeitet wurde. Es ist sehr aufwändig, diesen Standard umzusetzen. Vor allem die Anforderungen an den Client sind so hoch, dass sie immer eine auf das jeweilige Directory zugeschnittene Version des Clients voraussetzen. Der X.500-Standard war der Auslöser für das Lightweight Directory Access Protocol (LDAP). Dieses Protokoll wurde 1995 entwickelt (RFC 1777) und ist eine einfachere Möglichkeit, mit Directories zu kommunizieren.

Dazu umfasst das LDAP-Protokoll folgende elementare Operationen:

➲ *W1 weiter bei Seite 106*

- Bind
  Initiiert eine Client/Server-Verbindung und ermöglicht die Authentisierung.
- Search
  Damit kann der Client eine Suche starten.
- Modify
  Erlaubt es dem Client, die Änderung eines Objekts im Directory zu fordern.
- Add/Delete
  Ermöglicht es, Einträge hinzuzufügen bzw. zu löschen.

- Modify RDN
  Erlaubt es, den letzten Teil des Namens eines Eintrags zu ändern.
- Compare
  Vergleicht einen Wert gegen das Directory.
- Abandon
  Bricht eine Operation des Directory, die auf Grund einer Anfrage durchgeführt wird, ab.
- Unbind
  Beendet die Verbindung.

Das scheint auf den ersten Blick nicht viel, ist aber völlig ausreichend, um die Aufgaben eines Directory zu erfüllen.

Die aktuelle Version ist LDAPv3, an der seit 1997 gearbeitet wurde und die aktuell mit den RFCs 4510 bis 4519 vorliegt. Dabei wurden einige wesentliche Erweiterungen eingeführt. Die Schwerpunkte waren Sicherheit, Internationalisierung durch die Verwendung von Unicode, die Möglichkeit, ein Directory auf mehrere Server zu verteilen, sowie das *Schema-Discovery*, eine Möglichkeit, bei der der Client die Struktur des Directory und die verwendeten Attribute prüfen kann. Mit der Unterstützung von SASL und TSL (beide werden in Kapitel 12 behandelt) sind mit LDAPv3 zwei wesentliche Sicherheitsfunktionen hinzugekommen. SASL ermöglicht die Verwendung von verschiedenen Methoden zur Authentisierung und TSL erlaubt die sichere Kommunikation zwischen Client und Directory mithilfe von Zertifikaten und Verschlüsselung.

Mit openLDAP liegt auch eine Open-Source-Implementierung vor, die inzwischen relativ weit verbreitet ist. Auch Microsofts Active Directory unterstützt LDAP und ist näher am Standard, als man es bei Microsoft vielleicht erwartet.

9.2 DSML

Mit DSML können Directories auch über XML kommunizieren.

Die *Directory Service Markup Language* ist ein XML-Dialekt, um Abfragen oder Änderungen an einem Directory durchzuführen. DSML liegt seit Ende 2001 in der Version 2 vor, die sich in der Zielrichtung deutlich von der ersten Version unterscheidet. Während sich die erste Version darauf beschränkt, die Informationen in einem Directory als XML-Dokument darzustellen, definiert die zweite Version Methoden, um mit einem Directory zu interagieren. Dadurch soll es möglich sein, ohne LDAP-Client oder über Verbindungen, die kein LDAP Protokoll zulassen, mit Directories zu arbeiten.

Es gibt zwei Arten von DSML-Dokumenten: ein Anfrage- (Request) und ein Antwortdokument (Response). In einer Client-Server-Kommunikation steht jeder Anfrage eine Antwort gegenüber. Es ist aber möglich, mehrere Anfragen und die entsprechenden Antworten in Form von Batch-Dokumenten zu gruppieren. Die Dokumente können als Datenfile über SMTP oder als SOAP-Dokument verwendet werden.

Im nachfolgenden Beispiel ist eine Anfrage mit zwei Änderungen vereinfacht dargestellt. Zuerst soll mit einem *modifyRequest* die Nummer des Mobiltelefons von Petra Musterfrau geändert werden. Nachdem die Person genau spezifiziert wurde, wird die gewünschte Änderung beschrieben.

```
<batchRequest xmlns="urn:oasis:names:tc:DSML:2:0:core">
…<modifyRequest dn="CN=Musterfrau Petra,OU=CFI,DC=Example,DC=COM">
…<modification name="Mobile" operation="replace">
…<value>2114 234 222</value>
…<value>2114 452 277</value>
…</modification>
```

In der zweiten Änderung soll ein neuer Mitarbeiter mit dem Namen Peter Mustermann angelegt werden. Dabei werden die Attribute nacheinander mit einem Wert belegt.

Listing 9–1
DSMLv2 Request Document

```
<addRequest dn="CN=Mustermann Peter,OU=IT,DC=Example,DC=COM">
…<attr name="objectclass"><value>top</value></attr>
…<attr name="objectclass"><value>person</value></attr>
…<attr name="objectclass"><value>organizationalPerson</value></attr>
…<attr name="Nachname"><value>Mustermann</value></attr>
…<attr name="Vorname"><value>Peter</value></attr>
…<attr name="Funktion"><value>Leiter Helpdesk</value></attr>
</addRequest>
</batchRequest>
```

Eine Antwort auf die Änderungsanfragen könnte wie folgt aussehen: Der Eintrag für Petra Musterfrau wurde nicht gefunden und die Änderung konnte nicht durchgeführt werden. Es wird daher eine Fehlermeldung zurückgegeben.

Die zweite Anforderung konnte erledigt werden, was ebenfalls zurückgemeldet wird. Es ist Aufgabe der Applikation, welche die Anfrage gestellt hat, die Antworten für den Benutzer entsprechend aufzubereiten.

Listing 9–2
DSMLv2 Response Document

```
<batchResponse xmlns="urn:oasis:names:tc:DSML:2:0:core">
<modifyResponse>
…<resultCode code="53" descr="userNotFound"/>
…<errorMessage>Person wurde nicht gefunden</errorMessage>
</modifyResponse>
```

```
  <addResponse>
    <resultCode code="0"/>
    <errorMessage>completed</errorMessage>
  </addResponse>
</batchResponse>
```

W1 hier weiter

9.3 Virtuelle Directories

Ein virtuelles Directory stellt eine zentrale Anlaufstelle dar, die Anfragen an die Quellsysteme weiterleitet. Im Unterschied zum zentralen Unternehmensdirectory, in dem alle Daten gesammelt werden, werden hier keine Daten gespeichert. Ebenso ist es auch nicht notwendig, verschiedene Unternehmensdirectories zu synchronisieren. Für die Applikationen verhält sich das virtuelle Directory wie ein normales Directory, gegen das Anfragen mit LDAP oder DSML gestellt werden. Dahinter können sich aber nicht nur die verschiedensten Directories, sondern auch Datenbanken und Webservices verbergen.

Ein virtuelles Directory stellt nur einen Verweis auf die Daten zur Verfügung.

Der Einsatz eines virtuellen Directory ist dann sinnvoll, wenn die unterschiedlichen Quelldirectories, in denen die Personendaten liegen, unabhängig voneinander verwaltet werden. Zum Beispiel von verschiedenen autonomen Unternehmen eines Konzerns. In solch einem Fall kann eine übergreifende Sicht hergestellt werden und die Verwaltung kann trotzdem weiter dezentral bleiben, was politisch oft die wesentlich einfachere Lösung ist. Falls aber im Rahmen eines IdM-Projekts auch eine zentrale Stelle zur Verwaltung der Personendaten geschaffen werden soll, ist ein Metadirectory zu bevorzugen.

Ein wirklicher Nachteil könnte nur im Bereich der Performance entstehen. Auch wenn die Hersteller gerne von Zugriff in Echtzeit sprechen, ist es eine Tatsache, dass ein zusätzlicher Zugriff bzw. eine Weiterleitung Zeit und Ressourcen kosten. Im besten Fall ist so eine weitergeleitete Anfrage kaum langsamer, als wenn man sie an das Directory selbst stellt.

9.4 Alternativen zu Directories

9.4.1 Relationale Datenbank als Repository

Während ein Directory für einen klar definierten Einsatzbereich spezialisiert ist, hat ein relationales Datenbankmanagementsystem (RDBMS) den Anspruch, alle möglichen Anforderungen abzudecken. Dazu bietet ein RDBMS wesentlich flexiblere Möglichkeiten, wenn es darum geht, sehr viele unterschiedliche Arten von Informationen zu verwalten und abzufragen. Wenn es aber um das Kerngeschäft eines Directory geht, können RDBMS nicht mit der Performance von Directories mithalten.

Eine Datenbank bietet mehr Möglichkeiten, ist bei Abfragen aber nicht so performant wie ein Directory.

In einem RDBMS werden die Daten in Form von Tabellen gespeichert, die über Relationen miteinander verknüpft werden. Bei einem guten Datenbankdesign werden alle Informationen jeweils nur einmal gespeichert. Wenn beispielsweise in einer Tabelle bereits Informationen über Firmen gespeichert sind, dann können andere Tabellen auf diese Daten verweisen. Soll in der Personentabelle auch die Firma zur Person abgelegt werden, wird anstelle des Firmennamens nur noch ein Verweis auf den entsprechenden Datensatz in der Firmentabelle gespeichert. Durch diese Relationen lassen sich beliebige Strukturen abbilden.

Um Daten abzufragen und zu bearbeiten, steht mit der *Structured Query Language* (SQL) eine sehr umfangreiche normierte Datenbanksprache dem eingeschränkten Befehlssatz von LDAP gegenüber. Mit ihr lassen sich unter anderem auch mathematische Funktionen in eine Abfrage einbauen.

Jede Tabelle hat einen *Unique Key*, der die Datensätze eindeutig kennzeichnet. Während ein Directory einen neuen Eintrag immer an der richtigen Stelle im Verzeichnisbaum speichert, wird bei einem RDBMS der neue Eintrag am Ende der entsprechenden Tabelle hinzugefügt. Bei einer Suche müsste also immer die ganze Tabelle gelesen werden. Um dies zu beschleunigen, ist es möglich, für die Daten einen Index zu erstellen. Dabei werden Felder, die oft gesucht werden, in der richtigen Suchreihenfolge in einer eigenen Liste abgelegt. Bei einer Personentabelle würde zum Beispiel ein Index für den Nachnamen erstellt werden. Der Index würde alle Nachnamen aufsteigend in alphabetischer Reihenfolge speichern, unabhängig davon, an welcher Stelle der Tabelle der dazugehörige Datensatz gespeichert ist. Bei einem RDBMS können beliebig viele Indizes erstellt werden.

In der Regel wird nicht das Repository eines IdM-Systems für die Authentisierung verwendet, sondern ein eigenes Directory. Die Daten des Repository werden in dieses Directory importiert bzw. mit dem Directory synchronisiert. Daher nutzen einige Hersteller die Vorzüge eines RDBMS für ihre IdM-Produkte. Aber auch wenn das Repository ein Directory ist, verwenden viele Hersteller in irgendeiner Form eine relationale Datenbank als Ergänzung.

9.4.2 Repository im Zielsystem

Einen sehr pragmatischen Ansatz für das Repository wählt der Softwarehersteller Quest. Seine Lösung setzt auf einem der vorhandenen Directories auf und speichert dort alle Informationen, die benötigt werden. Von dort aus werden die Personendaten und Accounts verteilt. Dieser Ansatz greift die ursprüngliche Idee eines zentralen Unternehmensdirectory auf und verwendet *Active Directory (AD)*. Die Wahl von *Active Directory* ist naheliegend, da es in praktisch allen Unternehmensnetzwerken genutzt wird. Auch wenn mit Linux langsam wieder eine Alternative bereitsteht und es auch noch eine kleine aber widerstandsfähige Anhängerschaft von Novell gibt, ist ein gänzlicher Verzicht auf Microsoft eher die Ausnahme.

Spannend ist, dass der Ansatz in der Umsetzung noch konsequenter die Bedeutung des AD hervorhebt als die IdM-Lösung von Microsoft. Wie bei vielen anderen Lösungen reicht auch hier das Directory alleine nicht aus, und es gibt noch eine relationale Datenbank, in der zusätzliche Informationen abgelegt werden. Eine Schlüsselfunktion ist, dass die Verwaltung von Unix-Clients auch mithilfe der Windows-Bordmittel funktioniert.

Abb. 9–4
AD zur Sammlung der Personendaten

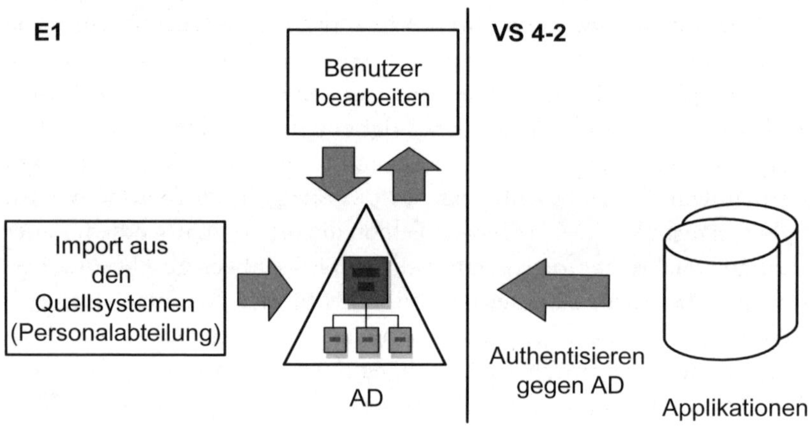

Ob ein Active Directory wirklich allen Ansprüchen gerecht wird, soll hier nicht im Mittelpunkt stehen, sondern die Idee, etwas Bestehendes zu verwenden und die Anzahl der Directories zu reduzieren. Dabei wird allerdings vorausgesetzt, dass alle benötigten Funktionen der abgelösten Directories wieder zur Verfügung stehen. Schwierig wird es, wenn einzelne Applikationen ein bestimmtes Directory bzw. ganz spezielle Funktionen benötigen. Letzteres ist leider immer noch anzutreffen, selbst bei sehr bekannten und großen Softwarelösungen, bei denen man es nicht erwarten würde.

10 Technische Aspekte der Ebene 2 (Ressourcen)

Im Grunde hat jede Applikation, die in irgendeiner Form spezifisch auf den Benutzer reagiert, dieselben Aufgaben zu lösen. Zuerst einmal muss festgelegt sein, welche Möglichkeiten der Differenzierung es in der Applikation gibt, also welche Funktionen und Daten über Berechtigungen gesteuert werden können. Dann muss im System ein Benutzer angelegt werden, dem in irgendeiner Form die Berechtigungen zugeordnet werden. Um mit dem Benutzer zu arbeiten, muss dieser durch eine beliebige Form der Authentisierung aktiviert werden. Im einfachsten Fall wird nur der Benutzer ausgewählt, mit dem aktuell gearbeitet werden soll. In der Regel wird aber die Eingabe eines Passworts erwartet. Wir haben also alle Themen des IdM noch einmal in konzentrierter und vereinfachter Form. Es ist wichtig, sich immer den Unterschied klar zu machen zwischen der Art, wie ein Thema in einer Applikation implementiert ist, und der abstrahierten Form, in der ein Thema in einer der anderen Ebenen des Modells umgesetzt wird.

In den meisten Applikationen finden sich alle Themen des Modells wieder.

Die meisten Applikationen verwalten für jede Person, die mit der Applikation arbeitet, einen eigenen Applikationsbenutzer, und das gilt auch für viele IdM-Systeme. Die Informationen, die in den Applikationen über ihre Benutzer gespeichert werden, sind von Applikation zu Applikation unterschiedlich. Demgegenüber soll durch die Ebene 1 eine allgemeine Datenbasis für die Personendaten geschaffen werden, aus der dann der Bedarf der einzelnen Applikationen gedeckt wird. Aber nicht nur die Basisdaten, auch die IdM-Prozesse, die bei jeder Applikation gleich sind, wandern in die abstrahierte Schicht. So wird in Ebene 1 sichergestellt, dass jede Person in der Datenbasis nur einmal vorkommt, und dass die Person korrekt als aktiv oder inaktiv gekennzeichnet ist. Wenn eine Applikation an das IdM-System angebunden ist, kann sie auf die Datenbasis zugreifen und erhält so die korrekten Informationen.

Berechtigungen werden in einer Applikationen detaillierter gespeichert als in einem Rollenmodell.

Dasselbe gilt für die Berechtigungen. Eine Applikation wird immer die Berechtigungen für einen Benutzer verwalten, unabhängig ob als Abbildung einer echten Person oder als Rolle, die zugewiesen wird, und das in der notwendigen Feinheit. Allerdings wird diese Verwaltung in der Regel individuell ausgeprägt sein. Die Rechteverwaltung der Ebene 3 hingegen kann wesentlich gröber sein. Wichtig ist, dass eine Applikation »weiß«, was sie mit den Informationen anfangen muss, und dass alle möglichen Applikationen damit abgedeckt werden können. So ist es nicht sinnvoll, die detaillierte Berechtigungsverwaltung eines SAP noch einmal abzubilden. Ein IdM-System würde in diesem Fall nur die Bezeichnung der SAP-Rolle verwalten und diese dem Mitarbeiter zuteilen. Die Informationen über Benutzer und zugeteilte Rolle werden an SAP übergeben und dementsprechend wird dort dem entsprechenden SAP-Benutzer die passende Rolle zugeteilt. Welche Berechtigungen die Rolle an sich hat, braucht nur SAP zu wissen.

Wie eingangs erwähnt, muss die Applikation auch erkennen, für welchen Benutzer bzw. mit welchen Rechten eine Sitzung gestartet werden soll. Auch das ist wieder abhängig von der Applikation. Die Ebene 4 (Authentisierung) kann nur wie bei SSO die Anforderungen verallgemeinern und so dem Benutzer eine einheitliche Zugriffsmethode anbieten. Zur Applikation hin müssen dann die jeweiligen individuellen Mechanismen erfüllt werden.

Was die IdM-Systeme betrifft, gibt es in dieser Ebene technisch an sich nichts zu tun. Anders bei den Abbildungen des Modells auf Richtlinien (Policies) und Prozesse. Dort kann bei den Ressourcen sehr wohl harmonisiert werden bzw. ist die Ebene notwendig, um Projektumfänge klar zu beschreiben. Aus technischer Sicht ist die Übertragung der IdM-Informationen in die Zielsysteme von Bedeutung, die im nachfolgenden Kapitel behandelt wird.

10.1 Anbinden von Applikationen

Die Schnittstelle zwischen zwei Ebenen wird im Modell als eigenes Objekt dargestellt. Die Idee dahinter ist, dass die Datenübertragung, einschließlich der Schnittstellen auf beiden Seiten, separat von den Themen der Ebenen behandelt werden kann. So gehören zur Ebene E1 alle Prozesse, die für korrekte Personendaten sorgen, und in der Ebene E2 befinden sich die Applikationen. Die Verbindungsschicht VS1-2 bezieht nun die Daten der Ebene E1 und legt einen Benutzeraccount in einer Applikation der Ebene E2 an. Dieser Vorgang ist unabhängig davon, ob die Prozesse in E1 gut funktionieren und was in der Applikation mit dem Account geschieht. Dasselbe gilt für den Datenaustausch zwischen den anderen Ebenen.

Von welcher Ebene auch immer die Daten an die Ebene E2 übermittelt werden, die grundsätzlichen Möglichkeiten, mit einer Applikation Daten auszutauschen, sind immer dieselben. Deshalb werden sie an dieser Stelle stellvertretend für alle Verbindungsschichten zwischen der Ebene2 (Ressourcen) und anderen Ebenen dargestellt. Wenn es für die Datenübertragung von bestimmten Informationen eigene Standards gibt, zum Beispiel XACML bei Berechtigungsinformationen (siehe Abschnitt 11.1), gehe ich bei der entsprechenden Ebene noch genauer darauf ein.

Die Connectoren legen fest, welche Applikationen an ein IdM-System angebunden werden können.

Die Anzahl der Applikationen, die an ein IdM-System »out of the Box« angebunden werden kann, ist ein wesentlicher Faktor. Vor allem, um abzuschätzen, wie lange eine Einführung dauern wird.

Die Möglichkeit, eine bestimmte Applikationen an ein IdM-System anzubinden, wird unabhängig von der Technik als Connector bezeichnet (wobei auch andere Bezeichnungen existieren). Je nach Hersteller ist ein Connector einzeln zu bezahlen oder kommt mit anderen in einem Paket. Oft sind diese Pakete so nach Themengebieten gestaltet, dass ein Großteil der Kunden viele oder gar alle Pakete benötigt. Es hilft nämlich wenig, wenn im Messaging-Paket je ein Connector für Notes und für Exchange vorhanden ist, da sehr wenige Unternehmen beide Applikationen parallel einsetzen. Ähnliches gilt auch für Host- oder ERP-Systeme.

Achtung!

Gerade beim Thema Connector gilt: Papier ist geduldig, besonders wenn es von Marketingabteilungen beschrieben wird.

Die Verbindung zu den essentiellen Applikationen muss auf jeden Fall vor dem Kauf in einem Proof of Concept (POC) getestet werden. Der üblicherweise angebotene Test der AD-Synchronisation ist da allerdings nicht so wichtig. Die gehört zum Pflichtprogramm und geht praktisch immer.

Durch eine Applikation wird festgelegt, welche Arten der Anbindung überhaupt möglich sind. Das IdM-System kann direkt auf das Zielsystem zugreifen oder mithilfe eines Agenten. Ein Agent ist ein Softwareprogramm, das autonom verschiedene Aktionen durchführt. Im Fall von IdM-Systemen besteht die Aufgabe im Sammeln von Informationen, die dann an das IdM-System zur weiteren Verarbeitung übermittelt werden. Eine weitere Aufgabe ist das Durchführen von Änderungen, die vom IdM-System angestoßen werden. Je nach Art der Anbindung gibt es dazu auch Standardprotokolle, die genutzt werden können.

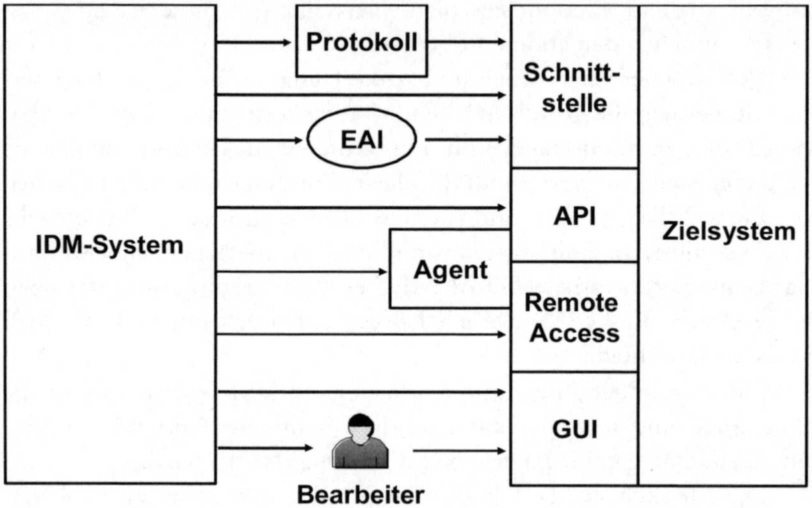

Abb. 10–1
Verschiedene Möglichkeiten, Daten im Zielsystem zu ändern

Wie in Abbildung 10–1 dargestellt, gibt es vier Möglichkeiten, mit einer Applikation zu kommunizieren.

- GUI
  In fast allen Fällen existiert ein grafisches User Interface (GUI), mit dem die Benutzer die Applikation nutzen. Das GUI kann auf zwei Varianten »automatisiert« werden. Einmal mithilfe eines Bearbeiters, dem sogenannten Human Interface (HI), der über einen Workflow Anweisungen vom IdM-System erhält und die Durchführung in der Applikation bestätigt. Für viele Applikationen, die keine anderen Anbindungsvarianten bieten, ist das die einzige Möglichkeit. Als zweite Variante kann die Bedienung einer Maske auch über Programme simuliert werden. Das ist aber sehr aufwändig und immer mit einer individuellen Anpassung verbunden. Die einzige Anwendung im IdM-Bereich, bei der eine solche Vorgehensweise häufig verwendet wird, ist Single Sign On (SSO). Dabei wird der Anmeldedialog abgefangen und für den Benutzer automatisch durchgeführt.
- Remote Access
  Bei Applikationen, die von Multiuser-Plattformen wie Unix oder Host kommen, gibt es die Möglichkeit, das System über Befehle von der Ferne zu bedienen. Diese Möglichkeit existiert in der Regel auch bei den Betriebssystemen selbst, z. B. über die Secure Shell, die unter Unix und Windows zur Verfügung steht. Die kann selbstverständlich auch von einem IdM-System genutzt werden.

- API
  Mit einem Application Programming Interface (API) stellt eine Applikation eine Programmierschnittstelle zur Verfügung, die von anderen Applikationen genutzt werden kann. Bei einem sauberen Aufbau der Applikation sind die Datenhaltung, die Funktionen sowie die Darstellung (GUI) getrennt. In solch einem Fall würden die Weboberfläche einer Applikation und der native Client über das API dieselben Funktionen aufrufen. Wenn es noch keinen Connector für die Applikation gibt, ist es relativ leicht, einen individuellen zu erstellen, der auf das API aufsetzt – vorausgesetzt das API ist gut dokumentiert und hat einen überschaubaren Leistungsumfang.
- Schnittstelle
  Unter Schnittstelle fasse ich alle Varianten zusammen, die nicht von den zuvor genannten abgedeckt werden. Im besten Fall unterstützt die Applikation ein Standardprotokoll. Weniger elegant, aber oft durchaus effizient ist die die Möglichkeit, direkt auf die Datenbank des Zielsystems zuzugreifen.

  Auch alle weiteren Arten von Datenübergaben zähle ich zur Kategorie Schnittstelle. Zum Beispiel, wenn das Zielsystem selbst die Daten aus dem IdM-System importiert. Die Übergabe der Daten kann auch über EAI-Mechanismen gesteuert werden.

Bei der Kommunikation über Schnittstellen muss das IdM-System ebenfalls die entsprechenden Möglichkeiten zur Verfügung stellen. Generell besteht die Möglichkeit, direkt oder mit der Hilfe von Softwareagenten zu kommunizieren. Dabei ist der direkte Zugriff, *»agentless«* genannt, noch eher die Ausnahme. Beide Varianten haben Vor- und Nachteile. Ein Agent am Zielsystem bietet wesentlich mehr Möglichkeiten; und es wird in einigen Fällen gar nicht anders gehen. Dafür muss Software verteilt werden, was logistisch schon anspruchsvoll sein kann, aber noch schwerer wiegt die Tatsache, dass auf jedem System ein zusätzliches Softwarepaket installiert werden muss. Auch wenn man davon ausgehen kann, dass sich die Agenten mit der Software auf den Zielsystemen vertragen, müssen sie bei jedem Update und bei jeder Änderung des Systems berücksichtigt werden. Hinzu kommt, dass der Agent auch Ressourcen des Zielsystems braucht. Falls die Verbindung ohne Agenten durchgeführt wird, fallen die genannten Nachteile weg. Dafür müssen die Ressourcen an anderer Stelle bereitgehalten werden.

10.1.1 Wie viele Accounts braucht ein Service?

Auf Grund von Abhängigkeiten zwischen Services ist es oft notwendig, für einen Service mehrere Benutzeraccounts anzulegen.

Ein nicht zu unterschätzendes Problem ist die Abhängigkeit von Services untereinander. Ich möchte an einem Beispiel zeigen, welche Komplexität hinter einem an sich relativ einfachen Service stecken kann.

Ein Projektteam besteht aus internen Mitarbeitern und aus Mitarbeitern eines Partnerunternehmens an einem anderen Standort. Diesem Team soll ein Datenaustauschlaufwerk zur Verfügung gestellt werden. Die internen Mitarbeiter sollen über das LAN und die externen über das Internet zugreifen. Welche Systeme sind nun für diesen Datenaustausch notwendig? Im einfachsten Fall wird auf einem Windows-Server ein Laufwerk freigegeben. Damit ist zumindestens für die internen Mitarbeiter der Zugriff geklärt. Für die externen Mitarbeiter muss beispielsweise über ein Portal ein Zugriff geschaffen werden. Das Portal bezieht im angenommenen Fall die Berechtigungsinformationen aus einem Directory; daher muss für die externen Mitarbeiter ein Account im Directory angelegt werden. Elegant wäre es nun, wenn der interne Projektleiter die Zugriffe auf das Laufwerk selbst verwalten kann. Dazu wird auf die Windows-Berechtigungsverwaltung zurückgegriffen. Damit die externen Kollegen auch verwaltet werden können, benötigen sie jetzt allerdings noch einen Windows-Account. Es sind also bereits zwei Accounts für die externen Teammitglieder anzulegen.

Abb. 10–2
Beispiel für einen Datenaustauschservice

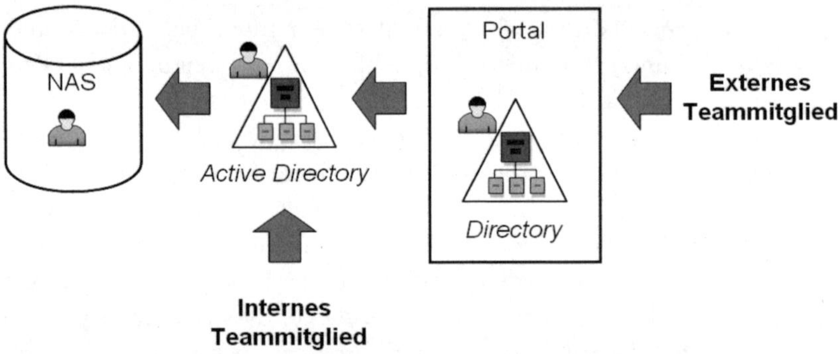

Das Projekt läuft gut an und zeigt ein sehr dynamisches Datenwachstum. Daher werden die Daten auf ein NAS-System gelegt. Dieses System verlangt allerdings einen Unix-Account für den Basiseinstieg und somit kommt für alle Teammitglieder noch ein weiterer Account dazu. Für die internen Mitarbeiter kann man annehmen, dass sowohl Windows- als auch Unix-Accounts ohnehin vorhanden sind. Es bleiben drei Accounts, die für jedes externe Teammitglied angelegt und verwaltet werden müssen. Weit hergeholt? Leider nicht, denn solche Konstellationen sind weit häufiger, als man es sich im Rahmen eines IdM-Projekts wünscht.

11 Technische Aspekte der Ebene 3 (Autorisierung)

Bei der Umsetzungen dieser Ebene unterscheiden sich sie IdM-Systeme in den Methoden, Berechtigungen anzufordern und zu vergeben, und darin, wie Rollen und Rollenmodelle verwaltet werden.

Wie kommt der Benutzer nun zu seinen Rechten? Wieder sind es sehr wenige Möglichkeiten:

Es gibt wenige unterschiedliche Arten, um Berechtigungen zu vergeben.

- Eingabemaske
- Workflow
- Regeln

Im einfachsten Fall werden die Berechtigungen über eine Maske manuell vergeben. Diese Möglichkeit muss es als Notlösung immer geben und sie wird auch von allen Herstellern angeboten. Sie sollte aber eine Notlösung bleiben, denn die Informationen zur Rechtevergabe (Warum bekommt der Benutzer die Berechtigung bzw. wer hat genehmigt?) müssen extra verwaltet werden.

Besser ist es daher, wenn die Vergabe der Berechtigung der letzte Schritt im Genehmigungsworkflow ist und automatisch passiert. Es wäre denkbar, die manuelle Vergabe gänzlich weg zu lassen, falls man einem Administrator die Möglichkeit einräumt, die Anforderung und die Genehmigung selbst durchzuführen. Der Vorteil wäre eine lückenlose Dokumentation aller Änderungen. Der Administrator hätte dann immer noch die Möglichkeit, schnell einzugreifen. Der Workflow wird bei vielen Herstellern als eigenes Produkt angeboten, im schlimmsten Fall als eine Art Klassenbibliothek, aus der mit viel Anpassungsarbeit die individuellen Abläufe hergestellt werden können. Hier ist also Vorsicht bei der Auswahl des Produkts geboten. Wie aufwändig es ist, einen neuen Workflow zu erstellen oder einen bestehenden zu ändern, gehört unbedingt in einen Proof of Concept (POC). Es ist auch durchaus interessant zu sehen, wie die Hersteller reagieren, wenn man im laufenden POC die Anforderungen ändert.

Eine Variante, um Berechtigungen zuzuteilen geschieht mittels eines Workflows.

Ein weiteres Kriterium ist der Prozentsatz der benötigten Funktionalitäten, die standardmäßig vorhanden sind, gegenüber den Funktionen, die erst nach Konfiguration und Programmierung zur Verfügung stehen. Das soll nicht heißen, dass IdM-Systeme, die einen hohen Konfigurationsaufwand haben, von vornherein ausgeschieden werden sollen. Ein hoher Konfigurationsaufwand bietet auf der anderen Seite oft auch viel Flexibilität, um individuell zu gestalten. Es wäre durchaus möglich, dass ein Produkt, das nur wenig Anpassung braucht, auf der anderen Seite spezielle Anforderungen nur mit Abstrichen erfüllen kann.

Mithilfe von Regeln können Berechtigungen automatisch zugeordnet werden.

Noch eleganter als mithilfe von Workflows werden Berechtigungen an Hand von Regeln vergeben. Der Mitarbeiter erhält seine Berechtigungen anhand seiner Attribute im Personalsystem, wie z.B. der Planstelle oder der zugeordneten Abteilung. So könnte ein Mitarbeiter, der neu eingestellt wurde und auf die Planstelle Windows-Administrator in die IT-Abteilung kommt, automatisch Zugriff auf die entsprechenden Laufwerke und auch Administrator-Rechte auf das AD bekommen. Diese Art der Zuordnung hätte auch den Vorteil, dass ihm die Administrator-Rechte auch sofort wieder entzogen werden, falls er das Unternehmen verlässt oder auf eine andere Planstelle kommt. Bei den Möglichkeiten, solche Regeln zu erstellen, zu verwalten und anzuwenden, gibt es die meisten Unterschiede zwischen den Produkten. Besonders beim Verwalten sollte man bedenken, dass es in einem IdM-System schnell sehr viele Regeln geben kann. Je nach IdM-Reife des Unternehmens werden immer mehr Berechtigungsvergaben über Regeln durchgeführt werden. Dies bedingt allerdings nicht nur Arbeit in der IT-Abteilung, sondern erfordert in erster Linie organisatorische Festlegungen in den Fachbereichen.

Achtung!

Der Mensch ist ein Gewohnheitstier und so werden Sie viele Gründe hören, warum Berechtigungen nicht automatisch vergeben werden können. Sie sollten bei einem Projekt die Latte nicht zu niedrig hängen, sonst kann ein IdM-System die Effizienz der Prozesse auch nicht verbessern.

Die meisten Unternehmen sollten in der Lage sein, über 70 Prozent der Berechtigungsvergaben automatisch über Regeln zu erledigen.

Die restlichen Berechtigungen sollten weitgehend über Workflows vergeben werden. Der Anteil der Berechtigungsvergaben, bei denen manuell über Eingabemasken gearbeitet wird, sollte deutlich unter einem Prozent liegen.

11.1 XACML

In großen Unternehmen mit heterogenen Systemen ist es sehr aufwändig, eine übergreifende Sicherheitsrichtlinie in Bezug auf Datenzugriffe umzusetzen. Aktuell ist es notwendig, die Richtlinien in jedem relevanten System eigens zu implementieren. Um das zu vereinfachen, entstand die Idee einer einheitlichen Sprache, mit der Zugriffsrichtlinien allgemein beschrieben und von den jeweiligen Systemen individuell umgesetzt werden können. Mit der *Extensible Access Control Markup Language* XACML wurde ein XML-Dialekt definiert, der genau dies erfüllen soll.

Die XACML-Spezifikation wurde Anfang 2003 als offizieller OASIS-Standard freigegeben. 2005 folgte dann die Version 2.0, und bei der Erstellung dieses Buches wurde gerade an der Version 3.0 gearbeitet. Ich beziehe mich in den Ausführungen weitgehend auf einen »Working draft« der Version 3.0 vom Februar 2007. Auf der vorgestellten Detailtiefe treten aber praktisch keine Unterschiede zwischen den Versionen auf.

Die Anforderungen, die XACML erfüllen soll, sind vielfältig. Dazu gehören unter anderem:

Die Anforderungen an XCML

- Es soll eine Methode geben, um unterschiedliche Regeln und Richtlinien (Policies), auch von unterschiedlichen Verfassern, zu einem einheitlichen Set an Regeln zusammenzufassen.
- Die Prozeduren, mit der die Regeln zusammengefasst werden, sollen flexibel zu definieren und zu parametrisieren sein.
- Bei Berechtigungsentscheidungen, wie beispielsweise der Freigabe einer großen Finanztransaktion, sind oft mehrere Personen in unterschiedlichen Funktionen involviert. Es soll daher möglich sein, bei der Freigabe die Attribute von mehreren Personen zu berücksichtigen.
- Es soll möglich sein, Berechtigungen abhängig von Attributen der Person, der Ressource, der Aktion oder der Umgebung zu vergeben.
- Es muss möglich sein, *multi value attributes* zu verarbeiten. Die gängigen Kommunikationsstandards (LDAP, XPath, SAML usw.) erlauben es einem Attribut, mehrere Werte mitzugeben. Deshalb sollte es auch in XACML möglich sein, diese Werte zu verarbeiten.
- Es soll möglich sein, Berechtigungen auf Grund des Inhalts einer Informations-Ressource zu vergeben.
- Es soll möglich sein, Berechtigungen zu ermitteln, indem logische oder mathematische Funktionen auf die Attribute der Person, der Ressource, der Aktion oder der Umgebung angewendet werden. Dazu soll eine Reihe von logischen und mathematischen Funktio-

nen zur Verfügung stehen. So kann zum Beispiel die Kreditwürdigkeit auf Grund der Summe verschiedener finanzrelevanter Parameter ermittelt werden. Oder es kann mit logischen Operationen geprüft werden, ob sich eine Schnittmenge zwischen zwei Rollen ergibt.

- Es soll möglich sein, Richtlinien verteilt zu erstellen. Die einzelnen Teile sollen dabei unabhängig voneinander geändert werden können.
- Es soll eine Möglichkeit geben, schnell herauszufinden, welche Richtlinie zu einer aktuellen Aktion passt. Dazu müssen die Richtlinien entweder in einer Datenbank gespeichert werden oder bei der Instanz, die die Berechtigung vergibt, im Speicher vorliegen.
- Der Verfasser einer Richtlinie soll sich nicht um die Details der Implementierung kümmern müssen.
- Es soll möglich sein, beim Ermitteln einer Berechtigung zusätzliche Aktionen auszuführen.

11.1.1 Rollen und Datenfluss in XACML

Aus der Aufzählung der Anforderungen zeigt sich, dass im XACML-Standard eine Reihe von Rollen eingeführt wird. Diese Rollen und ihr Zusammenspiel im Verlauf einer Zugriffsanforderung werden nun genauer betrachtet.

Für den Standard ist die Policy[1] das zentrale Element, also die Richtlinie, die besagt, ob ein Zugriff erlaubt ist oder nicht. Daher sind die Rollen passend zum Lebenslauf einer Policy modelliert. Im Wesentlichen gibt es im Standard fünf Rollen, die dafür verantwortlich sind, ob ein Benutzer zugreifen darf.

- *Policy Administration Point (PAP)*
  Es beginnt mit der Rolle, die für die Erstellung der Policy verantwortlich ist. Der *PAP* verwaltet die Policy und stellt sie der Instanz zur Verfügung, die letztendlich die Entscheidung trifft.
- *Policy Decision Point (PDP)*
  Der *PDP* ermittelt auf Grund der ihm vorliegenden Regeln und eventuell angeforderter Attribute, ob eine Zugriffsanforderung genehmigt oder abgelehnt wird.
- *Policy Enforcement Point (PEP)*
  Die eigentliche Verwaltung des Zugriffs wird vom *PEP* durchgeführt. Der *PEP* fordert Entscheidungen beim *PDP* an und führt diese aus.

---

1. Um einheitliche Begriffe zu verwenden, wird in den technischen Kapiteln für Richtlinie generell der englische Ausdruck Policy verwendet.

- *Policy Information Point (PIP)*
  Wenn sich eine Regel auf Attribute des Subject oder einer Ressource bezieht, fordert der *PDP* diese beim *PIP* an.
- *Context Handler*[2]
  Eine der Forderungen ist, dass die Policy unabhängig von der Implementierung im Zielsystem sein soll. Dafür ist es notwendig die, XACML-Form der Policy in ein Format zu übersetzen, das vom Zielsystem verstanden wird. Diese Übersetzung führt der Context Handler durch und zwar, indem er die Anfrage des *PEP* für den *PDP* übersetzt und dann wieder die Antwort des *PDP* in das Format des *PEP* umwandelt.

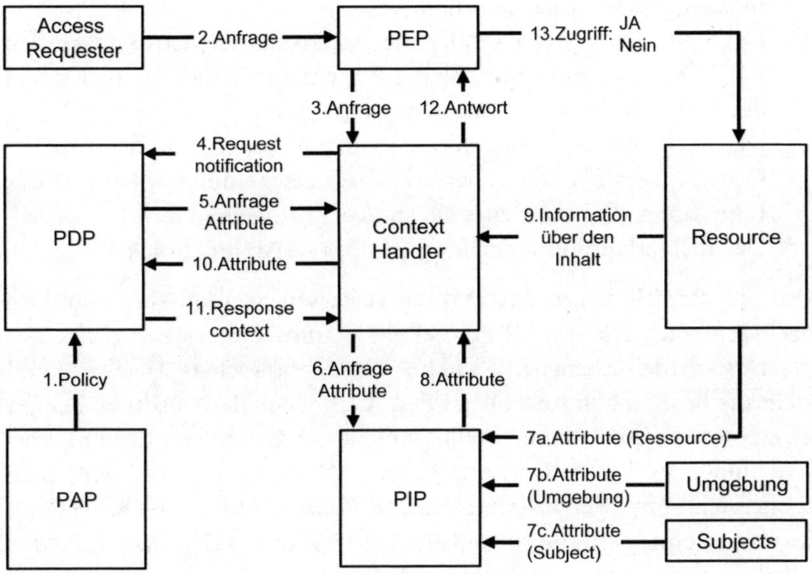

Abb. 11–1
XACML-Datenfluss-Diagramm

Eine Zugriffsanforderung, wie in Abbildung 11–1 dargestellt, durchläuft nun folgende Schritte:

1. Der *Policy Administration Point (PAP)* erstellt eine Policy und stellt sie dem *Policy Decision Point (PDP)* zur Verfügung. Die Policy beinhaltet alle Richtlinien für ein bestimmtes Thema.
2. Der *Access Requester,* die Instanz, die für ein Subject die Zugriffsanfrage durchführt, möchte auf eine bestimmte Ressource zugreifen und stellt eine Zugriffsanforderung an den *Policy Enforcement Point (PEP)*.

---

2. Hier wurde nichts vergessen! Man glaubt es kaum, aber für den Context Handler gibt es keine Abkürzung.

3. Der *PEP* leitet die Anforderung weiter an den *Context Handler* und verwendet dabei sein natives Format.
4. Der *Context Handler* übersetzt die Anforderung des *PEP* in eine XACML-Anforderung und leitet diese an den *PDP* weiter.
5. Der *PDP* benötigt zusätzliche Attribute über das Subject, die Ressource und die Umgebung und stellt die Anfrage an den *Context Handler.*
6. Der *Context Handler* leitet die Anfrage an den *Policy Information Point (PIP)* weiter.
7. Der *PIP* besorgt die benötigten Attribute.
8. Der *PIP* leitet die Attribute an den *Context Handler* weiter.
9. Optional kann der *Context Handler* auch Informationen über den Inhalt der Ressource beziehen.
10. Der *Context Handler* sendet die angeforderten Attribute an den *PDP.* Der *PDP* prüft nun, ob der Zugriff auf Grund der Policy und der vorliegenden Informationen zulässig ist.
11. Der *PDP* gibt die Entscheidung an den *Context Handler* zurück.
12. Der *Context Handler* übersetzt die Entscheidung wieder in das Format des *PEP* und leitet sie an den *PEP* weiter.
13. Der *PEP* erlaubt nun den Zugriff oder weist ihn zurück.

<Rule>, <Policy> und <Policyset>

Um nun Richtlinien in XACML zu verfassen, werden vom Standard drei Elemente definiert: <Rule>, <Policy> und <Policyset>.

Das <Rule>-Element beinhaltet einen booleschen Ausdruck und stellt die Basiseinheit für Policies dar. Auch wenn der Ausdruck isoliert ausgewertet werden kann, stellt er nicht die Grundlage für eine Entscheidung des *Policy Decision Point (PDP)* dar, sondern wird ausschließlich vom *Policy Administration Point (PAP)* verwendet. Dieser formt aus einer Gruppe von <Rules> eine <Policy>. Zusätzlich zu den <Rules> wird in der <Policy> noch festgelegt, wie die <Rules> und deren Ergebnisse weiter zu behandeln sind. Die <Policy> ist die Basis für die Entscheidungen des *PDP.*

Als drittes Element erlaubt das <Policyset>, Element-Gruppen von <Policy>- und anderen <Policyset>-Elementen zu bilden. Wie bei der <Policy> ist auch beim <Policyset> festgelegt, wie die Ergebnisse zu kombinieren sind, wenn die einzelnen Elemente des Sets ausgewertet wurden. Abbildung 11–2 stellt den Zusammenhang zwischen den Elementen noch einmal grafisch dar.

Die Regel als Basiselement beinhaltet genau drei Komponenten. Zuerst einmal eine Bedingung und eine Auswirkung, wobei die Auswirkung nur die Werte »Erlauben (Permit)« oder »Zugriff verbieten (Deny)« haben kann. Der Geltungsbereich (Target) legt für <Rule>, <Policy> und <Policyset> die Anfragen fest, für die das jeweilige Ele-

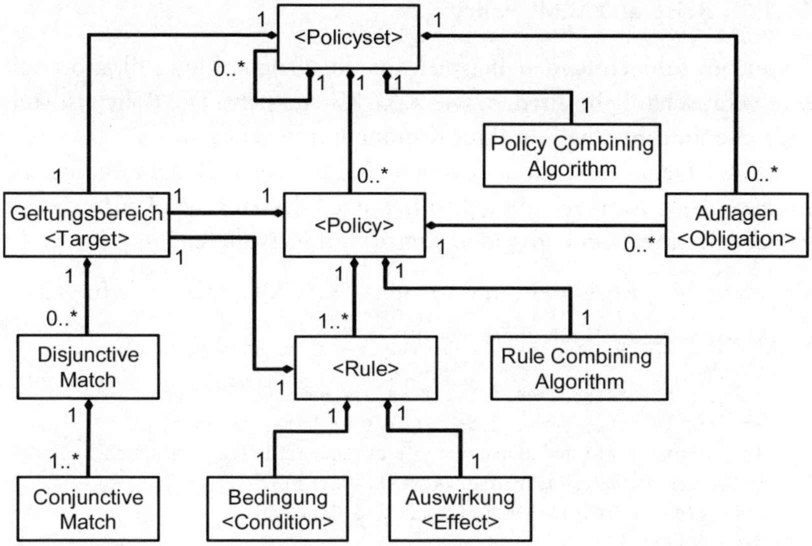

Abb. 11–2
XACML-Policy-Modell

ment verwendet wird. Der Geltungsbereich kann für jedes Element definiert werden. Es ist dabei möglich, dass eine Policy den Geltungsbereich der beinhalteten Rules übernimmt. In diesem Fall braucht der Geltungsbereich für die Policy nicht angegeben zu werden. Umgekehrt ist es auch möglich, dass die Rules den Geltungsbereich der Policy übernehmen. Analog zum vorigen Beispiel kann hier der Geltungsbereich in den Rules nicht angeführt werden.

Da ein <Policyset> mehrere Policies und eine <Policy> mehrere Rules beinhalten kann, muss festgelegt werden, was mit den Ergebnissen der untergeordneten Elemente passiert. Diese Festlegung passiert im Policy-Combining-Algorithmus und im Rule-Combining-Algorithmus. So ein Algorithmus wäre beispielsweise *Deny override*. Dabei wird der Zugriff verweigert, sobald eine der Rules ein Deny ergibt – unabhängig davon, was die anderen Rules ergeben.

Ein weiteres Element in Policies und Policysets sind Auflagen (Obligations). Sie stellen Aktionen dar, die vom *PEP* im Rahmen einer Entscheidung durchgeführt werden müssen. Die Auflage kann an das Ergebnis der Entscheidung (Permit, Deny) gebunden sein. So könnte eine Auflage lauten, dass jedes Mal, wenn der *PDP* einen Zugriff verweigert, eine E-Mail an eine bestimmte Adresse versendet werden soll. Eine andere Auflage bedingt einen Log-Eintrag, der unabhängig vom Ergebnis durchgeführt wird.

Die Elemente *DisjunctiveMatch* und *ConjunctiveMatch* legen fest, nach welcher Methode geprüft wird, ob eine Anfrage dem Geltungsbereich entspricht.

➲ W2 weiter bei Seite 125

11.1.2 Beispiel: XACML Policy

An einem sehr einfachen Beispiel aus der Original-Spezifikation soll nun veranschaulicht werden, wie XACML aussieht. Die Policy ist stellenweise unterbrochen und mit Kommentaren versehen.

Eine Firma mit dem Namen Medi Corp (Domainname ist med.example.com) erlaubt jedem Benutzer, dessen E-Mail-Adresse mit @med.example.com endet, den Zugriff auf Ressourcen.

Diese einfache Regel sieht in Form einer XACML-Policy wie folgt aus:

```
<?xml version="1.0" encoding="UTF-8"?>
<Policy
xmlns="urn:oasis:names:tc:xacml:3.0:schema:os"
xmlns:xsi="http://www.w3.org/2001/XMLSchema-instance"
xsi:schemaLocation="urn:oasis:names:tc:xacml:3.0:schema:os
http://docs.oasis-open.org/xacml/FIXME.xsd"
PolicyId="urn:oasis:names:tc:xacml:3.0:example:
SimplePolicy1"
```

Die Policy beginnt mit diversen Festlegungen von Namespace, XACML policies schema usw. In den letzten beiden Zeilen wird die Policy-Instanz benannt. Dieser Name muss für einen *PDP* eindeutig sein.

```
RuleCombiningAlgId="identifier:rule-combining-algorithm:deny-
overrides">
 <Description>
  Medi Corp access control policy
 </Description>
 <Target/>
```

Nun folgt die Festlegung des Rule-Combining-Algorithmus, in diesem Fall kommt *deny-overides* zur Anwendung. Danach wird die Policy im Klartext beschrieben.

In der letzten Zeile wird der Geltungsbereich festgelegt. In dieser <Target>-Definition wird festgelegt, dass die Policy für jede Anfrage verwendet werden kann.

```
<Rule
 RuleId= "urn:oasis:names:tc:xacml:3.0:example:SimpleRule1"
 Effect="Permit">
  <Description>
   Any subject with an e-mail name in the
   med.example.com domain can perform any action
   on any resource.
  </Description>
```

Die einzige Regel in dieser Policy wird wieder mit einem eindeutigen Namen versehen. Danach wird festgelegt, dass der Zugriff gewährt wird (Permit), wenn die Regel erfüllt (Effect) ist. In den darauffolgenden fünf Zeilen wird die Regel noch im Klartext beschrieben.

```
<Target>
 <DisjunctiveMatch Category="urn:oasis:names:
  tc:xacml:1.0:subject-category:access-
  subject">
  <ConjunctiveMatch>
   <Match
   MatchId="urn:oasis:names:tc:xacml:1.0:
   function:rfc822Name-match">
    <AttributeValue
    DataType="http://www.w3.org/2001/
    XMLSchema#string">
     med.example.com
    </AttributeValue>
    <SubjectAttributeDesignator
    Category="urn:oasis:names:tc:xacml:1.0:
    subject-category:access-subject"
    AttributeId="urn:oasis:names:tc:xacml:1.0:
    subject:subject-id"
    DataType="urn:oasis:names:tc:xacml:1.0:
    data-type:rfc822Name"/>
   </Match>
  </ConjunctiveMatch>
 </DisjunctiveMatch>
</Target>
</Rule>
</Policy>
```

Im letzten Teil wird auch für die Regel ein Geltungsbereich (Target) festgelegt. Wenn die Attribute einer Anfrage nicht mit dem Geltungsbereich übereinstimmen, ergibt die Regel den Wert *NotApplicable*.

Im Gegensatz zum ersten <Target>-Element wird nun ein Attributwert angegeben (`med.example.com`), gegen den ein spezielles Attribut des Subject verglichen werden muss. Dieses Attribut wird im *Subject-AttributeDesignator-Element* festgelegt. Die Funktion für den Vergleich wird über die MatchID bestimmt.

11.1.3 Beispiel: XACML-Anfrage

Im nächsten Schritt wird eine Zugriffsanforderung gegen die zuvor formulierte Policy geprüft. Dabei will ein gewisser Bart Simpson, mit der E-Mail-Adresse bs@simpsons.com auf seine Patientendaten bei Medi.Corp zugreifen.

```
<?xml version="1.0" encoding="UTF-8"?>
<Request xmlns="urn:oasis:names:tc:xacml:2.0:
context:schema:os" xmlns:xsi="http://www.w3.org/
2001/XMLSchema-instance"
xsi:schemaLocation="urn:oasis:names:tc:xacml:2.0:context:schema:os
http://docs.oasis-open.org/
xacml/access_control-xacml-2.0-context-schema-os.xsd">
 <Attributes Category="urn:oasis:names:tc:xacml:
 1.0:subject-category:access-subject">
  <Attribute
    AttributeId="urn:oasis:names:tc:xacml:1.0:
    subject:subject-id">
   <AttributeValue
     DataType="urn:oasis:names:tc:xacml:1.0:data-
     type:rfc822Name">
     bs@simpsons.com
   </AttributeValue>
  </Attribute>
 </Attributes>
```

Die ersten acht Zeilen beinhalten Header-Informationen. Dann folgt das erste <Attribut>-Element mit Attributen der Person, die die Anfrage stellt. In diesem Fall ist es nur ein einziges Attribut, mit der E-Mail-Adresse ba@simpsons.com.

```
 <Attributes
   Category="urn:oasis:names:tc:xacml:3.0:attribu
   te-category:resource">
  <Attribute
    AttributeId="urn:oasis:names:tc:xacml:1.0:Res
    ource:resource-id">
   <AttributeValueDataType="http://www.w3.org/200
   1/XMLSchema#anyURI">
    file://example/med/record/patient/BartSimpson
   </AttributeValue>
  </Attribute>
 </Attributes>
```

Das zweite Attribut enthält die Ressource, auf die der Zugriff angefordert wurde. In diesem Fall soll auf eine Datei mit dem URI *file://example/med/record/patient/BartSimpson* zugegriffen werden.

```
<Attributes
Category="urn:oasis:names:tc:xacml:3.0:attribute-
category:action">
<Attribute AttributeId="urn:oasis:names:tc:xacml:
1.0:action:action-id">
<AttributeValue DataType="http://www.w3.org/2001/
XMLSchema#string">
read
```

```
</AttributeValue>
</Attribute>
</Attributes>
</Request>
```

Das dritte <Attribute>-Element enthält Attribute über die Aktion, die auf die Ressource ausgeführt werden soll. In diesem Fall möchte Bart Simpson die Datei lesen.

Der *PDP*, der die Anfrage verarbeitet, vergleicht nun die Attribute der Anfrage mit den Geltungsbereichen der <Policy>. Da der Geltungsbereich der <Policy> leer ist, passt sie für jede Anfrage, also auch für die vorliegende. Dann vergleicht der *PDP* die Attribute der Anfrage mit dem Geltungsbereich der <Rule>. Die angefragte Ressource und auch die Aktion würden in den Geltungsbereich fallen. Allerdings passt das Attribut des Benutzers (E-Mail-Adresse) nicht. Die Anfrage ist daher negativ zu beantworten.

11.1.4 Beispiel: XACML-Antwort

Nachdem die Policy untersucht wurde, gibt es keine <Rule>, die einen Zugriff erlaubt. Der *Rule-Combining-Algorithmus* der <Policy> spezifiziert, dass in solch einem Fall der Wert *NotApplicable,* also »nicht zutreffend« zurückgegeben wird.

```
<?xml version="1.0" encoding="UTF-8"?>
<Response xmlns="urn:oasis:names:tc:xacml:3.0:schema:os"
xmlns:xsi="http://www.w3.org/2001/XMLSchema-instance"
xsi:schemaLocation="urn:oasis:names:tc:xacml:3.0:schema:os
http://docs.oasis-open.org/xacml/FIXME.xsd">
 <Result>
  <Decision>NotApplicable</Decision>
 </Result>
</Response>
```

Nach dem Header folgt das <Result>-Element, über das die Antwort zurückgegeben wird. Eine Policy kann die Werte *Permit*, *Deny*, *NotApplicable* oder *Interminate* (nicht ermittelbar) zurückgeben. In diesem Beispiel ist es *NotApplicable* und daher muss der *PEP* den Zugriff ablehnen.

11.1.5 RBAC mit XACML

W2 hier weiter

Bisher wurde primär behandelt, wie Entscheidungen aufgrund von bestimmten Attributen getroffen werden. Um umfangreiche und komplexe Berechtigungsstrukturen zu verwalten, ist es üblich, Rollen und Rollenmodelle zu verwenden. Um dem Anspruch von XACML gerecht zu werden, muss es auch möglich sein, Rollenmodelle wie das RBAC-Modell abzubilden. Die Umsetzung des RBAC-Modells ist in Form eines Profils[3] realisiert, das drei Anlassfälle definiert.

- Kann ein *Subject* mit den Rollen R_1, R_2, ..., R_n eine bestimmte Aktion auf eine bestimmte Ressource ausführen?
- Darf einem *Subject* eine bestimmte Rolle R_i zugeordnet werden?
- Wenn ein Subject die Rollen R_1, R_2, ..., R_n innehat, hat es dann auch die Rechte, die der Rolle R' zugeordnet sind? Ist die Rolle R' gleich den Rollen R_1, R_2, ..., R_n oder diesen Rollen untergeordnet?

Nicht geklärt wird die Frage, welche Rollen ein Subject überhaupt hat. Diese Frage ist für einen *PDP* nicht relevant. Die Verwaltung der Rollen zu einer Person muss an anderer Stelle erfolgen. XACML geht davon aus, dass die Rollen-Attribute eines Subject korrekt sind. Auch die Rechtetrennung (statisch oder dynamisch) wird in diesem Profil der Version 2.0 nicht unterstützt.

Im XACML-RBAC-Profil ist eine Rolle grundsätzlich ein Attribut eines *Subject*. Um die Rollen und ihre Zuordnungen zu verwalten, werden vier neue Policy-Typen eingeführt:

- <Role Policyset> (RPS)
  Damit wird ein Benutzer mit einem <Permission Policyset> verknüpft. Hierbei gibt es keine direkte Verbindung zwischen dem Benutzer und dem <Policyset>. Das <Policyset> enthält die effektiven Berechtigungen in Form von <Permission Policysets> und schränkt im Geltungsbereich auf ein bestimmtes Attribut des Benutzers ein. Der Benutzer muss dieses Attribut, die Rolle, führen, damit das <Policyset> für ihn gilt. Das <Role Policyset> verweist auf ein einzelnes <Permission Policyset> und darf keine anderen <Policy>- oder <Policyset>-*Elemente* beinhalten.
- <Permission Policyset> (PPS)
  Dieses <Policyset> beschreibt die effektiven Berechtigungen der Rolle. Es beinhaltet Policies und Rules, die beschreiben, welche Aktion die Rolle auf welcher Ressource ausführen darf. Darüber hinaus kann der Zugriff an weitere Bedingungen (wie beispielsweise die Uhrzeit) gebunden sein. Ein <Permission Policyset> kann auf untergeordnete <Permission Policysets> verweisen und damit deren Berechtigungen erben.

---

3. Quelle: *access_control-xacml-2.0-rbac-profile1-spec-os.pdf*

- <Role Assignment Policy> oder <Policyset>
  Diese Policies erfüllen die zweite Anforderung, welche Regel wem zugeordnet werden darf. Es kann auch die zulässige Anzahl der Rollen definiert werden oder welche Rollen sich kombinieren lassen.
- <HasPrivilegesOfRole Policy>
  Diese Policy kann Teil eines <Permission Policyset> sein. Dadurch kann man feststellen, ob die Rechte eines Subject auch in anderen Rollen definiert sind.

Im folgenden Beispiel wird eine Angestellten-Rolle definiert. In einem <Permission Policyset> (PPS) wird festgelegt, dass ein Angestellter in seiner Funktion eine Bestellung erstellen darf.

➲ W3 weiter bei Seite 131

```
<Policyset xmlns="urn:oasis:names:tc:xacml:2.0:
policy:schema:os"
  PolicysetId="PPS:employee:role"
  PolicyCombiningAlgId="&policy-combine;permit-
  overrides">
<!-- Permissions specifically for the employee role -->
<Policy PolicyId="Permissions:specifically:for:
the:employee:role"
  RuleCombiningAlgId="&rule-combine;permit-overrides">
```

Zu Beginn wird der Name des <Policyset> und der *Rule-Combining-Algorithmus* festgelegt.

```
<!-- Permission to create a purchase order -->
<Rule RuleId="Permission:to:create:a:purchase:
order"
  Effect="Permit">
 <Target>
  <Resources>
   <Resource>
    <ResourceMatch MatchId="&function;string-
    equal">
     <AttributeValue
      DataType="&xml;string">purchase Order
      </AttributeValue>
     <ResourceAttributeDesignator
       AttributeId="&resource;resource-id"
       DataType="&xml;string"/>
    </ResourceMatch>
   </Resource>
  </Resources>
```

Der Gültigkeitsbereich <Target> legt fest, dass es sich bei der Ressource um eine Bestellung handelt. Im nächsten Teil wird festgelegt, welche Aktion der Angestellte ausführen darf.

```
        <Actions>
         <Action>
          <ActionMatch MatchId="&function;string-
            equal">
           <AttributeValue
             DataType="&xml;string">create
             </AttributeValue>
           <ActionAttributeDesignator
             AttributeId="&action;action-id"
             DataType="&xml;string"/>
          </ActionMatch>
         </Action>
        </Actions>
       </Target>
      </Rule>
      </Policy>
      </Policyset>
```

Das <Action>-Element legt nun die Berechtigung fest. In diesem Fall *create*, also das Erstellen einer Bestellung.

Core-RBAC-Elemente in XACML

Wie werden nun die fünf Core-RBAC-Elemente *User*, *Roles*, *Objects*, *Operation* und *Permissions* mit XACML umgesetzt?

- **Users**
  entsprechen den XACML-Subjects. Alle passenden Werte der *SubjectCategory* können verwendet werden.
- **Roles**
  werden durch ein oder mehrere Subject-Elemente umgesetzt. Dabei gibt es mehrere Möglichkeiten, die weitgehend abhängig von der Applikation sind. Wichtig ist nur, die unterschiedlichen Möglichkeiten nicht zu vermischen.
- **Objects**
  entsprechen den XACML-Ressourcen.
- **Operations**
  werden mit XACML-Actions ausgedrückt.
- **Permissions**
  werden über <Role Policyset> und <Permission Policyset> implementiert.

11.1.6 Transportprotokolle für XACML

Der XACML-Standard beschreibt zwar die Sprachelemente, um Berechtigungsinformationen auszutauschen, gibt aber nicht vor, wie ein *Policy Decision Point (PDP)* oder ein *Policy Enforcement Point (PEP)* aufgebaut werden soll, und legt auch keine Protokolle und

Transportmechanismen fest. Dafür stellt unter anderem SAML die geeigneten Mechanismen zur Verfügung. Wie SAML 2.0 mit XACML verwendet wird, ist in einem Profil[4] definiert. Dieses Profil legt sechs Arten von Meldungen fest:

1. *AttributQuery*
   Eine SAML-Anfrage, die ein oder mehrere Attribute bei einer *Attribute Authority (AA)* anfordert. Eine *AA* stellt Attribute zur Verfügung. Hier wird die SAML-Begriffsdefinition verwendet.
2. *AttributeStatement*
   Über diese Meldung werden Attribute übermittelt, zum Beispiel als Antwort auf eine *Attribut Query.*
3. *XACMLPolicyQuery*
   Diese Abfrage stellt eine Erweiterung einer normalen SAML-Abfrage dar und dient dazu, Policies von einem *Policy Administration Point (PAP)* abzufragen.
4. *XACMLPolicystatement*
   Wie beim *AttributeStatement* werden so die Policies übergeben.
5. *XACMLAuthzDecisionQuery*
   Ein Anfragetyp, bei dem der *PEP* eine Authorisierungsentscheidung beim *PDP* anfordert.
6. *XACMLAuthzDecisionStatement*
   Die entsprechende Antwort auf die *XACMLAuthzDecisionQuery.*

4. *access_control-xacml-2.0-saml-profil-spec-os.pdf*

12 Technische Aspekte der Ebene 4 (Authentisierung)

W3 hier weiter

Um mit einem bestimmten Benutzer zu arbeiten, also bestimmte Berechtigungen zu nutzen, muss sich der Anwender gegenüber dem System ausweisen. Dazu muss er

- etwas wissen,
- etwas haben oder,
- etwas sein.

Wissen muss der Benutzer in der Regel irgendeine Form von Passwörtern. Diese Variante wurde bereits behandelt. Aus technischer Sicht interessanter ist ein Beweis, den der Benutzer in seinem Besitz hat. Für die Applikation muss dieser Beweis immer in Form einer Datei vorliegen, die von der Applikation gelesen werden kann. Der Benutzer kann diese Datei auf seinem Endgerät gespeichert haben, was aus Sicherheitsgründen nicht zu empfehlen ist, oder er kann es auf irgendeinem Speichermedium mit sich herumtragen. Als Speichermedium hat sich inzwischen die Chipkarte etabliert, es gibt aber auch diverse andere Möglichkeiten. Beim Authentisierungsvorgang wird dann die Datei über ein Lesegerät an die Applikation übermittelt. Die gebräuchlichste Form solch einer Datei ist ein Zertifikat. Ein Zertifikat beinhaltet einen PKI-Schlüssel und eine Identitätsangabe seines Besitzers. Wobei der Besitzer nicht unbedingt ein Mensch sein muss. Auch eine Firma oder ein Internetservice kann Besitzer eines Zertifikats sein und sich damit ausweisen. Wie das folgende Zertifikat zeigt, ist ein Zertifikat an sich nur für Maschinen lesbar. Für den Menschen wurde immerhin eine Beginn- und Endemarkierung hinzugefügt.

```
-----BEGIN CERTIFICATE-----
MIICPDCCAaUCEHC65B0Q2Sk0tjjKewPMur8wDQYJKoZIhvcNAQ
ECBQAwXzELMAkGA1UEBhMCVVMxFzAVBgNVBAoTDlZlcmlTa
WduLCBJbmMuMTcwNQYDVQQLEy5DbGFzcyAzIFB1YmxpYyBQ
cmltYXJ5IENlcnRpZmljYXRpb24gQXV0aG9yaXR5MB4XDTk2MD
EyOTAwMDAwMFoXDTI4MDgwMTIzNTk1OVowXzELMAkGA1U
EBhMCVVMxFzAVBgNVBAoTDlZlcmlTaWduLCBJbmMuMTcwNQ
YDVQQLEy5DbGFzcyAzIFB1YmxpYyBQcmltYXJ5IENlcnRpZmljYX
Rpb24gQXV0aG9yaXR5MIGfMA0GCSqGSIb3DQEBAQUAA4GNA
DCBiQKBgQDJXFme8huKARS0EN8EQNvjV69qRUCPhAwL0TPZ2R
HP7gJYHyX3KqhEBarsAx94f56TuZoAqiN91qyFomNFx3InzPRMxn
Vx0jnvT0Lwdd8KkMaOIG+YD/isI19wKTakyYbnsZogy1Olhec9vn2a/i
RFM9x2Fe0PonFkTGUugWhFpwIDAQABMA0GCSqGSIb3DQEBAg
UAA4GBALtMEivPLCYATxQT3ab7/AoRhIzzKBxnki98tsX63/Dolbwd
j2wsqFHMc9ikwFPwTtYmwHYBV4GSXiHx0bH/59AhWM1pF+NEH
JwZRDmJXNycAA9WjQKZ7aKQRUzkuxCkPfAyAw7xzvjoyVGM5m
Kf5p/AfbdynMk2OmufTqj/ZA1k
-----END CERTIFICATE-----
```


Die Identitätsattribute können mit einer entsprechenden Software, z. B. einem modernen Webbrowser, ausgelesen werden.

Die Struktur für ein Zertifikat ist in der Definition der X.509 Public Key Infrastructure (RFC 3280) festgelegt und beinhaltet die nachfolgend beschriebenen Felder.

- *Version*
  Die Version des Zertifikats ist aktuell üblicherweise 3. Diese Version muss auch von der Applikation, die das Zertifikat lesen soll, unterstützt werden.
- *CertificateSerialNumber*
  Die Seriennummer ist pro Certificate Authority[1] eindeutig und ergibt so gemeinsam mit der ausstellenden CA einen weltweit eindeutigen Schlüssel.
- *Issuer*
  Mithilfe eines Distinguished Name (DN) wird die ausstellende Instanz eindeutig identifiziert.
- *Validity*
  Die Zeitperiode, in der das Zertifikat gültig ist. Sie wird durch einen Startwert (notBefore) und einen Endwert (notAfter) festgelegt.
- *Subject*
  Das Subject legt den Besitzer des Zertifikats fest.

1. Eine Certificate Authority (CA) ist eine vertrauenswürdige Instanz, die das Attribut vergibt.

- *uniqueIdentifier*
  Dieser Kenner wurde ab Version 2 eingeführt und dient dazu, Namen von Benutzern oder CAs im Laufe der Zeit wiederzuverwenden.
- *SubjectPublicKeyInfo*
  Hier werden der Schlüssel und der dazugehörige Algorithmus beschrieben.
- *signaturAlgorithm*
  Dieser Wert gibt den kryptografischen Algorithmus an, den die CA beim Signieren des Zertifikats verwendet hat. Dazu gehören MD2, MD5, RSA, SHA-1 und andere.
- *signature Value*
  Dieses Feld beinhaltet die Signatur.

Zertifikate begegnen uns im Internet relativ häufig und jeder moderne Browser kann mit Zertifikaten umgehen. Es ist aber zu befürchten, dass sich die meisten Internetnutzer mit diesen Einstellungen ihres Browsers noch nicht beschäftigt, geschweige denn das Zertifikat ihrer Bank geprüft haben. Wie ein Zertifikat im Browser dargestellt wird, zeigt Abbildung 12–1 an einem fiktiven Zertifikat. Man sieht auf den ersten Blick die wichtigsten Informationen. Dieses Zertifikat wurde von Verisign, einer der größten CAs ausgestellt. Der Inhaber des Zertifikates ist eine Firma mit dem Namen CBIB[2] und das Zertifikat ist von März 2006 bis Februar 2008 gültig. Damit enden auch schon die für Menschen gedachten Informationen. Die Seriennummer und die Fingerabdrücke werden zwar dargestellt, aber eine manuelle Überprüfung des Zertifikats durch einen Vergleich der Seriennummer mit einer Sperrliste ist dann doch etwas aufwändig.

2. Der Firmenname CBIB wurde erfunden. Die Domain war bei Erstellung des Buches noch nicht vergeben.

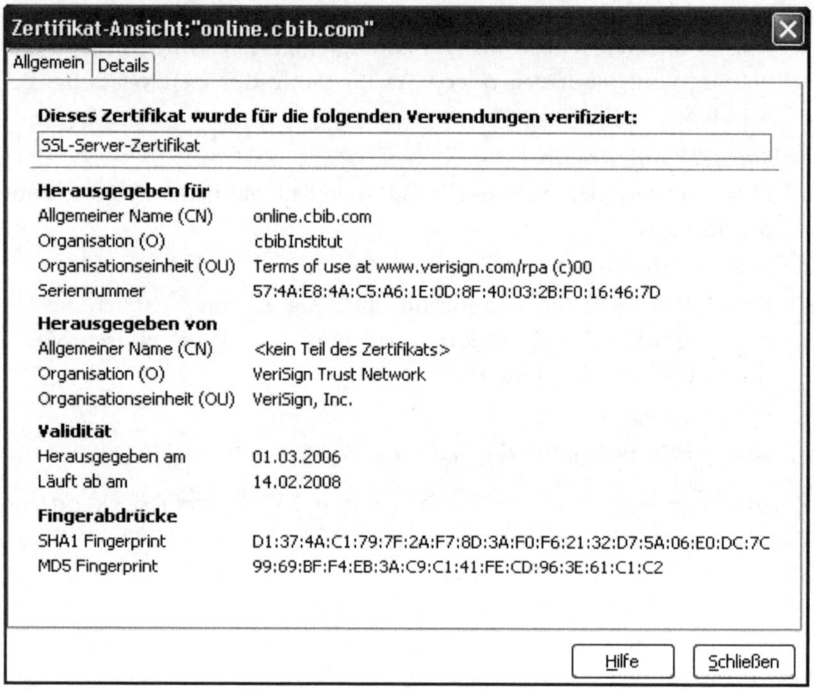

Abb. 12–1
Darstellung eines Zertifikats mit Firefox

Um den Clientzugriff zu standardisieren, wurde in RFC 2560 das Online Certificate Status Protocol (OCSP) spezifiziert. Wie der Name schon sagt, dient dieses Protokoll dazu, den Status eines Zertifikats abzufragen.

In der X.509-Spezifikation sind auch die Rollen beschrieben, die in einer Private Key Infrastructure (PKI) mitwirken. In dem dort beschriebenen Modell werden fünf involvierte Stellen genannt.

- Benutzer
  Dies sind Personen oder Systeme, die Zertifikate nutzen oder auch Besitzer eines Zertifikats sein können.
- CA
  Die *Certificate Authority* ist die vertrauenswürdige Stelle, die das Zertifikat vergibt. CAs können in einer Baumstruktur miteinander verbunden sein. Die darüber liegende CA bestätigt immer die unter ihr angeordneten CAs.
- RA
  Die *registration authority* ist ein optionales System, an das die CA verschiedene Managementaufgaben delegieren kann.

- CRL issuer
  Ein optionales System, das die Aufgabe übernimmt, die *Certificate Revocation Lists (CRL)* zu publizieren. Ein Zertifikat beinhaltet auch ein Endedatum. Nachdem ein Zertifikat ausgestellt wurde, hat die CA keinen direkten Zugriff mehr auf das Zertifikat. Gibt es einen Grund, das Zertifikat vorzeitig ungültig zu machen, kommt es auf eine *CRL*. Wann immer für eine Transaktion Zertifikate benutzt werden, sollte vorher anhand der *CRL* geprüft werden, ob das Zertifikat tatsächlich noch gültig ist.
- Repository
  Ein oder mehrere Systeme, die Zertifikate und *CRLs* speichern und Benutzern zur Verfügung stellen.

Der Benutzer wendet sich an eine CA oder – wenn vorhanden – eine RA um ein Zertifikat anzufordern. Die CA oder RA publizieren dann die Zertifikate. Die CA überprüft die Gültigkeit von Zertifikaten und fügt Zertifikate, die vor dem eingetragenen Ablaufdatum ungültig wurden, in eine CRL. Diese CRL wird daraufhin publiziert. Die Verwaltung der CRL kann auch von einem *CRL issuer* übernommen werden.

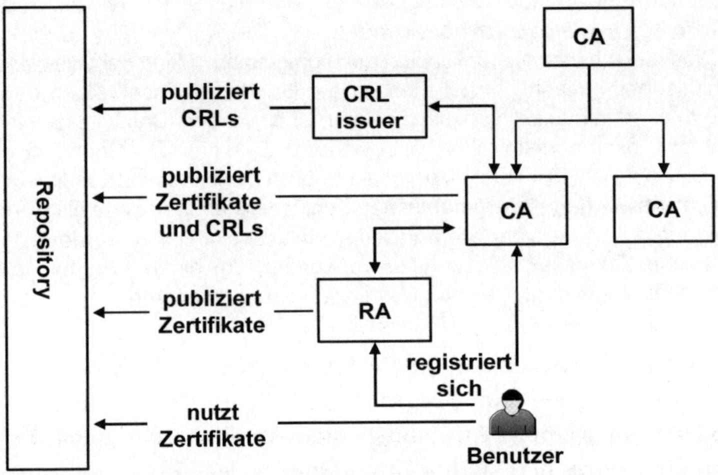

Abb. 12–2
Zusammenspiel der Komponenten einer PKI

Beim operativen Umgang mit Zertifikaten greift der Benutzer auf das Repository zu, in dem die Zertifikate und CRLs vorgehalten werden.

Symmetrische und asymmetrische Verschlüsselung

Vor allem in einer unsicheren Umgebung wie dem Internet ist es notwendig, Daten beim Austausch zu schützen. Aber auch in einer gesicherten Umgebung wie einem LAN im Unternehmen sollten wichtige Daten wie Identitäts- und Authentisierungsinformationen geschützt werden. Um das zu erreichen, werden die Daten verschlüsselt. Ein Schlüssel ist nichts anderes als eine Zeichenkette, die mit einem Algorithmus dafür verwendet wird, die Daten nicht mehr lesbar zu machen. Wird zum Entschlüsseln der Daten wieder dieselbe Zeichenkette verwendet, spricht man von symmetrischer Verschlüsselung. Das Problem dieser Methode liegt im Verteilen der Schlüssel. Beide Partner brauchen den Schlüssel. Aber auch jeder dritte, der den Schlüssel besitzt, kann die Nachrichten entschlüsseln. Falls mit mehreren Personen kommuniziert wird, ist es also erforderlich, den Schlüssel häufig zu wechseln. Dieses Problem wird mit der asymmetrischen Verschlüsselung behoben. Dabei gibt es zwei Schlüssel, die zueinander passen. Ein Schlüssel, der *public key*, ist öffentlich und dient dazu, Daten zu verschlüsseln. Den zweiten Schlüssel, den *privat key,* hat nur der Besitzer. Will jemand dem Besitzer der Schlüssel eine Nachricht senden, verschlüsselt er sie mit dem *public key,* zu dem jeder Zugang hat. Sobald die Nachricht verschlüsselt ist, kann sie nicht mehr entschlüsselt werden. Weder vom Ersteller noch von einer dritten Person, denn dazu ist der *private key* notwendig, den nur der Besitzer hat. Um auf die Nachricht zu antworten, wird der *public key* des Senders verwendet. Wenn es sich um asymmetrische Verschlüsselung handelt, wird dies üblicherweise als *PKI (Public Key Infrastructure)* bezeichnet.

Dieser Mechanismus funktioniert auch umgekehrt. Wenn der Besitzer der Schlüssel eine Nachricht mit dem private key verschlüsselt, kann er von jedem, der den public key besitzt, entschlüsselt werden. Damit ist die Nachricht zwar nicht geheim, aber es ist sichergestellt, dass die Nachricht vom Besitzer der Schlüssel erstellt und nachträglich nicht mehr verändert wurde.

Die Verwendung asymmetrischer Schlüssel benötigt wesentlich mehr Ressourcen als die von symmetrischen Schlüsseln. Daher werden asymmetrische Schlüssel oft nur dazu verwendet, um einen symmetrischen Schlüssel für die aktuelle Datenübertragung zu vereinbaren.

Biometrie

Bei der dritten Möglichkeit, die Rechtmäßigkeit des Zugriffs zu beweisen, wird aus einem eindeutigen Merkmal der Person ein Schlüssel generiert. Mit wenigen Ausnahmen sind Applikationen nicht für den Einsatz biometrischer Methoden vorbereitet. Diese Variante ist daher nur im Zusammenspiel mit einem SSO-System möglich. Jedes größere SSO-System bietet inzwischen Unterstützung für biometrische Methoden an. Ob so eine Lösung dann auch mit ausreichender Qualität funktioniert, muss auf jeden Fall getestet werden. Ein flächendeckender Einsatz einer biometrischen Lösung wird sich in den wenigsten Fällen auszahlen; ein punktueller Einsatz kann auch beim IdM-System selbst sinnvoll sein. Bei einer delegierten Administration, beispielsweise wenn eine Applikation für einen Lieferanten zur Verfügung gestellt wird und ein Administrator des Lieferanten die Berechtigungen verwaltet, sollte sichergestellt sein, dass auch wirklich der genannte Administrator vor dem Gerät sitzt. Mit einem Fingerabdruckleser ist zumindest sichergestellt, dass er bei der Anmeldung an die Applikation anwesend war. Für eine noch größere Sicherheit müsste jede Transaktion mit einer Authentisierung mittels Fingerabdruck bestätigt werden.

12.1 SASL

➲ W4 weiter bei Seite 139

Protokolle im Authentisierungsumfeld

Wenn ein Protokoll wie z. B. LDAP auch eine Authentisierung verwenden soll, muss ein entsprechender Mechanismus eingebaut werden. Damit solche Authentisierungsmechanismen nicht immer aufs Neue implementiert werden müssen, entstand die Idee, eine Zwischenschicht einzuführen, mit der Protokolle auf eine festgelegte Art auf Authentisierungsmechanismen zugreifen. Mit dem *Simple Authentication and Security Layer (SASL)* steht ein Framework zur Verfügung, mit dem alle SASL-tauglichen Protokolle alle Sicherheitsmechanismen verwenden können, die ebenfalls SASL-tauglich sind. Dadurch können neue Protokolle sofort mit bestehenden Mechanismen verwendet werden und umgekehrt. Die zur Verfügung stehenden Mechanismen reichen von einer Anmeldung mit Klartextpasswort über verschlüsselte Varianten bis zur Kerberos-Authentifizierung.

Verwendet ein Protokoll (z. B. LDAP) mehrere Sicherheitsservices wie SASL und TSL (siehe nächstes Kapitel), muss festgelegt werden, in welcher Reihenfolge die Services anzuwenden sind. So kann bestimmt werden, dass die SASL-Schicht auf gesendete Daten des Protokolls zuerst und bei empfangenen Daten als letzte Schicht angewendet wird. Auch die umgekehrte Reihenfolge wäre möglich.

12.2 TSL

Transport Layer Security (TLS) ist der Nachfolger von Secure Sockets Layer und stellt Protokolle zur Verfügung, mit denen Applikationen geschützt kommunizieren können. Dabei werden die Daten verschlüsselt, und es wird sichergestellt, dass die Daten nicht unbemerkt verändert werden können. Das Protokoll hat zwei Schichten, das *TLS Record Protocol* und das *TLS Handshake Protocol*.

TLS Record Protocol

Das *TLS Record Protocol* ist für die Übertragung der Informationen zuständig. Dabei werden die Daten in einzelne Blöcke unterteilt, komprimiert und verschlüsselt. Den verschlüsselten Daten wird ein MIC (Message Integrity Code) hinzugefügt. Durch den MIC wird die

Vertraulichkeit und Integrität sicherstellt. Auf das *TLS Record Protocol* setzen andere Protokolle wie das *TLS Handshake Protocol* auf.

TLS Handshake Protocol

Mithilfe des *TLS Handshake Protocol* werden die erforderlichen Parameter für die Verbindung zwischen den beiden Applikationen ausgehandelt. Dabei werden folgende Schritte durchlaufen:

- Austauschen einer Begrüßungsinformation, in der die Algorithmen festgelegt und Zufallswerte ausgetauscht werden. Dabei wird auch festgelegt, ob es möglich ist, von dieser Sitzung aus eine weitere zu starten.
- Danach werden die erforderlichen kryptografischen Parameter ausgetauscht, mit denen Client und Server ein *premaster secret* aushandeln können.
- Nun authentisieren sich die Parteien durch den Austausch von Zertifikaten.
- Der Client schickt ein *premaster secret,* das mit dem Public Key des Servers verschlüsselt ist, an den Server. Dieser entschlüsselt das *premaster secret* und sowohl Client als auch Server generieren daraus nach einem vereinbarten Algorithmus ein *master secret.*
- Die Sicherheitsparameter werden dem Record Layer übergeben.

TSL liegt aktuell in der Version 1.1 vor und ist weitgehend kompatibel mit der Vorgängerversion und mit SSL 3.0.

13 Single-Sign-On-Systeme

W4 hier weiter ⓘ

Wie in Kapitel 10 beschrieben, wird die Authentisierung letztlich in der Applikation stattfinden und den Anforderungen der Applikation genügen müssen. Mit einem Single-Sign-On-System (SSO) wird der Anmeldevorgang des Benutzers von der Authentisierung in einer Applikation getrennt. Damit muss beim Anmeldevorgang nicht auf die individuellen Möglichkeiten und Anforderungen der einzelnen Applikationen eingegangen werden. Für den Anmeldevorgang kann die Authentisierungsmethode daher ausschließlich entsprechend der Sicherheitspolicy und dem Wert des Zugriffs festgelegt werden. Natürlich muss das SSO-System an sich die gewünschte Authentisierungsmethode anbieten, aber das sei einmal vorausgesetzt. Der Benutzer meldet sich beim SSO-System an. Nachdem er erfolgreich authentifiziert wurde, erledigt das SSO-System den Anmeldevorgang für jede weitere Applikation, auf die der Benutzer zugreifen will.

SSO mittels »GUI-Fernsteuerung«

Um den Anmeldevorgang bei der Applikation durchzuführen, bleiben wieder die in Kapitel 10 beschriebenen Möglichkeiten. Im einfachsten Fall wird das GUI der Applikation »ferngesteuert«. Das heißt, das Anmeldefenster wird automatisch ausgefüllt, sobald der Benutzer die Applikation aufruft. Das geschieht so schnell, dass der Benutzer es praktisch nicht merkt. Die Applikation selbst kann nicht erkennen, ob die Eingaben vom Benutzer oder von einem anderen System stammen. Der größte Vorteil dieser Variante ist, dass solch ein SSO-System für fast alle Applikationen eingesetzt werden kann und außerdem sehr schnell zu implementieren ist. Dazu muss das System einmalig für jede Applikation lernen, wie der Anmeldedialog durchzuführen ist, und die Anmeldeinformationen, wie Benutzername und Passwort, für die jeweilige Applikation speichern. Ab dann kann das SSO-System die Anmeldung durchführen. Ein SSO-System kann lokal am Client des Benutzers oder zentral laufen. Bei einem zentralen System wird in der Regel zusätzlich ein Client am Endgerät des Anwenders installiert, der die Anmeldeinformationen auch in einem lokalen Cache hält. Dadurch ist eine Anmeldung selbst dann möglich, wenn aus irgendeinem Grund keine Verbindung zum zentralen System besteht. Damit erhöht sich die Verfügbarkeit. Allerdings muss man mit lokal gespeicherten Passwörtern wieder ein erhöhtes Sicherheitsrisiko in Kauf nehmen.

SSO über LDAP

Neben der Fernsteuerung des GUI kann die Applikation auch selbst aktiv werden und Anmeldeinformationen bei einer zentralen Stelle abrufen. Zur zentralen Verwaltung der Authentisierungsinformationen eignet sich wieder ein Directory, aber auch andere Services können den Applikationen die benötigten Informationen zur Verfügung stellen. Solche Varianten werden im Rahmen von Federation im nächsten Kapitel noch genauer beschrieben.

De facto wird in den meisten Unternehmen bereits SSO eingesetzt, allerdings sind wir an die Funktionalität schon so gewöhnt, dass wir sie als Standard abtun. Ein Beispiel dafür ist Microsoft Exchange. In der Regel müssen sich die Benutzer nicht noch einmal anmelden, weil die Information von der Windows-Anmeldung übernommen wird. Auch wenn beide Produkte vom selben Hersteller kommen, passieren im Hintergrund genau die gleichen Vorgänge wie bei einem SSO-System. Das erkennt man bei einem Umstieg auf ein anderes Mailsystem wie z.B. Lotus Notes.[1] Dann werden die Synchronisation mit Windows und die Handhabung der Passwörter auf einmal zur Herausforderung.

Web SSO

Eine Sonderform stellt das Web Single Sign On dar, das sich rein auf Webapplikationen beschränkt. Der Benutzer meldet sich dabei über ein Portal an. Wenn eine Applikation im Portal aufgerufen wird, gibt das Portal die Anmeldeinformationen an die jeweilige Applikation weiter. Dadurch muss der Benutzer Benutzernamen und Passwort nicht noch einmal eingeben. In diesem Zusammenhang möchte ich eine kleine Warnung aussprechen. Bei der Einführung eines Web-SSO-Systems wird man auf unterschiedliche Erwartungshaltungen der Benutzer treffen. Es taucht beispielsweise relativ schnell die Frage auf, warum man sich überhaupt am Portal anmelden muss, wenn man ohnehin schon im Firmennetz angemeldet ist. Also die Forderung nach einer erweiterten SSO-Funktionalität. Es wäre auch technisch kein Problem, da die Informationen über den angemeldeten Benutzer ja vorliegen. Allerdings wäre es dann nicht möglich, dass Benutzer A angemeldet ist und Benutzer B auf diesem Gerät schnell einmal mit seinen Rechten ins Portal einsteigt. Aber auch Letzteres ist ein durchaus legitimer Wunsch.

1. Mir ist durchaus bewusst, dass Notes kein Mailsystem ist, sondern neben den anderen Funktionen auch noch E-Mail anbietet.

Passwortwechsel

Falls die Applikation nach wie vor ein Passwort verwaltet, muss dieses nun vom SSO-System gepflegt werden. Wie das passiert, hängt vom SSO-System und noch mehr von den Möglichkeiten der Applikationen ab. Ein wesentlicher Vorteil eines SSO-Systems ist, dass man auf unterschiedliche Passwortlängen oder Zeichenbeschränkungen bei den Passwörtern keine Rücksicht nehmen muss. Der Benutzer ändert beim SSO-System sein Passwort entsprechend der Richtlinien und das System übernimmt die Verwaltung der restlichen Passwörter. Dadurch ist aber eine Synchronisation der Passwörter in der Regel nicht mehr möglich. Eine Synchronisation würde nämlich voraussetzen, dass die Regeln für ein SSO-Passwort den kleinsten gemeinsamen Nenner zwischen allen applikationsspezifischen Möglichkeiten darstellen. Aber davon möchte man ja wegkommen. Es ist daher notwendig, dass ein SSO-System die Beschränkungen des Zielsystems kennt und aus dem SSO-Passwort für jede Applikation ein individuelles Passwort generiert. Das SSO-System erkennt, wenn die Applikation einen Passwortwechsel verlangt, und führt diesen unabhängig vom Benutzer aus. Der Benutzer kennt die Passwörter in den Applikationen nicht mehr, was ein SSO-System zu einer hochkritischen Applikation macht. Durch einen lokalen Cache, den die meisten Systeme bieten, kann der Benutzer zumindest eine Zeit lang weiter arbeiten. Schwierig wird es, wenn die Applikation gerade dann einen Passwortwechsel verlangt. Da der Benutzer das alte Passwort nicht kennt, kann er auch den Passwortwechsel nicht durchführen. Wenn das SSO-System länger ausfällt, bleibt lediglich das manuelle Rücksetzen aller benötigten Passwörter über das Helpdesk.

14 Die Technik hinter Federation

Das Thema IdM an sich hat seit Ende der 90er Jahre einen beachtlichen Aufschwung genommen. Schaut man sich allerdings an, was sich rund um den Begriff Federation abspielt, kann man durchaus von einer »Goldgräberstimmung« sprechen. Dabei ist auf den ersten Blick nicht klar, warum. Zugegeben, die vielen Passwörter stören und die Kriminalität im Internet nimmt zu. Will man den Statistiken glauben, hindern diese beiden Faktoren die Menschen nicht daran, Geld im Internet auszugeben. Aber vielleicht wird es ja noch mehr, wenn der Komfort und die Sicherheit steigen.

Für Unternehmen stehen bei der Zusammenarbeit über Unternehmensgrenzen hinweg dieselben Aspekte im Vordergrund wie beim Thema IdM generell. Einer davon ist Sicherheit. Wer sind meine Benutzer, welche Rechten haben sie und was machen sie mit diesen Rechten? Natürlich geht es auch um die Bequemlichkeit für die Mitarbeiter, aber die ist oft nur ein Vorwand, um den fahrlässigen Umgang mit Passwörtern in den Griff zu bekommen.

Nun gibt es bereits Menschen, die vermuten, dass auch hinter den hohen Zielen der Akteure im Federation-Umfeld der Wunsch nach genau dem Wissen steckt, das auch die Firmen gerne haben möchten. Nämlich: Wer sind meine Benutzer, welche Rechte haben sie und was machen sie so alles? Nachdem Google auf eindrucksvolle Weise gezeigt hat, wie viel es Wert ist, zu wissen, was die Menschen suchen, würde das Wissen eines Identity Provider, bei welchen Seiten ein Benutzer sich eingeloggt hat, neue Begehrlichkeiten wecken. Noch dazu wo dem Provider auch noch die persönlichen Daten und eventuell auch die Kreditwürdigkeit bekannt sind. Die Vertreter der Industrie verweisen darauf, dass ein Ziel der Standards die Wahrung der Anonymität ist. Das stimmt allerdings nur für den Service Provider, denn der Vermittler kennt zwangsläufig den Benutzer und den Anbieter.

Für die Betreiber von Internetservices bedeutet Federation aber einen Paradigmenwechsel. Die Benutzer müssen sich nicht mehr einmalig bei der eigenen Applikation registrieren, sondern lassen die Information von einem Dritten übermitteln. Abgesehen davon, dass durch die Möglichkeit zu entscheiden, wie viele Informationen gesendet werden, die Sensibilität steigen wird, weiß auch noch dieser Dritte genau, was übermittelt wird. Es wird also mittelfristig nicht helfen, dass der Benutzer schon durch einen kostenlose Klingelton überzeugt werden kann, deutlich mehr Informationen über sich preiszugeben als notwendig. Die Identity Provider werden in die Rolle eines Wächters wachsen, der den Benutzer darauf aufmerksam macht, wie viele Informationen üblicherweise für einen Service dieser Art notwendig ist.

Zurück in die Zukunft

Wer sich schon längere Zeit in der IT tummelt, erlebt auch beim Federation-Hype, das eine oder andere Déjà-vu. Da gab oder gibt es so etwas wie einen AAA-Server, bei dem, zwar für einen bestimmten Einsatzbereich konzipiert, viele der Ideen schon gedacht wurden. Interessierte können dies in den RFCs 2903 bis 2906 nachlesen.

14.1 SAML

Wird über Federation gesprochen, fällt sehr schnell der Begriff SAML (sprich säml oder saml). Wie der Name Security Assertion Markup Language[1] ausdrückt, geht es darum, sicherheitsrelevante Aussagen über die Identität oder über Attribute eines Subject, in der Regel eines Benutzers, zu machen. Hauptaufgabe ist es, diese Informationen über Systemgrenzen hinweg auszutauschen und so einen Basisdienst für Federation zur Verfügung zu stellen.

Im Prinzip definiert SAML ein Protokoll, mit dem Clients Informationen von einer SAML-Authority anfordern können und eine entsprechende Antwort erhalten. SAML definiert drei Arten von Angaben (statements), die im Rahmen einer Antwort übermittelt werden können:

- *Authentication statements*
  Das sind Informationen über eine erfolgreiche Authentisierung. Dazu gehören das Subject, das sich authentisiert hat, die Stelle (authorisation authority), bei der die Authentisierung durchgeführt wurde, eine Gültigkeitsdauer und weitere Informationen.

1. Assertion engl. = Aussage, Behauptung, Beteuerung

- *Attribute statements*
  Diese Angaben beinhalten spezielle Attribute des Benutzers, z. B. ein Rating oder einen VIP-Status.
- *Authorization decision statements*
  Diese Angaben legen fest, was ein Benutzer tun darf.

Ausgangspunkt ist stets eine Security-Domäne, in der das Subject (Mensch oder Computer) eine Identität hat. Als Security-Domäne kann eine DNS-Domäne dienen, in der ein Benutzer eine Mailadresse besitzt. Die Nachrichten werden in einem XML-Dialekt formuliert und zur Übermittlung an ein entsprechendes Protokoll (z. B. SOAP) gebunden.

Das SAML-Framework besteht aus mehreren, voneinander abhängigen Komponenten (siehe Abb. 14–1). Die Basis stellt die Beschreibung der Syntax und der Protokolle dar (SAML Assertions & Protocols). Diese wird um sogenannte Profile ergänzt, in denen konkrete Anwendungsfälle beschrieben werden. Dabei wird auch festgelegt, wie die SAML-Nachrichten übertragen werden. Für den Transport von SAML-Nachrichten werden Standardprotokolle verwendet. Das Zusammenspiel der SAML-Nachrichten mit den Transportprotokollen wird in den Bindings beschreiben.

➲ *W5 weiter bei Seite 157*

SAML unterstützt unterschiedliche Federation-Szenarios.

- *Identity Single Sign On*
  Benutzer sollen mit Services arbeiten, die in mehreren Organisationen verteilt sind. Dabei soll ein unternehmensübergreifendes SSO realisiert werden. Der Benutzer ist in allen Organisationen registriert und die Rechte sind jeweils seiner Identität zugeordnet. Bei einem Zugriff wird seine Identität im <NameID>-Element übergeben.
- *Attribute Single Sign On*
  In diesem Fall werden die Rechte des Benutzers nicht über seine Identität (z. B. Benutzernamen) festgelegt, sondern über bestimmte Attribute: beispielsweise Benutzer ist Mitglied und hat VIP-Status. Der Name wird nur mitgeführt, um die Vorgänge zu protokollieren. Die Attribute werden im <AttributeStatement>-Element übergeben.
- *Anonymes Single Sign On*
  Wie im vorigen Fall werden die Berechtigungen über Attribute ermittelt, aber es werden keine Daten übergeben, die auf die wirkliche Identität des Benutzers schließen lassen.

- *Opt-in account linking*
  Dabei können Benutzer mit unterschiedlichen Accounts bei unterschiedlichen Service Providers bestimmte Accounts miteinander verknüpfen.
- *Affiliation*
  Bei dieser Variante lassen sich Service Provider zu Gruppen zusammenfassen.
- *Pseudonyms*
  Wenn Accounts miteinander verbunden werden, kann für diese Verbindung ein Pseudonym vergeben werden.

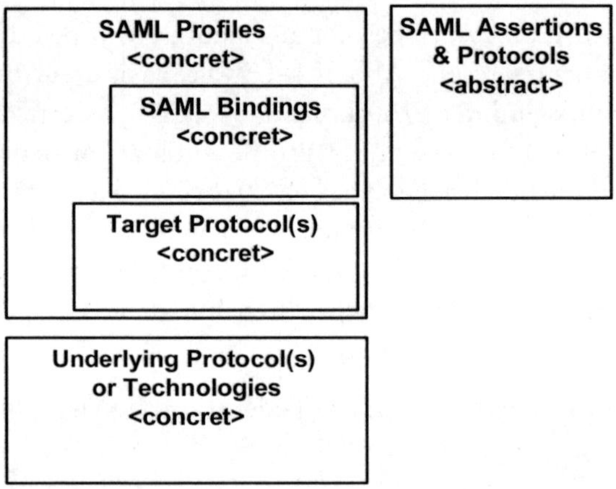

Abb. 14–1
Elemente von SAMLv2

Anhand der Profile wird nun das Zusammenspiel der Komponenten detailliert behandelt.

14.1.1 Profile

Die Profile stellen die konkrete Umsetzung der unter *Assertions and Protocols* beschriebenen Syntax dar. Ein Profil muss mindestens jeden der folgenden Punkte beinhalten:

- Einen URI, der das Profil eindeutig kennzeichnet, sowie eine Kontaktinformation des Autors.
- Falls das Profil ein vorhergehendes ersetzt, muss es einen Verweis auf das alte Profil geben.
- Eine Beschreibung der Interaktionen. Dabei müssen alle eventuellen Einschränkungen angeführt werden.
- Eine Definition der Parteien, die in den beschriebenen Interaktionen involviert sein können, auch wenn sie nur eine Vermittlerrolle einnehmen.

- Eine Festlegung, ob eine Authentisierung notwendig ist, und wenn ja, eine Beschreibung der Authentisierungsmethode bzw. eine Aufzählung, welche Methoden zulässig sind.
- Eine Festlegung über das erforderliche Maß an Integrität der Nachrichten und die entsprechenden Mechanismen.
- Eine Festlegung über das erforderliche Maß an Vertraulichkeit der Nachrichten und die entsprechenden Mechanismen.
- Eine Beschreibung der Fehlerstatus.
- Überlegungen zur Sicherheit, die eine Analyse von möglichen Gefahren und eine Beschreibung passender Gegenmaßnahmen beinhalten.
- Eine Festlegung der SAML-Bestätigungsmethode, die verwendet oder im Rahmen des Profils definiert wird.
- Eine Festlegung, welche SAML-Metainformationen verwendet oder im Rahmen des Profils definiert werden.

Wenn es im Rahmen des Profils auch um die Übermittlung von Attributdaten geht, sind noch folgende Informationen notwendig:

- Die Syntax und die erlaubten Werte für *NameFormat* und *Name-Attribute* der SAML-<Attribute>-Elemente
- Andere XML-Attribute, die in SAML-<Attribute>-Elementen verwendet werden können.
- Regeln, durch die SAML-<Attribute>-Elemente bei der Bearbeitung bewertet und gewichtet werden können.
- Die Syntax und die erlaubten Werte für das SAML-<AttributeValue>-Element. Dazu gehört speziell auch, ob das XML-Attribut *xsi:type* verwendet werden darf.

Web-Browser-SSO-Profile

Als Beispiel möchte ich nun ein SSO-Profil aus der SAML-Dokumentation[2] im Detail behandeln. Im Beispiel greift ein Webbenutzer auf eine Ressource bei einem Service Provider zu. Dafür ist eine Authentisierung notwendig. Der Service Provider kontaktiert einen Identity Provider, bei dem sich der Benutzer bereits authentisiert hat, und fordert von diesem die entsprechende Bestätigung an. Wenn der Identity Provider auf die Anfrage eine positive Antwort sendet, gewährt der Service Provider dem Benutzer den gewünschten Zugriff.

2. *Saml-profiles-2.0-os.pdf* steht auf http://www.oasis-open.org/specs/ zur Verfügung.

Standardangaben im Profil:

- **Identification**
  urn:oasis:names:tc:SAML:2.0:profiles:SSO:browser
- **Contact information**
  security-services-comment@lists.oasis-open.org
- **Updates**
  SAML V1.1 browser artifact and POST profiles and bearer confirmation method.
- **SAML Confirmation Method Identifiers**
  The SAML V2.0 bearer confirmation method identifier, urn:oasis:names:tc:SAML:2.0:cm:bearer, is used by this profile.

Beschreibung des Profils

Abbildung 14–2 stellt die Abfolge der Schritte im SSO-Profil dar. Bei jedem Schritt können eine oder mehrere Nachrichten ausgetauscht werden.

Abb. 14–2
Übersicht SAMLv2-Web-SSO-Profil

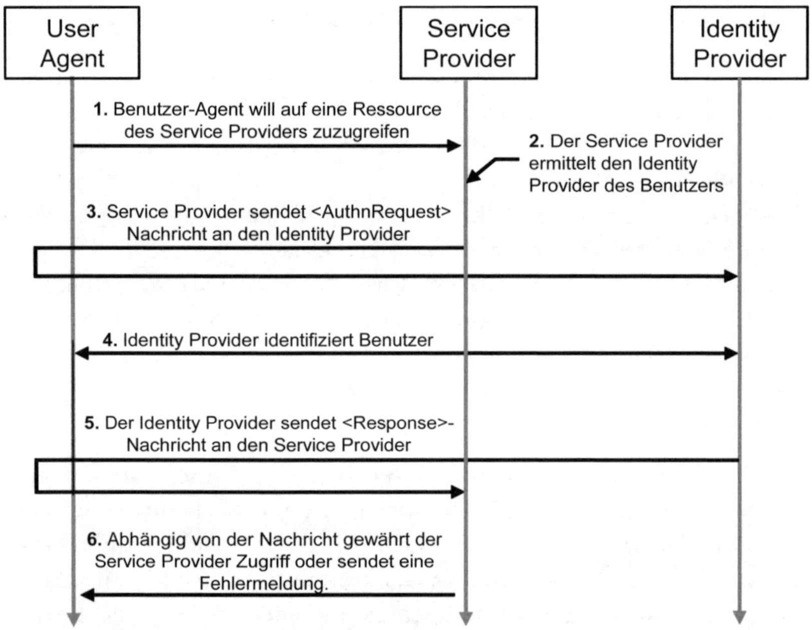

1. **HTTP-Anfrage zum Service Provider**
   Im ersten Schritt führt der Benutzer, über einen HTTP User Agent, einen HTTP-Request auf eine gesicherte Ressource durch, die von einem Service Provider zur Verfügung gestellt wird, mit dem kein Security Context besteht. Für diesen Schritt gibt es im Profil keine Vorschriften.

2. **Service Provider ermittelt den Identity Provider.**
In Schritt 2 bezieht der Service Provider die notwendigen Informationen, um mit dem Identity Provider in Kontakt zu treten. Dafür werden im Profil mehrere Varianten angeboten, von denen eine die Verwendung eines Cookies ist. Das Format des Cookies und der Vorgang im Detail sind im Rahmen eines eigenen SAML-Profils beschrieben.
3. **<AuthnRequest> vom Service Provider an den Identity Provider**
Nachdem im vorigen Schritt der Identity Provider gefunden wurde, muss jetzt noch der entsprechende Service des Identity Provider bestimmt und abgefragt werden. Dazu erstellt der Service Provider eine Anfrage (AuthnRequest), die vom Agenten des Benutzers an den Identity Provider übermittelt wird. Dabei kann er HTTP Redirect, HTTP POST oder HTTP Artifact Binding verwenden, um die Nachricht zu transferieren. Abhängig von diesem Binding wird der entsprechende Single-Sign-On-Service des Identity Provider verwendet.
4. **Der Identity Provider identifiziert den Benutzer.**
Die Methode, mit der ein Identity Provider einen Benutzer identifiziert, ist nicht im Profil beschrieben. Es kann eine neue Authentisierung durchgeführt werden oder auf einen durchgeführten, noch gültigen Authentisierungsvorgang zurückgegriffen werden. Letzteres ist die eigentliche Idee, da so keine neue Authentisierung erforderlich ist. Der Service Provider hat aber die Möglichkeit, auf jeden Fall eine neue Authentisierung anzufordern.
5. **Der Identity Provider sendet eine <Response> an den Service Provider.**
Die Antwort des Identity Provider, die wieder über den User Agent an den Service Provider übermittelt wird, kann eine Fehlermeldung oder eine Autorisierungsbestätigung beinhalten. Es ist im Profil festgelegt, dass dabei HTTP Post oder HTTP Artifact Binding verwendet werden muss. Ein Binding über HTTP Redirect ist explizit ausgeschlossen, da die Antwort üblicherweise die Länge überschreiten wird, die von den User Agents für URLs erlaubt wird. Im Profil folgen detaillierte Beschreibungen, wie bei den einzelnen Bindings vorzugehen ist. Es wird auch festgelegt, dass der Identity Provider sicherstellen muss, dass die Antwort auch wirklich zum Service Provider gelangt.
6. **Der Service Provider gewährt Zugriff oder lehnt den Zugriff ab.**
Als Ergebnis dieses Profils gewährt der Service Provider dem Benutzer Zugriff oder lehnt diesen ab und sendet eine Fehlermeldung.

Verwendung des <AuthRequest>-Protokolls

Das Profil beinhaltet noch weitere Informationen zur Verwendung des <AuthRequest>-Protokolls, wobei klar getrennt ist, was eingehalten werden muss und was optional erfolgen kann. Das Protokoll selbst ist ja in der *Assertions and Protocols*-Definition beschrieben. Die erweiterten Beschreibungen im Profil beinhalten unter anderem folgende Anweisungen zur Antwort (<Response>) des Identity Provider:

- Die Antwort *muss* zumindestens eine Aussage (<Assertion>) beinhalten. Jede <Assertion> *muss* eine eindeutige Kennung des Identity Provider, der sie erstellt hat, beinhalten.
- Mindestens eine <Assertion> *muss* ein <AuthnStatement> beinhalten, das die Authentisierung durch den Identity Provider bestätigt. Außerdem muss mindestens ein <SubjectConfirmation>-Element vorhanden sein.
- Es folgen noch weitere Festlegungen zur Bearbeitung der Nachrichten und zum Umgang mit Metadaten.

14.1.2 SAML Assertions and Protocols

Wie in der Einleitung beschrieben, liefert die Basisdefinition die Syntax und beschreibt die Protokolle, die in den Profilen umgesetzt werden. Um zu demonstrieren, wie die beiden Komponenten zusammenhängen, wird nun die Definition des Authentication-Request-Protokolls aus Sicht der *<SAMLCore>*-Beschreibung behandelt.

Authentication Request Protocol

Wenn ein Benutzer eine Nachricht mit einer Authentisierungsinformation benötigt, um eine sichere Verbindung mit einem oder mehreren Partnern aufzubauen, kann er das *Authentication Request Protocol* verwenden, um einen <AuthnRequest> an eine SAML-Instanz zu senden. Eine SAML-Instanz, die das Protokoll unterstützt, wird auch Identity Provider genannt. Die gesamte Definition des Protokolls umfasst in der Originaldokumentation mehr als acht Seiten und wird daher hier nur in Auszügen wiedergegeben.

Im Rahmen der Protokolldefinition werden folgende Rollen verwendet:

- *Requester* (Anforderer)
  Der Requester erstellt die Anforderung und erhält die Antwort.
- *Presenter* (Einreicher)
  Der Presenter stellt die Anfrage an den Identity Provider. Falls der Presenter nicht gleichzeitig auch der Requester ist, fungiert er als Übermittler der Informationen zwischen dem Presenter und dem Requester.

- *Requested Subject* (angefordertes Subject)
  Das Requested Subject stellt die Entität dar, über die Aussagen angefordert werden.
- *Attesting Entity* (Zertifizierungsinstanz)
  Von der Attesting Entity wird angenommen, dass sie in der Lage ist, eine der angeforderten Informationen zu liefern.
- *Relying Party* (vertrauende Partei)
  Die Relying Party verwendet die Informationen, um das im Profil beschriebene Ergebnis zur Verfügung zu stellen, z.B. als Service Provider.
- *Identity Provider*
  Der Identity Provider bekommt die Anfrage vom Presenter und liefert die Antwort an diesen.

Die Nachricht hat den komplexen Typ *AuthnRequestType*, der den *RequestAbstractType* um die nachfolgend beschriebenen Elemente und Attribute erweitert. Diese Attribute sind grundsätzlich optional, können aber in spezifischen Profilen auch vorgeschrieben sein.

***<saml:Subject>* [Optional]**

Mit diesem Element wird das Subject spezifiziert, für das die Anfrage gestellt wird (*requestedSubject*). Dabei können ein oder mehrere <saml:SubjectConfirmation>-Elemente angeführt werden, die angeben wie und/oder bei wem eine Bestätigung eingeholt werden kann. Falls <saml:Subject> fehlt, ist der Presenter der Nachricht auch das Requested Subject. Wenn nur die Angabe <saml: SubjectConfirmation> fehlt, wird angenommen, dass der Presenter die einzige benötigte Partei ist, um das Subject zu bestätigen, und dass die Methode im SAML-Profil oder der Policy des Identity Provider beschrieben ist.

***<NameIDPolicy>* [Optional]**

Dieses Element spezifiziert Bedingungen zur Kennung (*identifier*) des *Requested Subject*. Wenn es fehlt, kann jede Kennung verwendet werden, die vom Identity Provider unterstützt wird.

***ForceAuthn* [Optional]**

Ist dieser boolesche Wert wahr, muss der Identity Provider das Subject neu identifizieren und darf sich nicht auf eine bereits durchgeführte Authentisierung verlassen. Wenn allerdings zu diesem Wert auch noch der Wert *IsPassive* wahr ist, darf der Identity Provider keine neue Authentisierung anstoßen, bis die Bedingungen von *IsPassive* erfüllt sind.

IsPassive [Optional]

Wenn dieser boolesche Wert wahr ist, dürfen der Identity Provider und auch der User Agent nicht sichtbar mit dem Presenter Kontakt aufnehmen. Ist der Wert nicht gesetzt, gilt »falsch« als Defaultwert.

ProtocolBinding [Optional]

Dieser Wert ist eine URI-Referenz, die für die Antwort ein SAML-ProtocolBinding festlegt. Dieses Attribut und das AssertionConsumerServiceIndex-Attribut schließen sich gegenseitig aus. ProtocolBinding wird typischerweise gemeinsam mit dem AssertionConsumerServiceURL-Attribut verwendet.

AssertionConsumerServiceIndex [Optional]

Dieses Attribut legt indirekt die Adresse fest, an die eine Antwort gesendet werden soll. Das gilt nur für Profile, in denen der Requester und der Presenter unterschiedlich sind, wie beispielsweise im Webbrowser-SSO-Profil. Der Identity Provider muss eine sichere Möglichkeit haben, aus dem Indexwert im Attribut die Adresse des Requester zu ermitteln.

AssertionConsumerServiceURL [Optional]

Dieses Attribut gibt direkt die Adresse für die Antwort an.

Das folgende Schema (Auszug) definiert das <AuthRequest>-Element und den Typ *AuthRequestType*:

Listing 14–1
Auszug aus der Saml-Core-2.0-OS-Dokumentation

```
<element name="AuthnRequest" type="samlp:AuthnRequestType"/>
<complexType name="AuthnRequestType">
<complexContent>
<extension base="samlp:RequestAbstractType">
<sequence>
<element ref="saml:Subject" minOccurs="0"/>
<element ref="samlp:NameIDPolicy" minOccurs="0"/>
<element ref="saml:Conditions" minOccurs="0"/>
<element ref="samlp:RequestedAuthnContext" minOccurs="0"/>
<element ref="samlp:Scoping" minOccurs="0"/>
</sequence>
<attribute name="ForceAuthn" type="boolean" use="optional"/>
<attribute name="IsPassive" type="boolean" use="optional"/>
<attribute name="ProtocolBinding" type="anyURI" use="optional"/>
<attribute name="AssertionConsumerServiceIndex"
type="unsignedShort"
use="optional"/>
<attribute name="AssertionConsumerServiceURL" type="anyURI"
use="optional"/>
```

```
<attribute name="AttributeConsumingServiceIndex"
type="unsignedShort" use="optional"/>
<attribute name="ProviderName" type="string" use="optional"/>
</extension>
</complexContent>
</complexType>
```

14.1.3 Bindings

Als dritte Komponente, die hier behandelt wird, legen Bindings fest, wie SAML-Nachrichten mithilfe von Standardprotokollen übertragen werden. Dabei wird zum Beispiel das SOAP-Protokoll verwendet, um eine SAML-Nachricht zu übermitteln. In der Dokumentation wird eine Reihe von Bindings definiert, ebenso die Vorgehensweise, um weitere Bindings zu erstellen. In der Version 2.0 der SAML-Dokumentation[3] werden folgende Bindings definiert:

- SAML SOAP Binding
- ReverseSOAP (PAOS) Binding
- HTTP Redirect Binding
- HTTP Post Binding
- HTTP Artifact Binding
- SAML URI Binding

Um den Unterschied zwischen zwei Bindings deutlich zu machen, wird nun einmal eine SAML-Nachricht in eine SOAP-Nachricht verpackt (SAML SOAP Binding) und einmal in einer HTTP-Seite (HTTP Post Binding) übermittelt.

Im SAML SOAP Binding wird die Nachricht in einen SOAP Envelope eingepackt.

Listing 14–2
SAML-Nachricht in einer SOAP-Nachricht verpackt

Soap Header

```
POST /SamlService HTTP/1.1
Host: www.example.com
Content-Type: text/xml
Content-Length: nnn
SOAPAction: http://www.oasis-open.org/committees/security
<SOAP-ENV:Envelope
xmlns:SOAP-ENV="http://schemas.xmlsoap.org/soap/envelope/">
<SOAP-ENV:Body>
```

3. Der Text bezieht sich auf das Originaldokument *saml-bindings-2.0-os.pdf* vom 15. März 2005.

SAML-Nachricht

```
<samlp:AttributeQuery xmlns:samlp:="…"
xmlns:saml="…" xmlns:ds="…" ID="_6c3a4f8b9c2d" Version="2.0"
IssueInstant="2004-03-27T08:41:00Z"
<ds:Signature> … </ds:Signature>
<saml:Subject>
…
</saml:Subject>
</samlp:AttributeQuery>
Abschluss der SOA- Nachricht
</SOAP-ENV:Body>
</SOAP-ENV:Envelope>
```

Ähnlich verhält es sich beim HTTP Post Binding. In diesem Fall ist die SAML-Nachricht ein Logout Request.

Listing 14–3
Logout Request

```
<samlp:LogoutRequest
xmlns:samlp="urn:oasis:names:tc:SAML:2.0:protocol"
xmlns="urn:oasis:names:tc:SAML:2.0:assertion"
ID="d2b7c388cec36fa7c39c28fd298644a8" IssueInstant="2004-01-
21T19:00:49Z" Version="2.0">
<Issuer>https://IdentityProvider.com/SAML</Issuer>
<NameID Format="urn:oasis:names:tc:SAML:2.0:nameidformat:
persistent">005a06e0-ad82-110d-a556-004005b13a2b</NameID>
<samlp:SessionIndex>1</samlp:SessionIndex>
</samlp:LogoutRequest>
```

Diese Nachricht wird nun in einen HTTP-Request verpackt. Der Parameter *SAMLRequest* ist aus der vorhergehenden Nachricht abgeleitet.

Listing 14–4
Logout Request mit HTTP Post Binding

```
HTTP/1.1 200 OK
Date: 21 Jan 2004 07:00:49 GMT
Content-Type: text/html; charset=iso-8859-1
<?xml version="1.0" encoding="UTF-8"?>
<!DOCTYPE html PUBLIC "-//W3C//DTD XHTML 1.1//EN"
"http://www.w3.org/TR/xhtml11/DTD/xhtml11.dtd">
<html xmlns="http://www.w3.org/1999/xhtml" xml:lang="en">
<body onload="document.forms[0].submit()">
<noscript>
<p>
<strong>Note:</strong> Since your browser does not support
JavaScript,
you must press the Continue button once to proceed.
</p>
</noscript>
<form action="https://ServiceProvider.com/SAML/SLO/Browser"
method="post">
```

Beginn der codierten SAML-Nachricht

```
<div>
<input type="hidden" name="RelayState"
value="0043bfc1bc45110dae17004005b13a2b"/>
<input type="hidden" name="SAMLRequest"
value="PHNhbWxwOkxvZ291dFJlcXVlc3QgeG1sbnM6c2FtbHA9InVybjpvYXNpczpuYW1l
czp0YzpTQU1MOjIuMDpwcm90b2NvbCIgeG1sbnM9InVybjpvYXNpczpuYW1lczp0
YzpTQU1MOjIuMDphc3NlcnRpb24iDQogICAgSUQ9ImQyYjdjMzg4Y2VjMzZmYTdj
MzljMjhmZDI5ODY0NGE4IiBJc3N1ZUluc3RhbnQ9IjIwMDQtMDEtMjFUMTk6MDA6
NDlaIiBWZXJzaW9uPSIyLjAiPg0KICAgIDxJc3N1ZXI+aHR0cHM6Ly9JZGVudGl0
eVByb3ZpZGVyLmNvbS9TQU1MPC9Jc3N1ZXI+DQogICAgPE5hbWVJRCBGb3JtYXQ9
InVybjpvYXNpczpuYW1lczp0YzpTQU1MOjIuMDpuYW1laWQtZm9ybWF0OnBlcnNp
c3RlbnQiPjAwNWEwNmUwLWFkODItMTEwZC1hNTU2LTAwNDAwNWIxM2EyYjwvTmFt
ZUlEPg0KICAgIDxzYW1scDpTZXNzaW9uSW5kZXg+MTwvc2FtbHA6U2Vzc2lvbklu
ZGV4Pg0KPC9zYW1scDpMb2dvdXRSZXF1ZXN0Pg=="/>
</div>
```

Ende der SAML-Nachricht

```
<noscript>
<div>
<input type="submit" value="Continue"/>
</div>
</noscript>
</form>
</body>
```

15 Der Weg zur weltweiten digitalen Identität

W5 hier weiter

Ein wesentlicher Bestandteil des Erfolgs des Internets war, dass jeder Rechner eine eindeutige ID (TCP/IP-Adresse) bekam und damit im Netz gefunden werden konnte. Damit standen auch seine Ressourcen netzweit zur Verfügung. Es war nicht mehr nötig, dass ein zentraler Dienst alle Rechner kannte. Nach diesem Vorbild soll ein ähnliches System für digitale Identitäten entstehen. Auf die Vorteile und Gefahren habe ich bereits in der Einleitung des Kapitels zum Thema Federation hingewiesen. Nun sollen die technischen Ansätze besprochen werden.

15.1 i-Names

Ein i-Name ist eine Form eines extensible Resource Identifier (XRI, siehe Abschnitt 15.2) und soll eine weltweit eindeutige Adresse für eine Person oder eine Firma zur Verfügung stellen. Ein i-Name ist immer mit einer i-Nummer verknüpft, die die eigentliche Adresse darstellt. Die i-Nummer bleibt bei der Person oder Firma, während der i-Name wechseln kann. Dadurch bleibt die Verbindung zu einer Person oder einer Firma bestehen, auch wenn sie den Namen ändert. Darauf bauen die angebotenen Services auf. Von den Services, haben sich drei hervorgetan[1]: ein Internet Single Sign On für Webseiten, die i-Names unterstützen, ein Kontakt-Service zum Verwalten der Adressen und eine Möglichkeit, eine permanente Webadresse anzulegen. Die Idee der permanenten Webadresse ist, dass sie immer auf die aktuelle Adresse einer Webseite verweist und Benutzer der permanenten Adresse immer zugreifen können.

1. z. B. auf *http://www.inames.net/*

Anfang 2007 war es noch möglich, praktisch jeden i-Name zu erhalten. Wie die i-Names ausschauen, wenn sich einmal einige Millionen Internetbenutzer registriert haben, wird die Zukunft zeigen.

15.2 XRI

Der extensible Resource Identifier (XRI) soll eine universelle Kennung sein, die unabhängig von Applikationen, Domänen oder Lokationen zur Verfügung steht.

Folgenden Anforderungen sollen mit XRI erfüllt werden:

- Absolute und relative IDs sollen unterstützt werden. Es gibt Identifizierungsmerkmale, die sich selten ändern (Wohnadresse). Andere (Telefonnummer oder E-Mail-Adresse) werden schon häufiger getauscht. Hinzu kommen IDs, die sich häufig ändern. So kann z.B. eine IP-Adresse bei jeder Anmeldung im Internet anders sein.
- Es soll eine Syntax definiert werden, die maschinell ausgewertet werden kann, aber auch für Menschen gut lesbar ist. Im Internet ist die IP-Adresse ein gutes Beispiel für eine maschinenlesbare ID, während der DNS-Name das für Menschen leicht merkbare Gegenstück darstellt.
- Es soll eine standardisierte Möglichkeit geschaffen werden, um Instanzen derselben Ressource an unterschiedlichen Lokationen zu finden. So könnte man zum Beispiel die gleiche Datei auf unterschiedlichen Fileservern leicht ausmachen.
- Es soll möglich sein, unterschiedliche Versionen oder Attribute einer Ressource zu erkennen. Hier kommt die bekannte Anforderung der elektronischen Visitenkarte ins Spiel. Ein Verkäufer hat eine Menge von Visitenkarten verteilt, die von den Kunden in unterschiedlichen Systemen gespeichert wurden. Wenn sich nun seine Telefonnummer ändert, so sollte sie im Idealfall in allen Systemen geändert werden. Oder der Kunde sollte zumindest informiert bzw. ihm eine Aktualisierung angeboten werden.
- Die Verwaltung soll beliebig delegierbar sein. Ähnlich IP und DNS soll das System mit minimaler zentraler Organisation möglich sein.
- Sicherheit und Privatsphäre müssen entsprechend berücksichtigt werden. Dazu gehört, dass nur die notwendigen Daten gesendet werden. Speziell sollen keine Informationen übermittelt werden, die Rückschlüsse auf die Person zulassen, sofern es nicht unbedingt erforderlich ist.

Die XRI-Spezifikation setzt auf die bereits bestehenden Definitionen für URIs und IRIs auf (siehe Abb. 15–1).

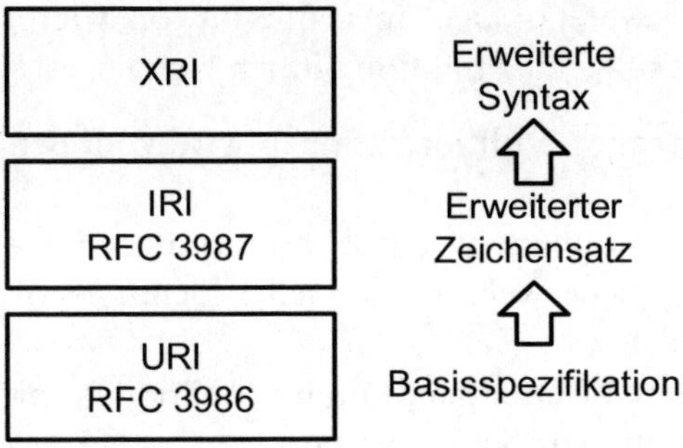

Abb. 15–1 Struktur von URIs, IRIs und XRIs

Dabei stellt der URI (Uniform Resource Identifier) die Basisspezifikation dar. Ein URI ist eine Folge von Buchstaben, die auf eine abstrakte oder eine physische Ressource verweist. Diese wurde im Rahmen der IRI-Definition (Internationalized Resource Identifier) von ASCII auf Unicode-Zeichensatz erweitert. Es wurden außerdem Regeln festgelegt, wie man einen IRI in einen syntaktisch richtigen URI umwandelt.

Syntax der XRI

Ein XRI folgt derselben Syntax wie URI und IRI:

```
xri:// authority / path ? query # fragment
```

Nach der Bezeichnung des Schemas xri: kann die Angabe einer Instanz folgen, die für den Namensraum verantwortlich ist (Authority). Die Authority ist hierarchisch aufgebaut und endet mit einem der Zeichen /, //, ?, # oder dem Ende des XRI.

15.3 Passel

Passel ist eine Initiative, die Mitte 2005 entstand, um die es aber schnell wieder ruhig wurde. Die Technologie zielt darauf ab, dem Benutzer den Umgang mit seinen Identitäten und Identitätsinformationen zu erleichtern. Dabei kennt Passel zwei Klassen von Identitätsinformationen: solche, die von dritter Stelle bestätigt wurden (countersigned), und Informationen, die der Benutzer selbst verfasst hat (self-asserted). Damit verbindet Passel zwei Ansätze, die bis dahin nur getrennt verfolgt wurden. Ein Teil der Standards (wie SAML) setzen nur auf Informationen, die von einem Identity Provider bestätigt werden, während die zweite Gruppe, zu der LID und OpenID gehören, sich auf Informationen konzentriert, die vom Benutzer selbst bestätigt werden. Die Ziele – z.B. weniger Passwörter für den Benutzer, Kontrolle über die Informationen, die eine Webseite sehen darf, SSO und andere – stimmen mit denen anderer Federationstandards überein. Die Autoren von Passel folgen mit ihrem Ansatz dabei den »7 Laws of

Identity« (siehe Kapitel 6), die Kim Cameron von Microsoft formuliert hat. Passel sollte folgende Funktionalitäten bieten[2]:

- Jede Bekanntgabe von Informationen wird vom Benutzer kontrolliert.
- Der Endbenutzer übergibt nur die notwendigen Informationen.
- Jeder Benutzer, jede Webseite und jeder Identity Provider kann einbezogen werden.
- Die schrittweise Bekanntgabe von Informationen spiegelt die bestehende Praxis im täglichen Leben.
- Die Identifizierungsmerkmale sind die E-Mail-Adresse oder eine andere übliche Adresse.
- Passel arbeitet rein dezentral. Es gibt keine zentrale Autorität, die Identitäten verwaltet.
- Passel beinhaltet eine effektive Verwendung von SSL, kryptografischen Schlüsseln und anderen Sicherheitsfeatures.
- Passel ist ein offenes Protokoll mit Open-Source-Implementierungen.

---

2. Die Beschreibung bezieht sich auf das Whitepaper vom 25.7.2005.

16 Maßgebliche Organisationen für IdM-Standards

16.1 Liberty Alliance

Die Liberty Alliance wurde 2001 ins Leben gerufen, um offene Standards und Richtlinien für föderiertes IdM zu schaffen. Damals gehörten ca. 30 Unternehmen zur Allianz, die bis 2007 auf über 150 Mitglieder angewachsen ist. Anders als bei anderen Organisationen im IdM-Umfeld sind bei Liberty nicht nur IT-Unternehmen im Lenkungsgremium. Von den zehn daran beteiligten Unternehmen kommen drei aus der Telekommunikationsbranche und eines aus dem Finanzbereich. Dadurch ergibt sich eine Konzentration auf mobile Anwendungen und den Zahlungsverkehr. Im Mittelpunkt steht der User-centric-Ansatz, bei dem der Benutzer über die Verwendung seiner Daten selbst entscheiden kann.

Die Struktur gliedert sich in drei Bereiche: Expert Groups, Special Interest Groups und Service Group Subteams. Diese Bereiche beinhalten die einzelnen Arbeitsgruppen, die den Umfang der adressierten Themen darstellen.

Expert Groups:

- Business & Marketing Expert Group (BMEG)
  Diese Gruppe soll sicherstellen, dass die Ziele der Allianz tatsächlich den Anforderungen des Marktes und der Wirtschaft entsprechen.
- Public Policy Expert Group (PPEG)
  Diese Gruppe soll Richtlinien erstellen, wie der Schutz von personenbezogenen Daten bei den Implementierungen umgesetzt werden kann.
- Strong Authentication Expert Group (SAEG)
  Es soll für die Anwendungen von Strong Authentication ein offenes Rahmenwerk erstellt werden.
- Technology Expert Group (TEG)
  Hier werden die eigentlichen Standards erstellt.

Special Interest Groups:

- eHealth Special Interest Group
  Diese Gruppe prüft die Möglichkeiten, Federation im Gesundheitssektor einzusetzen.
- eGovernment Special Interest Group
  Analog zu eHealth soll der Einsatz von Federation bei Behörden untersucht werden.
- Identity Theft Prevention Group
  Diese Gruppe beschäftigt sich mit Möglichkeiten, den Diebstahl digitaler Identitäten zu verhindern. Außerdem werden generell Maßnahmen gegen kriminelle Aktivitäten im Internet im IdM-Umfeld untersucht.
- Japan Special Interest Group
  Beschäftigt sich mit allen Aktivitäten der Liberty Alliance in Japan und passt daher vom Thema eigentlich nicht zu den anderen Gruppen. Es zeigt aber, dass der Bereich der *Special Interest Groups* durchaus offen ist und an den Bedarf der Mitglieder angepasst werden kann.
- Open Source Special Interest Group
  Zusammen mit der Open-Source-Community soll diese Gruppe die Entwicklung von Open-Source-Projekten (nach Liberty-Alliance-Standards) beschleunigen. Dazu wurde inzwischen die openLiberty, eine globale Open-Source-Initiative, ins Leben gerufen.
- Payments Special Interest Group
  Diese Gruppe soll Standards für Applikationen schaffen, die für Onlinezahlungen Mechanismen der Liberty Alliance einsetzen.
- Standards Coordination Special Interest Group
  Soll die Aktivitäten und Ergebnisse mit denen anderer Standardorganisationen abstimmen.

Die erarbeiteten Richtlinien bilden eine Struktur, die aus drei Teilen besteht: dem Federation Framework, dem Service Interface und dem Web Service Framework (siehe Abbildung 16–1).

Das Identity Federation Framework (ID-FF) beinhaltet elementare Funktionen wie Single Sign On und Session-Management, die auch in heterogenen Umgebungen eingesetzt werden können. Dabei lassen sich bestimmte Abfragen auch durchführen, wenn der Benutzer anonym bleibt.

Abb. 16–1
Liberty Alliance Architecture

Das Identity Web Services Framework (ID-WSF) ist eine Sammlung von aufeinander aufbauenden Spezifikationen, mit denen Identity Web Services gefunden und auch genutzt werden, nachdem zuerst ausreichende Autorisierungsinformationen von einer vertrauenswürdigen Autorität übermittelt wurden.

Das Framework beginnt mit Spezifikationen, wie SOAP genutzt werden kann (SOAP Binding) oder wie die Nutzung von Identity Services abgesichert werden kann (Security Mechanisms). Darauf bauen Spezifikationen auf, wie zum Beispiel für einen Discovery Service. Das ist ein Basisdienst, der es Service Providern ermöglicht, Identity Services zu finden.

16.2 WS-I

Die Web Service Interoperability Organization (WS-I) wurde 2002 gegründet und hat das Ziel, Webservices zur Verfügung zu stellen, mit denen Applikationen unabhängig von der Plattform oder dem Betriebssystem kommunizieren können. Dabei geht es im Wesentlichen (ähnlich wie bei Liberty) darum, Attribute und Authentisierungsbeweise auszutauschen. Die WS-I hat sechs Arbeitsgruppen, deren Ergebnisse auf der WS-I-Webseite[1] veröffentlicht werden.

1. http://www.ws-i.org

- *Basic Profile Working Group*
  Das Basic Profile umfasst Richtlinien, wie verschiedene Webservice-Spezifikationen (SOAP oder WSDL) miteinander verwendet werden können.
- *Basic Security Profile Working Group*
  In dieser Arbeitsgruppe werden die Sicherheitsthemen des *Basic Profile* behandelt.
- *Reliable Secure Profile Working Group*
  Das hier entwickelte Reliable Secure Profile behandelt speziell die OASIS-Spezifikationen WS-Reliable Messaging 1.1 und WS-SecureConversation 1.3.
- *Requirements Gathering Working Group*
  Um die Aktivitäten der Arbeitsgruppen an den Anforderungen auszurichten, analysiert diese Gruppe mögliche Szenarien und Use Cases.
- *Sample Applications Working Group*
  Zu den Ergebnissen der WS-I gehören auch Beispielapplikationen, in denen die WS-I-Profile zur Anwendung kommen.
- *Testing Tools Working Group*
  Diese Gruppe entwickelt Prozesse und Dokumentationen, um zu prüfen, ob Services konform mit den WS-I-Profilen sind.

16.3 OASIS

Die meisten XML-Standards im IdM-Umfeld stammen von der Organization for the Advancement of Structured Information Standards (OASIS). Dazu gehören SAML, DSML, XACML, XRI, XDI und Andere. Für eine bestimmte Aufgabe, wie die Entwicklung oder Weiterentwicklung eines Standards, wird ein Technical Committee (TC) eingerichtet. Anfang 2007 gab es etwa 65 aktive TCs. Alle Arbeiten sind öffentlich verfügbar.

16.4 Wer steht hinter den Standardisierungsgremien?

Vom Ursprung her stellen die Gremien auch unterschiedliche Lager der IT-Industrie dar. So hat sich beispielsweise WS-I um Microsoft und IBM gebildet, während bei der Liberty Alliance die Firma Sun ausschlaggebend war. Wie die nachfolgende Tabelle zeigt, sind die unterschiedlichen Gremien dann doch nicht so konträr. Zu viele Firmen sind in mehreren Gremien vertreten. Bei der Verabschiedung eines Standards laufen die Fäden immer bei OASIS zusammen.

Liberty Alliance	WS-I	OASIS
(>150 Mitglieder)	(>150 Mitglieder)	(> 300 Mitglieder)
Novel	Microsoft	EDS
Ericsson	IBM	IBM
HP	HP	Primeton
SUN	SUN	SUN
AOL	BEA Systems	BEA Systems
NTT	SAP	SAP
Intel	Intel	
Oracle	Oracle	
Fidelity Investments	Fujitsu	
France Telecom	webMethodes	

Tab. 16–1 *Hauptbeteiligte Unternehmen in den Standardisierungsgremien*

16.5 SHIBBOLETH

Shibboleth ist eine Initiative des Internet2-Konsortiums, um eine Federation Middleware nach dem SAML-Standard zu entwickeln. Das Internet2-Konsortium ist ein Zusammenschluss von Universitäten (großteils aus den Vereinigten Staaten) mit Behörden und anderen Unternehmen. Es hat das Ziel, mit neuen Internettechnologien die Zusammenarbeit im Rahmen von Universitätsausbildung und Forschung zu verbessern.

Teil 3
Wirtschaftlicher Nutzen

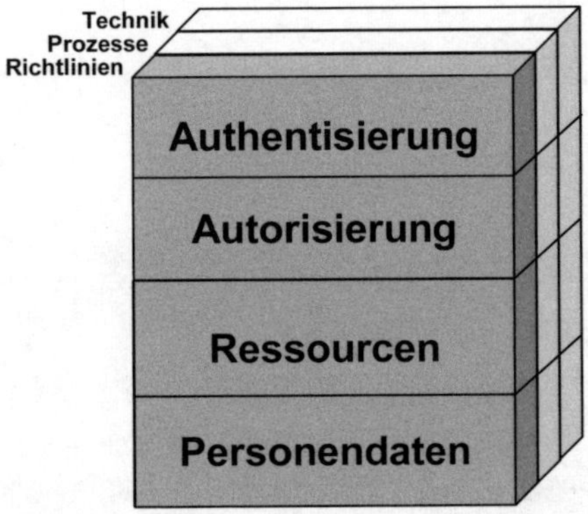

Abb. Teil 3–1
Abbildung der Richtlinien

Die Einführung eines übergreifenden Identity-Management-Systems dauert in der Regel sehr lange und kostet sehr viel Geld. Solch ein Projekt braucht daher auch klare Ziele und muss ausreichend begründet werden. Der einfachste Grund ist eine strategische Notwendigkeit – entweder weil aus dem Ergebnis ein Wettbewerbsvorteil entsteht, oder weil ohne das erfolgreiche Projekt das Geschäft nicht mehr weitergeführt werden kann. Beide Fälle sind für das Projekt gut, da sie automatisch die notwendige Unterstützung des Managements sichern; trotzdem müssen die Kosten umfassend dargestellt werden. In diesem Kapitel widme ich mich den strategischen und wirtschaftlichen Gründen für IdM. Aus meiner Erfahrung lassen sich vier Schwerpunkte ableiten:

Die Gründe für ein IdM-Projekt fallen in eine von vier Kategorien.

- Sicherheit gewährleisten
- Neue Möglichkeiten schaffen
- Externe Auflagen erfüllen (Compliance)
- Kosten reduzieren

Die Gewichtung dieser Punkte ist von Unternehmen zu Unternehmen unterschiedlich. Es ist durchaus denkbar, dass ein Thema (z.B. Compliance) für ein Unternehmen keine Bedeutung hat, während es für ein anderes als alleinige Begründung für ein IdM-Projekt reicht. Für ein erfolgreiches IdM-Projekt ist es unerlässlich, die Projektziele auf den individuellen Bedarf des Unternehmens abzustimmen. Jeder der vier genannten Punkte wird in einem eigenen Kapitel beleuchtet. Dabei werden jeweils die speziellen Möglichkeiten und Probleme aufgezeigt.

Ich gehe in diesem Teil auf einige Standards und Regelwerke sehr ausführlich ein. Aber auch hier habe ich wieder Wegweiser (W6 bis W8) eingeführt, die auf das jeweils nächste Kapitel verweisen.

17 Sicherheit gewährleisten

»Auf Block 4 herrschte eine willige Bereitschaft des Bedienungspersonals, bestimmte Sicherheitssysteme manuell außer Betrieb zu setzen, automatische Abschaltungen zu umgehen und diverse Alarmsignale abzustellen oder zu unterdrücken. Dazu mussten nur einfache Drahtverbindungen [...] hergestellt werden. Die Betriebsvorschriften erlaubten eine solche Vorgehensweise unter bestimmten Umständen.«

»Die Vorgehensweise, das Notkühlsystem [...] zu blockieren und den Betrieb ohne dieses zentrale Sicherheitssystem über einen längeren Zeitraum zuzulassen, muss als Hinweis auf das Fehlen einer Sicherheitskultur gewertet werden.«

Zitate aus einem Bericht der Internationalen Atomenergiebehörde (IAEA) zum Reaktorunfall von Tschernobyl am 26. April 1986.

Fehlende Sicherheit spürt man erst, wenn es zu spät ist.

Wie die Erfahrung lehrt, scheint es der »Königsweg in die Katastrophe« zu sein, vorhandene Risiken so lange konsequent zu ignorieren, bis sich allenthalben die Überzeugung durchsetzt, dass ohnehin nichts passieren kann – weil nämlich noch nie etwas passiert ist (was so gut wie nie stimmt) und eigentlich auch gar nichts passieren darf (was so gut wie immer stimmt).[1]

Glücklicherweise sind die Auswirkungen meistens nicht so drastisch. Sie können aber durchaus die Existenz des Unternehmens gefährden. Gerade in den letzten Jahren haben einige Firmen im Rahmen ihrer Engagements in China für mangelnde Datensicherheit teuer bezahlt.

Absolute Sicherheit ist nicht möglich und kann auch nicht das Ziel sein. Vielmehr geht es darum, ein Sicherheitsniveau zu erreichen, das für das Unternehmen ausreichend ist (siehe Abb. 17–1).

1. Zitat aus dem Leitfaden »Management des operationellen Risikos« der österreichischen Nationalbank

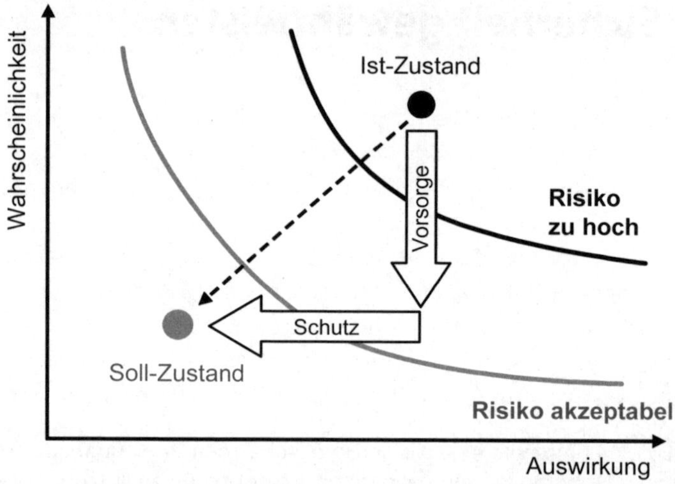

Abb. 17–1
Reduktion des Risikos auf ein tragbares Niveau[2]

Das Risiko hängt von der Wahrscheinlichkeit des Eintretens und der Auswirkung des Vorfalls ab.

Das Risiko kann durch die Wahrscheinlichkeit, mit der es zu einem Vorfall kommt, und durch die Auswirkung des Vorfalls festgelegt werden. Bei der Risikobeurteilung in der Ebene 4 (Authentisierung) (siehe Abschnitt 4.4) wurden die Parameter themenspezifisch benannt. Die Auswirkung wurde dabei als *Wert des Zugriffs* tituliert und die Wahrscheinlichkeit als *Sicherheit des Netzes.*

Um das Risiko zu senken, muss einer der Parameter, am besten beide, in Angriff genommen werden. Durch entsprechende Vorsichtsmaßnahmen kann die Wahrscheinlichkeit gesenkt werden. Im Fall IdM wäre dies beispielsweise die Sicherheit des Passwortes. Den Auswirkungen eines Vorfalls wird wiederum durch Schutzmaßnahmen entgegengewirkt. Dazu gehört im IdM-Kontext unter anderem eine Rechtetrennung.

Ein gutes Berechtigungssystem kann auf beide Faktoren wirken und damit das Risiko senken. Darüber hinaus ermöglicht es in viel stärkerem Maße, Daten selektiv zu verteilen bzw. Dritten einen gezielten Zugriff zu erlauben.

17.1 Sicherheit der Kunden

Identitätsdiebstahl ist kein neues Verbrechen. Die Möglichkeit, persönliche Identifikationsmerkmale einer anderen Person in betrügerischer Absicht zu missbrauchen, wird aber im Internet noch wesentlich einfacher.

---

2. Grafik aus einem Vortrag von Christian Emmerich/IBM Global Services

Der Vorgang besteht aus zwei Schritten: Zunächst müssen die persönlichen Daten des Opfers beschafft werden, die dann im zweiten Schritt für den Täter gewinnbringend eingesetzt werden.

Für die Beschaffung der Daten kamen zu den altbekannten Möglichkeiten wie Diebstahl oder Dumpster Diving (bei dem der Müll nach Rechnungen oder anderen brauchbaren Informationen durchsucht wird) noch die »berührungslosen« dazu. Es ist interessant, dass neben den technisch anspruchsvollen Varianten (wie Trojaner, Root Kits oder andere Formen von bösartigem Code, die auf dem Rechner des Opfers laufen) vor allem die neuen Formen des *social hackings* massiv zunehmen. Also Varianten, bei denen die Gutmütigkeit, Unwissenheit oder auch Angst des Opfers ausgenutzt wird. In den Anfängen des Social Hackings war es üblich, dass die Täter ihre Opfer anriefen und sich dabei als Administratoren aus der IT-Abteilung oder einer Behörde ausgaben, um an Informationen zu gelangen. Dieser zeitaufwändige Vorgang wurde inzwischen durch Spam-Mails abgelöst – und das mit Erfolg. Nachdem eine österreichische Bank ihr Verfahren zur TAN-Eingabe geändert hatte, wurden Phishing-Mails versandt, die den Benutzer aufforderten, eine E-Mail mit zwanzig unverbrauchten TANs zurückzuschicken. Abgesehen vom Aufwand entsprach die Zahl einem guten Teil aller TANs, die ein Anwender üblicherweise hatte. Trotzdem fanden sich Kunden dieser Bank, die der Aufforderung Folge leisteten. Natürlich gibt es auch die technisch versiertere Form mithilfe von nachgebauten Webseiten. Aber auch dabei ist der Aufwand oft erschreckend gering.

Auch sehr plumpe Phishing-Attacken führen oft zum Erfolg.

Es kommt also nicht von ungefähr, dass Phishing 2005 und 2006 das Verbrechen mit den höchsten Wachstumsraten war.

Was nun die Anwendung der gestohlenen Informationen angeht, so gibt es grundsätzlich drei Ausprägungen:

- Autorisierungsinformationen werden missbraucht.
- Informationen werden gegen mich selbst verwendet.
- Informationen werden gegenüber Dritten verwendet.

Bei der ersten Variante wird versucht, eine digitale Identität des Opfers für eigene Zwecke zu verwenden, indem die Autorisierungsinformationen gestohlen werden. Zu Autorisierungsinformationen gehören auch TANs, die in E-Banking-Applikationen verwendet werden. Eine weitere Ausprägung dieser Variante wäre, sich mit den gestohlenen Informationen in einem Internetshop anzumelden, die Lieferadresse zu ändern und mit den bereits hinterlegten Kreditkarteninformationen zu bestellen.

Falls der Täter sehr detaillierte Informationen über ein Opfer hat, wird es ihm leichter fallen, glaubhafte Phishing-Mails zu senden. So war Anfang 2007 in den USA eine E-Mail im Umlauf, in der sich der Täter als Berufskiller ausgab, der den Mailempfänger auf seiner »To-do«-Liste hätte. Gegen die Zahlung von 20.000 US$ könnte man sich freikaufen. Enthält eine solch drastische E-Mail persönliche Informationen über den Empfänger (beispielsweise die Namen der Kinder oder des Partners), wirkt sie noch wesentlich bedrohlicher.

In der dritten Variante wird mit den persönlichen Informationen des Opfers eine neue digitale Identität angelegt, die aber nur dem Täter bekannt ist. Das kann ein Account bei einem Internetservice sein, bei dem neben den Identitätsdaten auch noch die gestohlenen Kreditkarteninformationen eingegeben werden. Es wäre aber auch möglich, dass die Daten »nur« benutzt werden, um beispielsweise bei einem Internetauktionshaus unter falschem Namen zu handeln.

Durch Identitätsdiebstahl entstandener Schaden ist nur schwer wiedergutzumachen.

Es gibt also ein reiches Spektrum an Möglichkeiten. Der Kreativität krimineller Elemente sind kaum Grenzen gesetzt. Hinzu kommt, dass es in vielen Ländern noch keine ausreichenden Gesetze gibt, die den Identitätsdiebstahl unter Strafe stellen. Doch auch Gesetze helfen nur eingeschränkt. Ist die Identität einmal gestohlen, ist es sehr aufwändig, den Schaden zu begrenzen bzw. wieder zu reparieren.

Es muss also im Interesse jedes Serviceanbieters sein, einerseits zu verhindern, dass Informationen über seine Benutzer in falsche Hände gelangen, und andererseits Benutzer mit falscher Identität zu erkennen. Das Vertrauen der Benutzer in einen Internetservice wird immer mehr zu einem entscheidenden Wettbewerbsfaktor werden – insbesondere wenn es gelingt, die Sicherheitsmaßnahmen so zu gestalten, dass die Benutzerfreundlichkeit des Service nicht leidet.

Ein gutes IdM-System kann vor allem bei der Authentisierung zu mehr Sicherheit beitragen. Aber auch bei der Verwaltung der Benutzerdaten gibt es Möglichkeiten. Durch spezielle Algorithmen können bei der Eingabe von Benutzerdaten Plausibilitätsprüfungen durchgeführt werden, um zu verhindern, dass gestohlene Daten mehrmals verwendet werden.

17.2 Bewertung der Sicherheit: OSSTMM

Hinter dem kryptischen Namen Open Source Security Testing Methodology Manual (OSSTMM)[3] verbirgt sich eine Methode zum Durchführen von Sicherheitsaudits. Das Institute for Security and Open Methodologies (ISECON), eine Non-Profit-Organisation, die sich wissenschaft-

---

3. Der Text bezieht sich auf die Version 2.2 des Manuals, das unter *www.osstmm.org* oder *www.isecom.org* bezogen werden kann.

lich mit dem Thema Sicherheit beschäftigt, möchte damit Audits einheitlicher und vergleichbarer machen. Das Besondere dabei ist eine Formel, mit der sich die Sicherheit eines Unternehmens bewerten lässt. Das Ergebnis ist ein Wert, der die aktuelle Sicherheit darstellt, und es so ermöglicht, die Entwicklung der Unternehmenssicherheit über die Zeit zu verfolgen oder mit anderen Unternehmen zu vergleichen.

Sektionen des OSSTMM

Das Rahmenmodell für das Audit ähnelt im Aufbau den Werkzeugen, die in Kapitel 20 behandelt werden. Die Tests werden in Sektionen, Module und Tasks unterteilt. Die Sektionen sind:

OSSTMM ist eine Möglichkeit, um Sicherheit messbar zu machen.

- Information Security
- Process Security
- Internet Technology Security
- Communications Security
- Wireless Security
- Physical Security

Diese Sektionen überlappen sich und jede Sektion enthält direkt oder indirekt Elemente jeder anderen Sektion. Der Inhalt ist, entsprechend der Zielsetzung, sehr speziell und man merkt, dass die Methode aus der praktischen Durchführung von Security-Audits entstanden ist. Tests, die in solchen Audits üblich sind, wurden auch im Framework sehr detailliert beschrieben, während andere Module relativ viel Spielraum lassen.

Jede der genannten Sektionen ist wieder in einzelne Module unterteilt, die wiederum eine Reihe von Tasks beinhalten. Der Input für ein Modul sind die Informationen, die von den einzelnen Tasks benötigt werden. Die Ergebnisse der Tasks bilden den Output des Moduls. Um die Struktur und den Detaillierungsgrad des Modells zu veranschaulichen, möchte ich ein Modul exemplarisch beschreiben.

Aufbau eines Moduls

Dazu soll das Modul *Passwort Cracking* aus der Sektion *Internet Technologie Security* dienen. Dieses Modul beschäftigt sich damit, die Stärke der Passwörter zu testen. Hervorzuheben ist dabei, dass es in diesem Modul ausschließlich um die Qualität der Passwörter geht. Verwandte Themen wie das Abfangen von Passwörtern, die im Klartext über das Netzwerk übertragen werden, sind explizit ausgenommen.

Passwort Cracking als Beispiel für ein Modul

In diesem Modul sind folgende Tasks zu erledigen:

1. Dem Auditor wird eine Passwort-Datei zur Verfügung gestellt:
   - Für Unix-Systeme entweder /etc/passwd oder etc/shadow
   - Für Unix-Systeme, die SMB-Authentisierung verwenden, kann die Datei /etc/smbpasswd nach Windows-Passwörtern durchsucht werden.
   - Für NT-Systeme /winnt/Sam.
2. Eine automatisierte *directory attack* soll auf das Passwortfile durchgeführt werden.
3. Eine *brute force attack* soll auf das Passwortfile durchgeführt werden. Die Dauer ist an den zeitlich möglichen Rahmen anzupassen.
4. Mittels der gefundenen Passwörter soll versucht werden, in weitere Systeme einzusteigen.
5. Automatische *password cracker* sollen dazu verwendet werden, verschlüsselte Dateien zu öffnen.

Wie und mit welchen Tools der Auditor diese Aufgaben erledigt, wird der Kreativität des Auditors überlassen. Als Ergebnis dieses Moduls soll eine Liste mit Benutzernamen und Passwörtern vorliegen, eine Liste mit Systemen und Dokumenten, die empfindlich für die durchgeführten Attacken sind, sowie eine Liste mit Benutzernamen, die dasselbe Passwort verwenden.

17.2.1 Berechnen der Risk Assessment Values (RAVs)

Auch wenn die Module schon sehr nützlich sind, das wirklich Neue an dieser Methode sind die bereits erwähnten Metriken, mit denen die Sicherheit bewertet werden kann. Diese sogenannten Risk Assessment Values (RAVs) werden für drei Bereiche berechnet: Betrieb (Operations), Kontrollen (Controls) und Limitationen (Limitations). Die Ergebnisse der drei Bereiche ergeben dann die aktuelle Sicherheit.

Innerhalb der Bereiche gibt es wiederum Kategorien, über die Einzelwerte gebildet werden.

Betrieb (Operational Security – OPSEC)

Die RAVs sind Maßzahlen für die Sicherheit.

Der Betrieb beinhaltet drei Kategorien:

- Sichtbarkeit (Visibility)
  Der Wert ergibt sich aus der Anzahl der Ziele (z. B. IP-Adressen) im betrachteten Bereich.
- Vertrauen (Trust)
  Dieser Wert wird durch die Anzahl der Ziele ermittelt, die eine nicht authentisierte Interaktion erlauben.

- Zugriff (Access)
  Im Unterschied zur Sichtbarkeit wird hier jeder Zugriff auf ein Ziel im Rahmen eines Tests gezählt.

Das OPSEC Delta, der Zielwert, ergibt sich aus der Summe von Sichtbarkeit, Vertrauen und Zugriff.

```
OPSEC Delta = Visability + Trust + Access
```

Kontrollen (Controls)

Die Kontrollen beinhalten zehn Kategorien. Sie stellen Sicherheitsmaßnahmen dar, die für die Ziele des betroffen Bereichs getroffen wurden. Die Werte ergeben sich aus der Anzahl der Ziele, für die eine bestimmte Maßnahme getroffen wurde.

Mit den Kontrollen werden die getroffenen Sicherheitsmaßnahmen bewertet.

Die Maßnahmen (Kontrollen) sind:

- Gibt es Mechanismen zur Authentisierung? (Authentication)
- Werden Zugriffe aufgezeichnet? (Non-repudiation)
- Ist der Zugriff nur für Berechtigte möglich? (Confidentiality)
- Existiert eine vertragliche Absicherung? (Indemnification)
- Wurden Maßnahmen gegen unbemerkte Veränderungen getroffen? (Integrity)
- Können sich Fehler eines Prozesses auf andere Prozesse auswirken? (Saftey)
- Ist die Sicherheit auch bei automatisierten Zugriffen gewährleistet? (Usability)
- Gibt es Maßnahmen, um die Verfügbarkeit zu erhöhen? (Continuity)
- Gibt es eine Alarmierung bei Verstößen gegen die Richtlinien? (Alarm)

Das Controls Delta, die Abweichung zu einem Soll-Zustand, ergibt sich aus der Summe über alle Kontrollen multipliziert mit 0,1.

```
Controls Delta = Sum(all Controls)*0,1
```

Abb. 17–2
Berechnung der Sicherheit nach OSSTMM

	A	B	C	D	E	F	G	H
1		A Primer on Using OSSTMM 3.0 Risk Assessment Values						
2								
3			Scope		Loss Controls			
4		Scope	1	Authentication	2			
5				Non-Repudiation	5			
6			Operational Securi	Confidentiality	2			
7		Visibility	8	Privacy	2			
8		Access	17	Indemnification	5			
9		Trust	8	Integrity	1			
10		Op Sec Δ	-33	Safety	3			
11		Op Sec Total	33	Usability	5			
12		Op Sec % of Scope	67	Continuity	5			
13				Alarm	3			
14				Loss Controls Δ	3,3			
15				Loss Controls Total	33			
16				Loss Controls % of Op Sec	10			
17				Loss Controls % of Scope	330			
18								
19			Security Limitations Values					
20				Verified	Identified			
21			Vulnerability	1,00000000	1,01492537			
22			Weakness	0,98507463	0,99977723			
23			Concern	0,97037202	0,98485518			
24			Exposure	0,95588886	0,97015585			
25			Anomaly	0,94162186	0,95567592			
26								
27			verified	identified	total			
28		Vulnerabilities	3	2	5,029850746			
29		Weaknesses	2	2	3,96970372			
30		Concerns	3	1	3,895971246			
31		Exposures	3	2	4,807978276			
32		Anomalies	4	2	5,677839264			
33				Security Limitations Δ:	23,38134325			
34				Security Limitations Total:	23,38134325			
35								
36				Actual Delta:	-53,08134325			
37				Actual Security:	99,46918657			
38								

Limitationen (Security Limitations)

Zum Schluss werden die gefundenen Schwachstellen bewertet. Dabei wird zwischen den identifizierten und den verifizierten Schwachstellen unterschieden. Hier müssen mindestens 66% der identifizierten Punkte auch verifiziert werden. Die Schwachstellen werden in die folgenden Kategorien unterteilt:

Gefundene Schwachstellen werden bei den Limitationen bewertet.

- Verletzbarkeit (Vulnerability)
- Schwäche (Weakness)
- Bedenken (Concern)
- Sichtbarkeit (Exposure)
- Auffälligkeiten (Anomaly)

Die Ergebnisse der verifizierten und identifizierten Punkte werden mit vorgegebenen Parametern multipliziert und anschließend addiert. Damit ergibt sich der dritte Wert zur Berechnung der gesamten Sicherheit.

Auf der Webseite des ISECOM (Institute for Security and Open Methodologies) ist eine Vorlage vorhanden, in der die Formeln bereits eingetragen sind.

Die Methode kann in der vorliegenden Form auch für eine Bewertung der Sicherheit im Rahmen eines IdM-Business-Case eingesetzt werden. Allerdings sind offensichtlich verschiedene Versionen im Umlauf, auch wenn nur die Version 2.2 freigegeben ist. Selbst die auf der OSSTMM-Webseite verfügbaren Informationen weichen an einigen Punkten voneinander ab. Es ist zu hoffen, dass mit der Version 3.0, die noch für 2007 angekündigt ist, eine einheitliche Fassung vorliegt. Die ISECOM bietet verschiedene Schulungen und Zertifizierungen zu OSSTMM an, und es gibt auch schon einige Beratungsunternehmen, die nach dieser Methode vorgehen.

17.3 Wie viel ist ein geringeres Risiko Wert?

Wenn Sie in Sicherheit investieren, geben Sie Geld dafür aus, eine bestimmte Situation, beispielsweise einen Datendiebstahl, zu verhindern. Wenn nun dennoch Daten gestohlen werden, wissen Sie, dass die Maßnahmen nicht ausreichend waren. Tritt eine solche Situation aber nicht ein, so können es Ihre Maßnahmen gewesen sein oder Sie waren einfach kein lohnendes Ziel. Dazu kommt, dass Sie es vielleicht gar nicht merken, dass Ihre Daten gestohlen wurden.

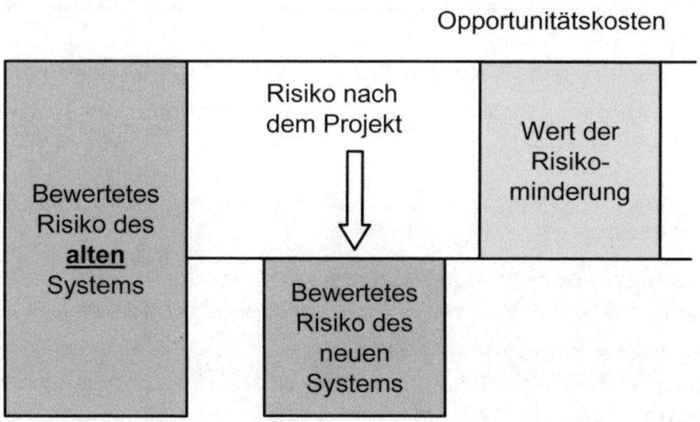

Abb. 17–3
Vermindertes Risiko bei den Kosten

Der Nutzen von Sicherheit kann mithilfe der Opportunitätskosten bewertet werden.

Wie kann man den Nutzen bewerten? Welcher Aufwand ist für Sicherheit gerechtfertigt?

Eine Möglichkeit ist die Berechnung des entgangenen Nutzens, der Opportunitätskosten. Dabei muss zunächst einmal der mögliche Schaden bewertet werden, der bei einem Sicherheitsvorfall eintreten würde. Der zweite Wert ist die Wahrscheinlichkeit, mit der es zu solch einem Vorfall kommt. Wenn wir diese beiden Werte multiplizieren, erhalten wir unseren Ausgangswert. Dann muss bewertet werden, wie hoch das Schadenspotential und die Eintrittswahrscheinlichkeit sind, nachdem mögliche Maßnahmen getroffen wurden. Auf jeden Fall sollte das Ergebnis nach der Umsetzung der Maßnahmen kleiner sein. Die Differenz der beiden Ergebnisse ergibt die Opportunitätskosten.

Investitionen in die Sicherheit zielen darauf ab, die Eintrittswahrscheinlichkeit zu minimieren. Anders als bei einer Versicherung, mit der die Auswirkung des Schadens abgefangen werden soll.

Risikofaktor	Strafzahlungen an den Kunden, wenn vertrauliche Daten bekannt werden. (pro Projekt)
Werte ohne Investitionen in die Sicherheit	
Schadenshöhe	200.000
Eintrittswahrscheinlichkeit	20 %
Gewichteter Schaden	40.000
Werte, nachdem in Sicherheit investiert wurde.	
Schadenshöhe	200.000
Eintrittswahrscheinlichkeit	5 %
Gewichteter Schaden	10.000
→ Opportunitätskosten	30.000

Anhand dieses Beispiels könnte man aus der Anzahl der Projekte pro Jahr einen Jahreswert ermitteln, der dann den Kosten des IdM-Systems gegenübergestellt wird.

Die wirtschaftlichen Auswirkungen eines Sicherheitsvorfalls lassen sich nur schwer bewerten

Ein Gedankenspiel

Die Berechnung der Oportunitätskosten wirft gerade im IdM-Umfeld eine interessante Frage auf: Welcher Schaden entsteht durch fehlende Sicherheit?

Etwas konkreter formuliert:
Welcher wirtschaftliche Schaden würde für Ihr Unternehmen entstehen, wenn es ab morgen keine Passwörter mehr verwenden würde, also jeder Mitarbeiter Zugriff auf alle Daten hätte. Wie schnell würden Sie es merken?

Die Antwort ist gar nicht so einfach. Das nächste Audit würde schlecht ausgehen. Wenn Sie Kundendaten in Ihren Systemen speichern, würden Ihnen Ihre Kunden vielleicht die Aufträge entziehen.

Selbst für diese extreme Annahme ist es schwierig, die Konsequenzen zu beziffern. Noch schwieriger wird es, wenn die Annahme nur etwas gemäßigter ausfällt: Sie verwenden ein Passwort, lassen aber auch schwache zu und viele Mitarbeiter notieren ihr Passwort sichtbar an ihrem Arbeitsplatz. Das Entziehen eines Auftrags wäre damit schon eine Streitfrage.

Welcher Schaden würde nun drohen?

Bei der Bewertung des Risikos kommt man oft zu Schadenshöhen, die für das Unternehmen existenzgefährdend sind. Der entscheidende Faktor ist daher die Eintrittswahrscheinlichkeit. Diese muss sehr genau kalkuliert werden und wird in der Regel sehr klein sein. Eine Wahrscheinlichkeit von 10% würde in etwa bedeuten, dass der Fall einmal in 10 Jahren eintritt.

Werden die Ergebnisse zu groß, sind sie für den Business Case nicht brauchbar. Wenn sich ein großes Projekt durch die Opportunitätskosten innerhalb von wenigen Monaten rechnet, wird der Business Case unglaubwürdig. In so einem Fall ist es besser, die Maßnahmen im Rahmen eines strategischen Projekts durchzuführen, das einfach notwendig ist, um das Geschäft überhaupt weiterführen zu können. Solche Projekte sollte man nicht mit einem Business Case begründen.

18 Neue Möglichkeiten schaffen

Die Informationstechnologie wird in zunehmendem Maße Voraussetzung für die Geschäftsprozesse eines Unternehmens. IdM nimmt hier eine zentrale Rolle ein. Zunächst stellt es eine Basisfunktionalität dar. Wenn sich das IdM-System weiterentwickelt, wirken seine Funktionen immer direkter auf die Geschäftsprozesse, bis Möglichkeiten geschaffen werden, die einen unmittelbaren Geschäftsnutzen erzeugen. Spätestens dann ist eine wirtschaftliche Bewertung möglich. Unglücklicherweise muss das IdM-System zuerst aufgebaut und in einen entsprechenden Reifegrad gebracht werden, bevor man seine Früchte ernten kann. Für ein Einführungsprojekt steht im Zusammenhang mit neuen Möglichkeiten eher der strategische Aspekt im Vordergrund.

18.1 The Adaptive Enterprise

Die Flexibilität von Unternehmen wird immer wichtiger.

Seit einigen Jahren kursiert das Schlagwort »adaptive enterprise« im Managementumfeld. Es bezeichnet ein Unternehmen, in dem die erzeugten Waren oder angebotenen Services immer genau dem Bedarf angepasst werden. Diese Unternehmen können sich sehr schnell neuen Anforderungen anpassen und es entstehen nur für die IT-Ressourcen Kosten, die auch wirklich benötigt werden. Die Grundideen fanden sich vor über zehn Jahren schon beim »Lean Management«. Der Begriff »adaptive enterprise« wurde vor allem von HP verbreitet. IBM ist der hohe Bekanntheitsgrad des Begriffs »on Demand« zu verdanken. Es geht weitgehend um dasselbe.

Was sich aber in den letzten zehn Jahren drastisch verändert hat, ist die Geschwindigkeit, mit der Unternehmen gekauft, zusammengeführt und wieder geteilt werden, sowie die Größe der gekauften Unternehmen. Dabei müssen jedes Mal Personendaten konsolidiert, neue Organisationsstrukturen erstellt und Berechtigungen verteilt werden. Der Aufwand, der dabei entsteht, ist durchaus relevant. Wenn es um

Akquisitionen in sicherheitskritischen Branchen geht, ist ein gut strukturiertes IdM eine Grundvoraussetzung. Aber wie kann man es bewerten? Gehören Übernahmen für ein Unternehmen zur Tagesordnung, kann man die Aufwände der letzten Übernahme als Basis nehmen. Der Aufwand verändert sich aber mit der Größe der nächsten gekauften Firma und deren Systemen. Um die einzelnen Eingliederungsprojekte vergleichbar zu machen und damit die Verbesserung durch ein IdM-System messen zu können, muss zuerst eine Vorgehensweise festgelegt werden, die in allen Fällen zur Anwendung kommt. Dabei sind einzelne Schritte zu neutralisieren und festzuhalten. Mögliche Schritte wären Übernahme der Personendaten, Übernahme der Ressourcen, Erstellen der neuen Aufbauorganisation, Erstellen der Rollen. Der Aufwand beim Planen einer Aufbauorganisation und eines Rollenmodells kann kaum verglichen werden, da es zu viele Einflussfaktoren gibt. Dann kommen die bereits oben beschriebenen Tätigkeiten, wie die Vergabe von Berechtigungen an die Benutzer.

Wie bei der Einführung eines IdM-Systems müssen auch beim Zusammenführen von Unternehmen alle Ebenen des Modells behandelt werden.

Übernahmen und Ausgliederungen stehen heute bei vielen Unternehmen auf der Tagesordnung.

Eine Abspaltung eines Unternehmensteils stellt ähnliche Herausforderungen. In der Regel bleiben aber die IT-Systeme im IdM-Umfeld gleich. Es handelt sich daher im Wesentlichen um den Export von Daten in das neue System sowie den Entzug und die Neuvergabe von Rechten.

18.2 Kundenzufriedenheit

Was beim Mitarbeiter »nur« Komfort ist, wird bei Kunden schnell geschäftsentscheidend.

Der Komfort für die eigenen Mitarbeiter lässt sich schwer in Zahlen messen. Ganz anders schaut es mit dem Komfort für die Kunden eines Webservices aus. Hier wird die Benutzerfreundlichkeit schnell geschäftsentscheidend. Ich habe mich im Rahmen meiner Nachforschungen bei sehr vielen Webseiten und Portalen angemeldet, um White Papers und andere Dokumente herunterzuladen. Obwohl es sich fast ausschließlich um Webseiten von Unternehmen im IdM-Umfeld gehandelt hat, haben nur erstaunlich wenige Registrierungen einwandfrei funktioniert. Das begann bei schlechter Benutzerführung, ging über Abbrüche bei der Anmeldung bis zu Problemen beim Erfassen der Daten. Bei einem großen Hersteller konnte ich mich nur als Frau registrieren, weil die Auswahl »Mr« einfach nicht funktioniert hat. Bei meinen Recherchen war ich gewillt, relativ viel zu »erdulden«, um zu den Informationen zu kommen. Zudem war ich auch daran interessiert, wie die Registrierung an sich abläuft. Wenn ich im Internet Bücher oder Musik kaufe, bin ich nicht so geduldig.

Dasselbe gilt für alles, was unter Web 2.0 verstanden wird. Wenn die Webseite bzw. das Portal sich primär durch den Input der Nutzer definiert, muss die Seite einfach zu handhaben sein, und sie muss für die Anwender auch ein gewisses Vertrauen zur Seite respektive zu den Betreibern der Seite aufbauen.

18.3 Neue Geschäftsmodelle

Wenn es um neue Geschäftsmodelle geht, wird gerne die Zusammenarbeit einer Fluglinie mit einem Autovermieter als Anschauungsbeispiel herangezogen. Dabei hat der Kunde die Möglichkeit, gleich nach Kauf des Tickets auch einen Leihwagen zu mieten. Die Kundendaten werden von der Fluggesellschaft an die Leihwagenfirma weitergegeben.

Durch die Kombination von Services entstehen neue Geschäftsmöglichkeiten.

Ein anderes Beispiel ist eBay. Ein registrierter Benutzer kann sich Artikel merken, Suchabfragen erstellen und das Profil von Käufern und Verkäufern sehen. Er hat also eine bestimmte Rolle. Wenn er sich auch als Verkäufer registriert, wird seine Rolle erweitert. Sobald der Benutzer aber eine Auktion gewinnt, bekommt er zusätzliche Rechte. Er kann dann auch die Bankdaten des Verkäufers sehen, die beim Artikel hinterlegt sind. Falls er über Paypal bezahlt, werden sein Benutzername und die Informationen über den ersteigerten Artikel weitergereicht. Allerdings muss er sich noch einmal authentisieren, um die Transaktion wirklich durchführen zu können. Das ist ein praktisches Beispiel für die in Ebene 4 des Modells vorgestellte Risikokategorisierung. Einen Artikel zu ersteigern, hat eine andere Wertigkeit, als effektiv eine Zahlung durchzuführen. Daher muss der Zugriff auch anders geschützt sein. Im genannten Fall ist die Authentisierungsmethode zwar nicht sicherer, aber immerhin ist ein zusätzliches Passwort notwendig.

18.4 Collaboration[1]

Eine reibungslose Zusammenarbeit innerhalb eines Teams ist kein neuer Erfolgsfaktor. Allerdings haben sich in den letzten Jahren einige Rahmenbedingungen grundlegend verändert. Bei immer mehr Projekten arbeiten die Teammitglieder an unterschiedlichen Orten, oft auch in verschiedenen Zeitzonen in sogenannten virtuellen Teams zusam-

---

1. Hier habe ich bewusst den englischen Begriff für Zusammenarbeit genommen, der als Schlagwort für das Gemeinte gängiger ist.

men und müssen auf dieselben Daten zugreifen können. Effizienter Informationsaustausch entscheidet oft über den Erfolg des Projekts.

IdM ist eine Basis, damit virtuelle Teams effizient zusammenarbeiten können.

Dazu müssen die IT-Systeme auch entsprechend sichere Zugriffe an allen Lokationen ermöglichen. Es wird auch notwendig sein, einen übergreifenden Workflow einzuführen. Der Teamleiter in Nordamerika soll in der Lage sein, einem neuen Teammitglied in der Niederlassung in China, Berechtigungen auf Daten zuzuweisen, die auf einem Server in der Konzernzentrale in Deutschland liegen. Wenn, wie in diesem Beispiel, einige Zeitzonen übersprungen werden, wirft das neue Probleme auf. Zu welchem Zeitpunkt wurden die Rechte am Server in Deutschland gesetzt, und wie lange war die Durchlaufzeit der Anforderung? Wann werden die Zugriffe weltweit gesperrt, wenn ein Mitarbeiter der Niederlassung in China am ersten des Folgemonats das Unternehmen verlässt.

Swatch-Internetzeit:

Der Schweizer Uhrenkonzern Swatch hat 1999 einen etwas belächelten Versuch gestartet, eine neue Zeitrechnung einzuführen. Die Idee war, für das Internet eine Zeit ohne Zeitzonen zu schaffen. Mit einer einzigen Zeitangabe sollten weltweit beispielsweise alle Teilnehmer einer Videokonferenz wissen, wann diese beginnt. Dazu wurde der Tag in 1000 Einheiten, sogenannte Swatch-Beats (.beat), geteilt. Anstelle des Nullmeridians von Greenwich wurde Biel, wo sich der Hauptsitz von Swatch befindet, als Nullpunkt der neuen Zeit gewählt. Um Mitternacht Basler Zeit beginnt weltweit der Swatch-Tag mit @0 .beats. Genau 86,4 Sekunden später ist es dann @1 .beats. Besagte Videokonferenz würde dann um @500 .beats beginnen, was in Mitteleuropa 12:00 Mittag und in New York 6:00 in der Früh wäre.

Die Swatch-Zeit hat sich nicht durchgesetzt, aber die Problematik, die gelöst werden sollte, bleibt. Die Zeitangabe ist zwar nur ein Detail, aber ein wichtiges.

Neben der Lokation ist die Firmenzugehörigkeit ein weiterer Punkt, der immer mehr in den Hintergrund tritt. Die Mitglieder eines Teams können aus unterschiedlichen kooperierenden Firmen kommen oder auch als Freelancer in einem Projekt mitarbeiten. Die Trends zu *Offshoring* und *Nearshoring* tragen das ihrige zu solchen Teamstrukturen bei. Dadurch ergeben sich spezielle Herausforderungen an die IT. Das fängt ganz banal bei der Abbildung der Teamstruktur an. Herkömmliche Mechanismen setzen oft auf den firmeneigenen Personaldatenstamm auf, was in solchen Teams nicht funktioniert. Wenn nun das Rollenmanagement wiederum auf die Teamstrukturen aufsetzt, pflanzt sich das Problem fort. Die Trennung »intern gegen extern«, die vielfach der Ausgangspunkt der Sicherheitsplanung ist, funktioniert hier nicht mehr. Die externen Mitarbeiter müssen, abhängig von der Rolle, dieselben oder vielleicht sogar mehr Rechte haben als interne Mitarbeiter.

Selbst wenn die Personendaten aller Teammitglieder in einem Repository geführt werden oder der Zugriff über Federation-Mechanismen geregelt ist, bleibt noch die Fluktuation. Gerade bei langen und großen Projekten ist es durchaus möglich, dass Teammitglieder während des Projekts die Firma wechseln und an anderer Stelle im Projekt weiterarbeiten. Dabei sind neben den technischen, vor allem organisatorische und rechtliche Maßnahmen von Bedeutung.

Das Thema bietet sich an, wenn IdM als strategisches Projekt aufgesetzt wird. Dann sollten gemeinsam mit erfahrenen Projektleitern Beispielfälle erarbeitet werden, die durch ein IdM-System gelöst oder zumindestens verbessert werden.

18.5 Serviceorientierte Architektur (SOA)

Mit SOA sollen Entwicklungszeiten kürzer und die Software trotzdem leistungsfähiger werden.

Ein bedeutender Trend der letzten Jahre in der Softwareentwicklung ist sicher der Einsatz einer *serviceorientierten Architektur (SOA)*. Dahinter verbirgt sich ein »neuer« Ansatz, bestehende Implementierungen wiederzuverwenden. Bestimmte grundsätzliche Funktionen werden immer wieder benötigt und stets aufs Neue programmiert. Das kostet Zeit und Geld. Daher sind Entwickler auf der Suche nach einer entsprechenden Methode, einmal entwickelten Code besser wiederverwerten zu können. Programmiersprachen der 4. Generation, Frameworks, objektorientierte Programmierung oder EAI waren unterschiedliche Ansätze zu diesem Thema.

Bei SOA sollen einzelne Services lose gekoppelt zusammenwirken und so das gewünschte Ergebnis erzielen. Ein Service kann als *Service Consumer* einen anderen Service nutzen oder als *Service Provider* einen bestimmten Service zur Verfügung stellen.

Dabei ist dieser Ansatz nicht so akademisch, wie er auf den ersten Blick ausschaut. In unserem täglichen Leben sind diese Grundsätze in vielen Fällen verwirklicht. Nehmen wir zum Beispiel ein Autoradio. Das Autoradio bietet den Service, Musik zu spielen. Die »Daten« dazu kommen von einem Radiosender oder einer CD. Sie können diese Musikdaten mit unterschiedlichen Autoradios abspielen, der Service bleibt immer derselbe, allerdings in unterschiedlicher Qualität. Die Voraussetzung dafür sind standardisierte Formate, mit denen die Informationen ausgetauscht werden. Beim Radio bzw. bei der CD ist das gegeben. Anders verhält es sich im Softwarebereich. Da sind nicht nur die Standards für SOA offen, auch das Prinzip an sich wird in

Frage gestellt. Der SOA-Ansatz bringt ja nicht nur Vorteile, denn geschlossene Systeme mit eigenen Standards haben auch ihre Stärken. Das hat der iPOD eindrucksvoll gezeigt.

Mit Lego-Steinen lassen sich sehr gut die Vorzüge und Nachteile von SOA erklären.

Jason Bloomberg von ZapThink[2] vergleicht Services mit Lego-Bausteinen, um die Vor- und Nachteile von SOA zu beschreiben.

Die vier Vorteile eines Lego-Steins:

- **Lego-Steine sind vollständig kompatibel**
  Die Grundidee ist, dass jeder Baustein auf den anderen passt. Es gibt ein »Interface«, das bei allen Bausteinen gleich ist.
- **Lego-Steine sind robust**
  Wann haben Sie schon einmal einen zerbrochenen Legostein gesehen? Natürlich wäre es möglich, einen Stein zu zerstören, aber nicht ohne Werkzeuge und massive Gewalteinwirkung. Diese Robustheit wäre auch für Softwareservices wünschenswert.
- **Lego-Steine sind miteinander kombinierbar**
  Ein Stein allein macht keinen Spaß. Die Idee ist, die Steine zu kombinieren und dadurch verschiedenste Dinge zu schaffen. Bei SOA sind es Geschäftsanforderungen, die sich durch eine Kombination von Services erfüllen lassen.
- **Lego-Steine sind wiederverwendbar**
  Ein Gebäude aus Lego-Steinen kann jederzeit wieder in seine Teile zerlegt und die Steine für etwas Neues verwendet werden. Die Steine erfüllen in jedem Gebilde ihren Zweck. Hier gehen die Ansprüche von SOA sogar noch weiter. Ein Service kann in mehreren Anwendungen gleichzeitig verwendet werden. Aber die Grundidee der Wiederverwendbarkeit ist dieselbe.

Es macht eine gute Analogie aus, dass neben den Vorteilen auch die Nachteile repräsentiert werden.

Wie sehen nun die Nachteile von SOA respektive der Lego-Steine aus?

- **Die Stärken der Lego-Steine sind ein Nachteil für den Hersteller**
  Ursprünglich gab es nur die neutralen Steine in verschiedenen Farben die für alle Kinder ihren Dienst taten. Wegen ihrer Robustheit gibt es praktisch keine Abnutzung. Auch wiederverwendbare Komponenten haben diesen Nachteil für den Hersteller.
- **Lego-Bauwerke haben eine begrenzte Stabilität**
  Die Ansprüche an die Verbindung, leicht zusammenzustecken und leicht auseinanderzunehmen zu sein, können auf der anderen Seite nur eine gewisse Stabilität gewährleisten. Auch die lose Verbindung von Softwarekomponenten hat ihre Grenzen.

---

2. *www.zapthink.com*

- **Lego-Steine sind nur untereinander kompatibel**
  Sie können die Steine nicht mit anderem Spielzeug kombinieren. Bei SOA ergibt sich diese Gefahr, wenn man auf einzelnen Plattformen implementiert, die nicht kompatibel sind. Hinzu kommt, dass die lose Kopplung auf mehreren Ebenen erfolgen muss. Es ist möglich, auf Protokoll-Ebene lose gekoppelt zu arbeiten, während auf semantischer Ebene die Kopplung immer noch sehr eng ist. Auf allen Ebenen lose gekoppelt zu arbeiten, ist allerdings weit komplexer, als Lego-Steine zu verbinden.
- **Kinder können mit Lego spielen, aber sie könnten nicht Legoland aufbauen**
  Es gelingt mit Lego sehr schnell, auch recht eindrucksvolle Gebilde zu bauen, für große Bauwerke braucht es aber eine entsprechende Architektur. Ohne die richtige Architektur bleibt auch SOA nur eine Sammlung von Services.

Bei der Interaktion von Services muss natürlich sichergestellt sein, dass der Service Consumer die angeforderten Funktionen auch nutzen darf. Es bedarf also auch der entsprechenden Mechanismen zur Authentisierung und Autorisierung. Ein Service Consumer muss sich gegenüber dem Service Provider authentisieren und dieser muss aufgrund der übermittelten Daten entscheiden können, welche Berechtigungen der Service Consumer hat. Wenn sich ein Unternehmen entscheidet, eine SOA einzuführen, impliziert das auch eine intensive Beschäftigung mit IdM. SOA ist daher ein strategisches Argument, wenn es um die Einführung eines IdM-System geht.

19 Compliance

Wenn es um die Argumente für ein IdM-System geht, wird von Herstellern und Beratern gerne der Begriff »Compliance« genannt. Dem folgt dann noch eine Liste von Regelwerken, die oft vom Sarbanes-Oxley Act (SOX) angeführt wird. Was versteht man aber eigentlich unter Compliance und was fordern die einzelnen Verordnungen im Bereich Identity Management?

Mit Compliance ist generell das Einhalten verschiedenster Vorschriften gemeint.

Unter *Compliance* versteht man das Erfüllen offizieller Vorgaben. Wobei auch der klar ersichtliche Weg zu diesem Ziel von den Prüfern anerkannt wird. Im Rahmen eines Audits muss das geprüfte Unternehmen die Erfüllung nachweisen und der Prüfer hat die Aufgabe, den Grad der Erfüllung festzustellen. Dabei stützt er sich auf das jeweils zu prüfende Regelwerk. Abhängig vom Regelwerk gibt es dabei mehr oder weniger konkrete Vorgaben, was zu prüfen ist.

Compliance Reports sind heute in vielen Produkten Standard. Es gibt sogar Produkte, die simulieren können, welche Auswirkung geplante Änderungen an der Organisationsstruktur in Bezug auf die Compliance haben.

Gerade bei der Compliance besteht viel Unklarheit und es werden auch viele Halbwahrheiten vermittelt. So ist es üblich, Gesetze und Vorschriften wie Sox oder Basel II in einem Atemzug mit den Werkzeugen zur Umsetzung wie zum Beispiel COBIT zu nennen. Das hat seinen Grund, denn wie sich zeigen wird, bieten die Gesetze an sich wenig Konkretes. Die Interpretation erfolgt dann weitgehend durch Berater oder durch die Hersteller. Bei den Herstellern entsteht durch die Interpretation in der Regel eine Begründung für ihre Produkte. Dieses Kapitel beschreibt aktuell gängige Gesetze, die im Zusammenhang mit IdM genannt werden. Dabei wird in einigen Fällen der Gesetzestext zitiert. Die Gesetze werden in unterschiedlicher Tiefe behandelt, da sich die Grundanforderungen in der Regel wiederholen und eine ausführliche Betrachtung aller relevanten Gesetze zu weit führen würde. Wenn es möglich war, aus den Anforderungen einen direkten Bezug zum Modell aus Teil 1 des Buches herzustellen, finden Sie die entsprechende Ebene, in der die Anforderung behandelt wird, am Rand angeführt. Da größere Unternehmen oft mehrere Audits nach unterschiedlichen Regelwerken zu erfüllen haben, werden zum Abschluss in Abschnitt 19.12 die Gemeinsamkeiten dargestellt und ein übergreifender Anforderungskatalog erstellt.

Einige Werkzeuge zur Umsetzung werden in Kapitel 20 beschrieben.

Ich habe mich bemüht, einen breiten Überblick über aktuelle Vorschriften zu geben. Da sich aber viele Vorschriften ähneln oder für Europa nicht so wichtig sind, habe ich manche nur sehr kurz behandelt. Sollte gerade jenes Regelwerk zu kurz gekommen sein, wegen dem Sie die gesamte IT umbauen müssen, nehmen Sie es mir bitte nicht übel.

19.1 Sarbanes-Oxley Act (SOX)

SOX betrifft alle Unternehmen, die an der New York Stock Exchange gehandelt werden.

Dieses Gesetz, das die Namen des republikanischen Abgeordneten Paul Sarbanes und des demokratischen Abgeordneten Michael Oxley trägt, wurde am 30. Juli 2002 verabschiedet und war die Reaktion auf eine Reihe von Finanzskandalen wie Enron und Worldcon. Durch den Zusammenbruch dieser Unternehmen wurde Kapital in Höhe von rund 8 Milliarden US$ vernichtet. Um das Vertrauen der Aktionäre wiederherzustellen, müssen alle Unternehmen, die an amerikanischen Börsen gelistet sind, eine Reihe von Auflagen erfüllen. Der dabei entstandene Aufwand hat dem Gesetz mittlerweile einiges an Kritik eingebracht und wirft berechtigte Fragen auf. So schätzen Analysten, dass die Vorbereitungen auf die Prüfungen insgesamt einen Marktwert von 75 Milliarden US$ verschlungen haben. Ebenfalls bezweifeln sie die Effektivität der Maßnahmen.

Wenn also schon die Anleger durch das Gesetz nicht zu den Gewinnern zählen, so haben wenigstens die Berater und Softwarehersteller allen Grund zur Freude. Studien zufolge wurden 42% der Ausgaben in Berater investiert. Welche Anforderungen stellt nun der Sarbanes-Oxley Act?

Grundsätzlich ist festzustellen, dass sich das Gesetz überhaupt nicht mit der IT beschäftigt, sondern mit der Finanzberichterstattung und den Pflichten des Prüfers. Es gibt keine direkte Forderung an die IT und daher auch nicht an das IdM. Die indirekten Forderungen werden meistens aus dem Kapitel 404 abgeleitet. Dieses lautet wie folgt:

Das »berüchtigte« Chapter 404 ist erstaunlich kurz.

SEC. 404. MANAGEMENT ASSESSMENT OF INTERNAL CONTROLS.

(a) RULES REQUIRED.
The Commission shall prescribe rules requiring each annual report required by section 13(a) or 15(d) of the Securities Exchange Act of 1934 (15 U.S.C. 78m or 78o(d)) to contain an internal control report, which shall

(1) state the responsibility of management for establishing and maintaining an adequate internal control structure and procedures for financial reporting; and
(2) contain an assessment, as of the end of the most recent fiscal year of the issuer, of the effectiveness of the internal control structure and procedures of the issuer for financial reporting.

(b) INTERNAL CONTROL EVALUATION AND REPORTING.
With respect to the internal control assessment required by subsection (a), each registered public accounting firm that prepares or issues the audit report for the issuer shall attest to, and report on, the assessment made by the management of the issuer. An attestation made under this subsection shall be made in accordance with standards for attestation engagements issued or adopted by the Board. Any such attestation shall not be the subject of a separate engagement.

Frei übersetzt hat die Unternehmensführung adäquate Kontrollstrukturen und Prozeduren für das Finanzreporting zu etablieren und zu betreiben. Wie das passiert, ist in einem jährlichen Bericht nachzuweisen. Das ist es. Nicht mehr und nicht weniger.

Wie leicht nachzuvollziehen ist, sorgt die Interpretation des Punktes, was adäquate Kontrollstrukturen sind, seit 2002 für rege Diskussion. Durch das Gesetz wurde auch das Public Company Accounting Oversight Board (PCAOB) initiiert, das Vorschriften erstellt, wie bei den Prüfungen vorzugehen ist. In diesen Vorschriften[1] ist zwar beschrieben, wie zu prüfen ist, aber es ist wenig Konkretes zu finden, was geprüft werden soll. Zum Thema IT wird auf *Information Technology General Controls* (ITGC) verwiesen, die nicht genauer beschrieben werden. Eine der wenigen weiterführenden Informationen ist, dass diese generellen IT-Kontrollen in den Bereichen:

- Entwicklung von Programmen
- Änderungen an Programmen
- IT-Betrieb
- Zugriff auf Programme und Daten

E3 (Autorisierung)

durchgeführt werden sollen. Konkreter wird es nicht mehr, aber aus IdM -Sicht kommt an dieser Stelle immerhin die Autorisierung ins Spiel.

1. Hier wird auf den PCAOB Auditing-Standard No. 2 Bezug genommen.

Im Mai 2005 hat die U.S. Security and Exchange Commission, die beauftragt wurde, die oben genannten Informationen einzufordern, nachfolgendes Statement veröffentlicht:

Es gibt von offizieller Stelle keine genauen Angaben, was im Rahmen eines SOX-Audits genau zu prüfen ist.

Because Section 404 is not a one-size-fits-all approach to assessing controls, it is not possible for us to provide a list of the exact general IT controls that should be included in an assessment for Section 404 purposes.

Wieder frei übersetzt: »Weil es nicht möglich ist, das Kapitel 404 für alle Unternehmen gleich zu interpretieren, ist es der Kommission also auch nicht möglich, eine Liste mit den genauen Anforderungen zu erstellen.« Von dieser Seite ist also keine Hilfe zu erwarten.

Es bleibt also die generelle Forderung an die Unternehmen, ein internes Kontroll-Framework einzuführen. Es liegt letztlich im Ermessen des Prüfers, was adäquate Kontrollstrukturen sind.

Trotz der spärlichen Informationen wird im Sarbanes-Oxley Act klargestellt, dass die Unternehmensführung für die Einführung und Überprüfung des Kontroll-Frameworks voll verantwortlich ist und die Konsequenzen zu tragen hat, wenn die »Ziele« nicht erreicht werden. Der dafür in Aussicht gestellte Strafrahmen reicht bis zu 10 Jahren Haft und 15 Millionen US$. Da die Top-Manager diese Aufgabe eigentlich gar nicht erfüllen können, wird sie in der Regel an Beratungsunternehmen delegiert, die oft eines der gängigen Frameworks einführen. In diesen Frameworks werden dann auch die Themen des Identity Managements berücksichtigt.

Es gibt aus Sicht von SOX keine direkten Anforderungen an das IdM.

Soviel zur Geschichte, wie aus der Kontrolle des Finanzreportings ein Hauptargument für IdM wurde. Es werden also für SOX die Rahmenwerke wie COSO oder COBIT geprüft. Aus diesen werden dann die Forderungen an die IT bzw. an das IdM abgeleitet.

Unabhängig vom Rahmenwerk gilt für SOX die Einschränkung, dass die Vorgaben auf finanztechnisch relevante Systeme und Applikationen abzielen. Ein System wird als SOX-relevant eingestuft, wenn Finanzdaten direkt oder indirekt bearbeitet werden. Wenn es also Funktionen aufweist, die solche Daten erzeugen, ändern oder löschen. Das gilt konsequenter Weise auch für die maschinelle Bearbeitung bzw. Änderung von Massendaten.

Es geht um Finanzdaten.

Als Finanzdaten gelten in erster Linie Preise (Ein- und Verkauf), Kostensätze, Auf-/Abschläge und Zahlungsbedingungen. Es sind aber auch Werte, die indirekten Einfluss haben, wie Mengen (Teile, Halb-/Fertigfabrikate, Arbeitsstunden usw.) aber auch Kunden- oder Lieferantenstämme. Bei diesen geht es vor allem um Rechnungsadressen. Die Auswirkung von Daten, die direkt nach Außen weitergegeben werden (Finanz, Zoll, Kunden, Lieferanten usw.) sind höher als die, die nur innerhalb der Unternehmen verwendet werden (Betriebsleistungsrechnung, Zeiterfassung usw.).

Mit dieser Festlegung gibt es in der Regel nur einige SOX-relevante Applikationen. Allerdings sind Hauptapplikationen wie SAP praktisch immer betroffen, aber oft auch sehr kleine Applikationen oder Excelmappen, die für Berechnungen verwendet werden.

Einige allgemeine Forderungen an das IdM lassen sich aber ableiten.

Welche Forderungen lassen sich nun aus SOX an das IdM ableiten?[2]

E1 (Personendaten)

- Ebene 1 – Personendaten
  - Ändert sich das Arbeitsverhältnis oder der Aufgabenbereich einer Person, wirken sich die Änderungen unmittelbar auf die Berechtigungen der Person aus.

E2 (Ressourcen)

- Ebene 2 – Ressourcen
  - Es muss sichergestellt sein, dass nur authentifizierte Personen mit den Systemen arbeiten. Dazu sind die Methoden der Systeme zu prüfen. Auch ist sicherzustellen, dass ein *Benutzeraccount* jeweils nur von einer Person verwendet wird.
  - Zugriffsverletzungen müssen aufgezeichnet werden.
  - Berechtigungen für die Systeme müssen regelmäßig überprüft werden.
  - Sensible Daten werden gegen unberechtigten Zugriff oder unberechtigte Änderung geschützt. (Dies betrifft auch Ebene 3.)

E3 (Autorisierung)

- Ebene 3 – Autorisierung
  - Verteilung der Rechte (Segregation of Duties). Das gilt für das Arbeiten in den Applikationen, aber auch für die Prozesse innerhalb der IT sowie für die Anforderung und Genehmigung von Rechten.
  - Es muss nachvollziehbar sein, warum ein Benutzer bestimmte Berechtigungen hat bzw. wer diese genehmigt und eingerichtet hat.

E4 (Authentisierung)

- Ebene 4 – Authentisierung
  - Die Authentisierungsmethode muss ausreichend sicher sein (regelmäßiger Passworttausch, sichere Passwörter usw.)

Um die Vorgaben zu erfüllen, müssen unternehmensweite Richtlinien aufgestellt werden. Die Einhaltung der Richtlinien wird dann im Idealfall systemtechnisch erzwungen und auf jeden Fall regelmäßig überprüft.

---

2. Wie ich zuvor beschrieben habe, ist SOX keine exakte Wissenschaft. Daher kann die Ausprägung der Forderungen von Audit zu Audit unterschiedlich sein.

19.2 8. EU-Richtlinie (EuroSOX[3])

Im Hinblick auf SOX wurde die 1984 verabschiedete 8. EU-Richtlinie 84/253/EWG (Abschlussprüferrichtlinie) reformiert. Seit Sommer 2006 gibt es nun die Richtlinie 2006/43/EG als »neue« 8. EU-Richtlinie, die für alle Mitgliedsstaaten gültig ist und bis zum 29. Juni 2008 in nationales Recht umzusetzen ist. Von den Inhalten her ist diese Neufassung SOX sehr ähnlich. Auch hier ist es die Forderung nach einem internen Kontrollsystem (IKS), die sich infolge auf die IT auswirkt. Diese Forderung wurde zu den bestehenden Anforderungen an den Lagebericht des Unternehmens hinzugefügt. Dazu der Originaltext.

Wie SOX fordert auch die EU-Richtlinie ein internes Kontrollsystem.

Artikel 41 Prüfungsausschuss

(1) Jedes Unternehmen von öffentlichem Interesse hat einen Prüfungsausschuss.

...

(2) Unabhängig von der Verantwortung der Mitglieder des Verwaltungs-, Leitungs- oder Aufsichtsorgans des geprüften Unternehmens oder anderer Mitglieder, die durch Mehrheitsentscheidung von der Gesellschafterversammlung oder Aktionärshauptversammlung des geprüften Unternehmens bestellt werden, besteht die Aufgabe des Prüfungsausschusses unter anderem darin,

a) den Rechnungslegungsprozess zu überwachen;
b) **die Wirksamkeit des internen Kontrollsystems**, gegebenenfalls des internen Revisionssystems, und **des Risikomanagementsystems** des Unternehmens **zu überwachen**;

...

Betroffen sind also hauptsächlich (wie bei SOX auch) öffentlich gehandelte Unternehmen. Diese müssen in ihrem Bericht die Merkmale des internen Kontrollsystems anführen. Gültig wird die Forderung aber erst mit der Umsetzung in länderspezifische Gesetze. Man kann davon ausgehen, dass sich die Forderungen nicht weit von denen der US-Behörden entfernen werden und ein Kontrollsystem wie COBIT vorausgesetzt wird.

---

3. Bezieht sich auf die Veröffentlichung der EU vom 14 .Juni 2006

19.3 European Data Protection Directive[4]

Es geht in der Direktive um personenbezogene Daten und deren Verarbeitung. *Personenbezogene Daten* sind dabei alle Informationen einer bestimmten oder bestimmbaren Person. Mit *Verarbeitung* sind das Erheben, das Speichern, das Bearbeiten und Abfragen, aber auch das Löschen gemeint. Für die Verarbeitung wurden folgenden Regeln festgelegt:

Die Forderungen der Direktive sind nur mit hohem Aufwand zu erfüllen.

- Die Verarbeitung der Daten muss einem bestimmten Zweck entsprechen und muss diesem Zweck angemessen sein.
- Die Person muss über die Erhebung der Daten informiert werden und sich mit der Verarbeitung einverstanden erklären.

E1 (Personendaten)

- Jede Person muss ein Auskunftsrecht hinsichtlich der sie betreffenden Daten haben, um überprüfen zu können, ob die Daten korrekt sind und deren Verarbeitung zulässig ist.
- Für den Schutz der personenbezogenen Daten müssen geeignete technische und organisatorische Maßnahmen getroffen werden, um jede unrechtmäßige Verarbeitung zu verhindern. Dabei ist unter Berücksichtigung des Stands der Technik und der entstehenden Kosten ein der Art der Daten angemessenes Schutzniveau zu gewährleisten.
- Es ist untersagt, personenbezogene Daten in ein Land zu übermitteln, das keinen angemessenen Schutz im Sinne der Direktive bietet.

Personendaten dürfen nicht in Länder übermittelt werden, die zu wenig Schutz bieten.

Die Direktive betrifft alle Firmen und Organisationen, die innerhalb der EU tätig sind, und soll unterschiedliche Gesetze harmonisieren. Jedes Land muss die Themen im Rahmen seiner eigenen Gesetze umsetzen. Daher werden die spezifischen Forderungen von Land zu Land leicht abweichen. Ungeachtet dessen haben vor allem die Forderungen zur Auskunftspflicht und zum angemessenen technischen Schutz der Daten massive Auswirkungen auf das IdM. Aber auch die Weiterleitung der Daten an Drittländer ohne ausreichenden Schutz birgt einiges an Brisanz. Für solche Länder muss der dortige Verarbeiter der Daten die Sicherheit nachweisen bzw. die betreffende Person ausdrücklich der Versendung ihrer Daten in das Land zustimmen.

Mit dem Safe Harbor-Framework ist ein Datenaustausch mit den USA möglich.

Da auch die USA unter die Länder ohne ausreichenden Schutz fallen, wurde vom Handelsministerium der USA das *Safe Harbor-Framework* entwickelt. Das Framework stellt ähnliche Anforderungen wie die EU-Direktive. Die Sicherheit der Daten ist zu gewährleisten, die

4. Der volle Titel ist: *Directive 95/46/EC in the protection of individuals with regard to the processing of personal data and the free movement of such data*

betroffenen Personen sind über den Zweck der Datenverarbeitung zu informieren und müssen einer Weiterleitung der Daten zustimmen. Auch das Recht, die gespeicherten Daten einzusehen, ist festgehalten. Amerikanische Firmen können sich freiwillig dazu bekennen und auditieren lassen. Dadurch wird eine Weitergabe von Personendaten an solche Firmen legitim. Safe Harbor wird von allen Mitgliedsstaaten der EU anerkannt.

Ein weiterer Punkt der EU-Direktive hat aus meiner Sicht weitreichende organisatorische und voraussichtlich künftig auch arbeitsrechtliche Auswirkungen. Wenn sich ein Mitarbeiter mit der Verarbeitung der Daten einverstanden erklären muss, beispielsweise weil die Daten im Rahmen einer Zusammenarbeit an andere Unternehmen weitergegeben werden, so besteht natürlich auch die Möglichkeit, dass er diese Forderung ablehnt. Es muss also Prozesse geben, wie Unternehmen mit diesen Ablehnungen umgehen. Die Verarbeitung der Daten im Arbeitsvertrag zu verankern, ist eine praktikable Lösung, wird sich aber vielleicht nicht überall verwirklichen lassen. Vor allem würden solche Pauschalklauseln, wenn sie zur Regel werden, den Sinn der Direktive in Frage stellen.

19.4 Basel II

Neben dem Sarbanes-Oxley Act wird die »Neue Baseler Eigenkapitalvereinbarung für Banken« (Basel II) am häufigsten im Zusammenhang mit Compliance und IdM genannt. Wie bei SOX bedarf es bei Basel II einiges an Interpretation, um auf Forderungen an das IdM zu kommen. Kernpunkt ist die Bewertung eines operativen Risikos, das neben Kreditrisiko und Marktrisiko als dritter Faktor berücksichtigt wird.

Mit Basel II wird das operative Risiko von Banken bewertet.

> Das operative Risiko ist definiert als die Gefahr von Verlusten infolge unzulänglicher oder fehlgeschlagener interner Prozesse, Systeme oder Menschen sowie von externen Ereignissen. Diese Definition beinhaltet das Rechtsrisiko, schließt aber strategisches- und Reputationsrisiko aus.

Um mit diesem operativen Risiko umzugehen, wird (ähnlich wie bei SOX) ein Rahmenwerk verlangt. So fordert Paragraph 666[5]:

---

5. Kein Tippfehler. Der Paragraph hat wirklich die Nummer 666. Ich gehe aber davon aus, dass der Teufel in diesem Fall unschuldig war.

> »The bank must have an independent operational risk management function that is responsible for the design and implementation of the bank's operational risk management framework. The operational risk management function is responsible for codifying firm-level policies and procedures concerning operational risk management and controls; for the design and implementation of the firm's operational risk measurement methodology; for the design and implementation of a risk-reporting system for operational risk; and for developing strategies to identify, measure, monitor and control/mitigate operational risk.«

Das geforderte Rahmenwerk muss also Unternehmensrichtlinien und Prozeduren zur Verfügung stellen, um das operative Risiko zu identifizieren, zu messen und zu reduzieren. Dazu bietet sich wieder das COSO-Framework an oder davon abgeleitete Rahmenwerke wie Turnbull-Guidance oder COCO.

Die Turnbull-Guidance ist Bestandteil des Combined Code des britischen Corporate-Governance-Kodex und enthält ebenfalls Grundsätze zum internen Kontrollsystem.

COCO ist das Rahmenwerk des Canadian Institute of Chartered Accountants. Darin werden weiche Faktoren noch stärker hervorgehoben als in COSO.

Bei der Umsetzung kommen wieder COBIT, ITIL oder BS17799 zum Einsatz. Aus Sicht von IdM geht es um Dinge wie Datenschutz, unberechtigten Zugriff von innen, unberechtigten Zugriff von außen oder Rechtetrennung.

Basel II betrifft nicht nur die Banken, sondern auch die Kreditnehmer.

Das operative Risiko betrifft aber nicht nur die Banken selbst, sondern wird auch bei der Überprüfung von Kreditnehmern angewandt. Dies erfolgt im Rahmen einer genormten Risikobeurteilung. Dabei wird zuerst die Ausfallwahrscheinlichkeit (Probability of Default, PD) des Kreditnehmers beurteilt. Dazu messen die Banken, wie viel sie verlieren würden, falls der Fall eintreten würde. Dieser Wert ergibt sich aus der Wahrscheinlichkeit, mit der ein Kreditnehmer seine Rückzahlungen begleichen wird (Loss given Default, LGD) und der Höhe der ausstehenden Forderungen zum Zeitpunkt des Ausfalls (Exposure at Default). Je nachdem, wie diese Prüfung ausfällt bzw. wie hoch das Risiko beurteilt wird, muss die Bank einen gewissen Prozentsatz der Kreditsumme als Eigenkapital vorhalten. Die dadurch entstehenden Kosten werden an den Kreditnehmer weitergegeben. So werden künftig die Zinssätze für alle Kredite vom Ergebnis der Beurteilung (des Ratings) abhängen. Je besser das Rating ist, desto billiger wird der Kredit.

Die Beurteilung ist wesentlich genauer als frühere Beurteilungen. So werden auch zukünftige Aspekte und auch weiche Faktoren in Betracht gezogen. Die Methoden und Daten, die zur Zuordnung der

Ratings verwendet werden, sollen klar festgelegt und dokumentiert werden. Es obliegt aber den Banken, ein entsprechendes Regelwerk für das Rating aufzustellen. Dabei sollte mindestens jeder der folgenden Faktoren für jeden Kreditnehmer beachtet werden:

- Die vergangene und prognostizierte Fähigkeit, Erträge zu erwirtschaften, um Kredite zurückzuzahlen und anderen Finanzbedarf zu decken;
- die Kapitalstruktur und die Wahrscheinlichkeit, dass unvorhergesehene Umstände die Kapitaldecke aufzehren könnten und dies zur Zahlungsunfähigkeit führt;
- die Qualität der Einkünfte, d.h. der Grad, zu dem die Einkünfte und der Cashflow des Kreditnehmers aus dem Kerngeschäft und nicht aus einmaligen, nicht wiederkehrenden Quellen stammen;
- die Qualität und rechtzeitige Verfügbarkeit von Informationen über den Kreditnehmer, einschließlich der Verfügbarkeit testierter Jahresabschlüsse, die anzuwendenden Rechnungslegungsstandards und Einhaltung dieser Standards;
- der Grad der Fremdfinanzierung und die Auswirkungen von Nachfrageschwankungen auf Rentabilität und Cashflow;
- die finanzielle Flexibilität in Abhängigkeit vom Zugang zu Fremd- und Eigenkapitalmärkten, um zusätzliche Mittel erlangen zu können;
- Stärke und Fähigkeit des Managements, auf veränderte Bedingungen effektiv zu reagieren und Ressourcen einzusetzen, sowie der Grad von Risikobereitschaft versus Konservativität;
- seine Position innerhalb der Industrie und zukünftige Aussichten,
- die Risikocharakteristik des Landes, in dem ein Unternehmen seine Geschäfte betreibt.

Das bedeutet, dass Basel II nicht nur die Banken, sondern genauso deren Kunden trifft. Aus Kundensicht lassen sich die Auswirkungen auf das IdM aus der Informationspflicht und der allgemeinen wirtschaftlichen Konkurrenzfähigkeit ableiten. Es läuft wie bei den Banken selbst darauf hinaus, ein Rahmenwerk wie COSO bzw. COBIT zu implementieren, um gut bewertet zu werden.

Im Gegensatz zu anderen Vorschriften ist der geldwerte Nutzen der Basel II Compliance eindeutig berechenbar.

Der große Unterschied zu den anderen Regelwerken ist der unmittelbare und rechenbare Nutzen für die Bank oder das Unternehmen. Für Banken geht es um die regulatorische Eigenkapitaldeckung, die nun über das operative Risiko gesteuert werden kann. Dabei sind drei Ansätze mit unterschiedlicher Komplexität und unterschiedlichen Voraussetzungen vorhanden, um die Eigenkapitaldeckung zu errechnen.

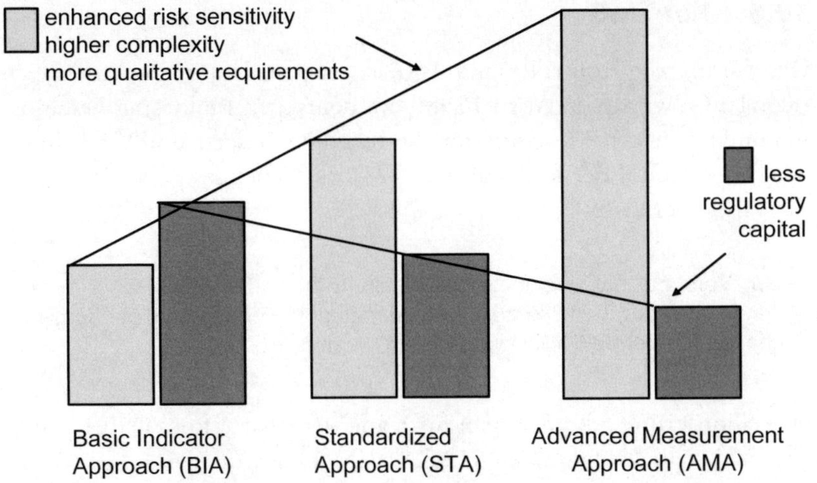

Abb. 19–1
Das regulatorisch benötigte Eigenkapital sinkt mit der Komplexität des Bewertungsansatzes.[6]

Ab dem standardisierten Ansatz wird ein Management des operativen Risikos vorausgesetzt. Ein erhöhter Aufwand im Umgang mit dem operativen Risiko wird belohnt, indem die vorgeschriebene Höhe des benötigten Kapitals sinkt (siehe Abb. 19–1).

Für Kunden lohnt der Aufwand, da die Kreditkosten, abhängig vom Rating, sinken können. Es lässt sich in beiden Fällen ein Potential für die Einführung eines Regelwerkes errechnen. Welche Gewichtung dabei das IdM hat, muss wieder individuell betrachtet werden. Es ist anzunehmen, dass die Anforderungen an das IdM denen von Basel II gleichen werden.

19.5 Solvency II

Diese Vorschrift ist sehr ähnlich zu Basel II, trifft aber Versicherungen.

Unter *Solvabilität (*engl. solvency) versteht man die Ausstattung mit Eigenmitteln von Versicherungen und Banken. Analog zu Basel II soll Solvency II den Eigenmittelbedarf von Versicherungen regeln. Die Struktur ist gleich wie bei Basel II und auch hier steht die Schaffung eines Risikomanagementsystems im Mittelpunkt. Es wird auch angestrebt, dort wo sinnvoll, zu Basel II kompatibel zu sein.

Solvency II ist ein Projekt der Europäischen Kommission und wird voraussichtlich ab 2008 national umgesetzt werden.

6. Quelle: Vortrag »Operational Risk«; Andreas Ittner, Director Financial Institutions and Markets; Österreichische Nationalbank

19.6 KonTraG

Das Gesetz zur Kontrolle und Transparenz im Unternehmensbereich (KonTraG) wurde im April 1998 vom deutschen Bundestag beschlossen und ist an sich eine Änderung bestehender Gesetze und Verordnungen. So wurde unter anderem der §91 des Aktiengesetzes um folgenden Absatz erweitert:

Forderungen wie bei SOX gab es in Deutschland schon deutlich früher.

»Der Vorstand hat geeignete Maßnahmen zu treffen, insbesondere ein Überwachungssystem einzurichten, damit den Fortbestand der Gesellschaft gefährdende Entwicklungen früh erkannt werden.«

Diese Forderung gilt allgemein für Kapitalgesellschaften. Dabei wurde in der Einzelbegründung zu §135 AktG noch ergänzt:

Die konkrete Ausformung der Pflicht ist von der Größe, Struktur, dem Kapitalmarktzugang usw. des jeweiligen Unternehmens abhängig. Dies bedarf keiner ausdrücklichen Erwähnung im Gesetz.

Es handelt sich also wieder um ein Kontrollsystem. Ähnlich wie bei SOX oder Basel II ist die Forderung sehr schwammig. Obwohl das Gesetz seit 1998 in Kraft ist, also deutlich vor SOX oder Basel II, hat es bei weitem nicht die Auswirkungen und den Bekanntheitsgrad der anderen Verordnungen. Es scheint also auch von Regierungsseite nur halbherzig unterstützt zu werden. Es ist auch bezeichnend, dass sich selbst nach acht Jahren noch kein einheitliches System zur Risikokontrolle herauskristallisiert hat.

Dazu passt, dass laut einer Studie, die Ernst & Young 2005 durchgeführt hat, selbst von den börsennotierten Unternehmen ein Drittel zu diesem Zeitpunkt die gesetzlichen Anforderungen noch nicht erfüllt hat.

19.7 Health Information Portability and Accountability Act (HIPAA)

E1-E4 (nur USA)

Regelt den Umgang mit *protected health information* (PHI), also geschützten Informationen über die Gesundheit von Patienten. Dabei wird nicht nur geregelt, wer solche Informationen anlegen, verändern oder löschen darf, es wird auch festgelegt, dass der Patient das Recht hat, den Zugriff und die Verwendung dieser Daten zu kontrollieren. Dieses Gesetz betrifft praktisch alle Bereiche des IdM, aber auch Themen wie Auditierung und Netzwerksicherheit. Die Forderungen sind ähnlich der EU-Direktive. Der Strafrahmen für Verfehlungen umfasst Geldstrafen von 100 bis 25.000 US$ pro Jahr. Bei den Haftstrafen wird aber wieder ein klares Zeichen gesetzt. Diese betragen wie bei SOX bis zu zehn Jahre.

19.8 FISMA

E1-E4 (nur USA)

Der Federal Information Security Management Act gibt generelle Richtlinien, um die Sicherheit von Informationssystemen der US-Regierungsstellen zu erhöhen. Das National Institute of Standards and Technology (NIST), das auch für das RBAC-Modell verantwortlich zeichnet, wurde beauftragt, die Vorgaben festzulegen. Diese Vorschrift hat sehr viele Anforderungen, die ausschließlich das IdM betreffen. Eine davon ist das Identifier-Management. Eine neue Wortkreation hinter der speziell nur die ordnungsgemäße und eindeutige Identifizierung der Systembenutzer steht.

19.9 Customer Identification Program (U.S. Patriot Act)[7]

E1 (nur USA)

Dieses Gesetz verpflichtet Unternehmen im Finanzsektor, die Daten aller neuen Kunden mit einer Liste von Daten über bekannte Terroristen zu vergleichen. Aus Sicht von IdM geht es um die ordnungsgemäße Verarbeitung und Weitergabe von Kundendaten. Es betrifft Finanzdienstleister in den USA.

19.10 Gramm-Leach Blily Act (GLBA)

E1, E3 (nur USA)

Dieses US-Gesetz soll die Kunden von Finanzdienstleistern oder Unternehmen, die ähnliche Informationen besitzen, schützen. Dabei wurden drei Hauptanforderungen aufgestellt. Zum einen müssen die Kunden darüber aufgeklärt werden, welche Daten gespeichert und ob Daten weitergegeben werden. Die Kunden können die Weitergabe von Daten beschränken. Zudem müssen die Unternehmen nachweisen, wie die Sicherheit und Vertraulichkeit der Daten ihrer Kunden gewährleistet werden. Als dritter Punkt wird der Versuch, sich unter falschem Vorwand Informationen über die finanzielle Situation einer Person zu beschaffen, unter Strafe gestellt (ähnlich wie bei HIPAA, dort jedoch

---

7. Uniting and Strengthening America by Providing Appropriate Tools Required to Intercept and Obstruct Terrorism Act von 2001

für den Finanzsektor). Der Strafrahmen umfasst Geldstrafen bis zu einer Million US$ und zehn Jahren Haft.

19.11 Food and Drug Administration Rule 21 CFR11 (FDA)

E1-E4 Diese Vorschrift betrifft vor allem Pharma-Unternehmen und andere, die in den Verantwortungsbereich der FDA fallen. Die Anforderungen gehen von der Überwachung von Daten, über die elektronische Übermittlung von Dokumenten bis zur elektronischen Unterschrift. Damit sind alle Bereiche des IdM gefordert.

19.12 Was haben alle gemeinsam?

Als Zusammenfassung möchte ich nun die wichtigsten Anforderungen der Gesetze an das IdM noch einmal gesammelt anführen. Dabei habe ich sie entsprechend der Ebenen des Modells strukturiert. Bei Forderungen, die spezifisch für ein bestimmtes Gesetz sind, wird das Gesetz explizit angeführt. Punkte, die von mehreren Richtlinien gefordert werden, wurden mit *allgemein* gekennzeichnet.

Achtung!

Ein Audit ist immer vom Prüfer abhängig. Alle Angaben in dieser Liste sind als Vorschlag zu sehen, der in der Regel passen wird, aber keinen positiven Ausgang eines Audits garantiert. Die spezifischen Anforderungen müssen Sie auf jeden Fall mit dem Berater oder Prüfer abstimmen.

Tab. 19–1 *Compliance-Anforderungen an die Ebene 1 (Personendaten)*

E1 (Personendaten)	
Anforderung	Richtlinie
Änderungen an der Person wirken unmittelbar auf die Berechtigungen.	Allgemein
Das Verarbeiten der Personendaten muss angemessen sein.	EU-Datenschutz
Eine Person hat ein Auskunftsrecht darüber, wo Daten über sie gespeichert sind.	EU-Datenschutz
Eine Person muss über die Verarbeitung oder Übermittlung ihrer Daten informiert werden.	EU-Datenschutz
Personendaten dürfen nur in Länder mit ausreichenden Schutzgesetzen übermittelt werden.	EU-Datenschutz
Personendaten müssen gegen Listen bekannter Terroristen überprüft werden.	U.S. Patriot Act
Finanzdaten dürfen an Unberechtigte nicht weitergegeben werden.	GLBA (US)

Einige Anforderungen an die Ebene 1 sind sehr spezifisch und verursachen einen nicht unerheblichen Aufwand. Es sollte daher geprüft werden, welche Anforderungen in welchem Umfang zu erfüllen sind.

Tab. 19–2
Compliance-Anforderungen an die Ebene 2 (Ressourcen)

E2 (Ressourcen)	
Anforderung	Richtlinie
Nur authentisierte Personen dürfen mit relevanten Systemen arbeiten. (Nur eine Person pro Benutzer-account) (auch E4)	Allgemein
Sensible Daten müssen gegen unberechtigten Zugriff angemessen geschützt sein. (auch E3)	Allgemein
Berechtigungen sind regelmäßig von einem Zuständigen zu prüfen. (Management Review) (auch E3)	SOX / Allgemein
Zugriffsverletzungen müssen aufgezeichnet werden. (auch E4)	SOX / Allgemein

Die Anforderungen an die Ebenen 2 und 3 haben in der Regel einen bestimmten Schwerpunkt. Die Forderungen sind also nur für bestimmte Applikationen und Systeme zu erfüllen. Um den Aufwand gering zu halten, sollte der Umfang genau abgegrenzt werden.

Tab. 19–3
Compliance-Anforderungen an die Ebene 3 (Autorisierung)

E3 (Autorisierung)	
Anforderung	Richtlinie
Aufgabentrennung – Segregation of Duties	SOX / Allgemein

Tab. 19–4
Compliance-Anforderungen an die Ebene 4 (Authentisierung

E4 (Authentisierung)	
Anforderung	Richtlinie
Die Authentisierung muss ausreichend sicher sein.	Allgemein

Was als »ausreichend sicher« verstanden wird, hängt stark von den betroffenen Ressourcen und den Berechtigungen ab. Auf jeden Fall betrifft es die allgemeine Passwort-Policy des Unternehmens, bei der man sich innerhalb der aktuell üblichen Anforderungen bezüglich Passwortlänge, Ablaufzyklen, Sonderzeichen u.Ä. bewegen sollte.

20 Werkzeuge zur Umsetzung der Compliance

Um die in den meisten Gesetzen geforderten Kontrollsysteme umzusetzen, bieten sich einige Rahmenwerke an. Allen gemein ist ein umfassender Ansatz, der allerdings bei der Einführung und beim Betrieb einen beträchtlichen Aufwand verursacht. Das ist speziell bei SOX auch einer der größten Kritikpunkte. Obwohl zum Zeitpunkt der Erstellung dieses Buches bereits intensiv an »Light«-Varianten gearbeitet wird, stellt sich die Frage, inwieweit ein Abspecken sinnvoll ist. Die Forderungen sind an sich ja sinnvoll, aber teilweise aktuell technisch nur sehr aufwändig umzusetzen. Dieser Umstand wird sich in den nächsten Jahren, nicht zuletzt durch die Fortschritte im Bereich IdM, deutlich verbessern.

Die hier vorgestellten Rahmenwerke überlappen sich in vielen Bereichen. Wie bei den Gesetzen ist eine detaillierte Beschreibung nicht möglich. Ich habe aber versucht, ausreichend genau zu sein, um ein klares Bild vom Umfang und Detaillierungsgrad zu geben.

20.1 COSO

Das COSO-Framework beschreibt, aus welchen Komponenten ein internes Kontrollsystem aufgebaut werden kann. Es wurde von der SEC (US Security and Exchange Commission) empfohlen, um die Auflagen des Sarbanes-Oxley Act bezüglich Kapitel 404 zu erfüllen. Es ist in diesem Zusammenhang auch am weitesten verbreitet.

Entwickelt wurde das Framework vom Committee of Sponsoring Organizations of the Treadway Commission (COSO), einer 1985 gegründeten Organisation, die sich als Ziel gesetzt hat, die Finanzberichterstattung von Unternehmen zu verbessern. Dabei wurden Effizienz des Betriebs, Finanzreporting und die Einhaltung von Gesetzen als Hauptziele eines internen Kontrollsystems identifiziert.

Das COSO-Framework besteht aus fünf Komponenten.

Nach dem Framework soll ein internes Kontrollsystem aus fünf Komponenten bestehen, die miteinander in Wechselwirkung stehen:

- Kontrollumfeld
  Das Kontrollumfeld bestimmt grundlegende Dinge, wie z.B. die Struktur des Kontrollsystems und stellt so die Basis für die anderen Komponenten dar.
- Risikobeurteilung
  Im Rahmen der Risikobeurteilung wird analysiert, welche Risiken das Erreichen der Ziele gefährden könnten. Daraus wird eine Strategie für das Risikomanagement abgeleitet.
- Kontrolltätigkeit
  Die Kontrolltätigkeiten umfassen alle Verfahren, die zur Zielerreichung und zur Risikosteuerung eingesetzt werden.
- Information und Kommunikation
  Diese Komponente beinhaltet die Beschaffung von Information, aber auch das Erstellen gesetzlich vorgeschriebener Berichte.
- Überwachung
  Das interne Kontrollsystem muss selbst überwacht werden, um seine Qualität zu beurteilen.

Für das IdM sind die Komponenten Kontrolltätigkeit und Information und Kommunikation relevant.

20.1.1 Kontrolltätigkeit

Kontrolltätigkeiten fallen auf allen Ebenen und in allen Aufgabenbereichen eines Unternehmens an. Sie sind entweder vorbeugend oder aufdeckend. Vorbeugende Maßnahmen sind in der Regel zu bevorzugen, weil sie die Einhaltung der Vorgaben erzwingen. Sollte eine vorbeugende Maßnahme nicht möglich oder nicht sinnvoll sein, muss nachträglich geprüft werden, ob Abweichungen vorliegen. Falls möglich, sollte der Zeitpunkt für aufdeckende Maßnahmen so gewählt werden, dass der Prüfer noch korrigierende Maßnahmen einleiten kann. Darüber hinaus gibt es noch weitere Forderungen an die Kontrollmaßnahmen. Diese müssen:

COSO stellt Forderungen an Kontrollmaßnahmen, die bei Audits oft vergessen werden.

- angemessen (es kann auch zuviel des Guten sein),
- kontinuierlich und geplant,
- kostengünstig (der Aufwand darf den Nutzen nicht übersteigen),
- umfassend und sinnvoll

sein. Daraus lässt sich ableiten, dass es durchaus angebracht ist, auch bei Kontrollmaßnahmen eine Kosten-Nutzen-Kalkulation aufzustellen und gegebenenfalls die Maßnahmen anzupassen. Der dritte Punkt dient somit als Regulator für die anderen Punkte.

Kontrollmaßnahmen dienen also der Zielerreichung bzw. der Risikominimierung und sind daher Teil der täglichen Arbeit.

Einige Kontrollmaßnahmen sind Genehmigungsverfahren (E3).

Eine für IdM relevante Gruppe von Kontrollmaßnahmen sind Berechtigungs- und Genehmigungsverfahren. Bestimmte Geschäftsfälle dürfen nur von Personen durchgeführt werden, die dazu auch berechtigt sind. Wenn dafür IT-Systeme verwendet werden, müssen die Berechtigungen dort abgebildet sein. Ein Genehmigungsverfahren gehört klar zu den vorbeugenden Maßnahmen. Das setzt allerdings voraus, dass der Geschäftsfall ohne die Genehmigung nicht durchgeführt werden kann. Bei virtuellen Tätigkeiten, die nur in Computersystemen passieren, wie z.B. einer Wertpapier-Transaktion, kann diese Forderung relativ leicht erfüllt werden. Wenn im Computer aber nur die physische Arbeit dokumentiert wird, reicht eine Genehmigung als vorbeugende Maßnahme nicht aus. Dazu ein Beispiel aus dem IT-Betrieb: Wenn eine IT-Abteilung ein Change-Management nach ITIL eingeführt hat, muss jeder Change eine oder mehrere Freigaben durchlaufen. Dieser Freigabeprozess hindert einen Administrator in der Regel aber nicht, eine Änderung am Produktivsystem durchzuführen. Es sind daher zusätzliche entdeckende Maßnahmen notwendig. Im Modell würden diese Berechtigungen in der Ebene 3, konkret im Bereich *Berechtigung auf Zugriffe*, modelliert und von dort in die Systeme der Ebene 2 überführt werden.

Der Zugriff auf Ressourcen muss geregelt sein (E3).

Eine weitere Maßnahme ist die Kontrolle über den Zugriff auf Ressourcen und Unterlagen. Zugriffsberechtigungen dürfen nur befugte Personen besitzen. Dies gilt für physische Unterlagen genauso wie für Daten in IT-Systemen. In jedem Fall muss zuerst das Risiko einer unbefugten Verwendung der Daten abgeschätzt werden. Abhängig davon ist das Berechtigungssystem aufzubauen. Dabei handelt es sich wieder um eine vorbeugende Kontrolle, die bei Daten in IT-Systemen gut durchsetzbar ist. Trotzdem sollten Zugriffe auf kritische Daten aufgezeichnet werden, um weiterführende entdeckende Kontrollen zu ermöglichen. Auch diese Maßnahme würde in Ebene 3 (Autorisierung) abgebildet werden.

Eine weitere Kontrollmaßnahme ist die Segregation of Duties (E3).

Eine einzelne Person oder ein einzelnes Team soll nicht mehrere Schlüsselfunktionen eines Geschäftsfalls ausüben. Dadurch wird das Risiko eines Fehlers bzw. einer strafbaren Handlung reduziert und die Wahrscheinlichkeit, dass so ein Vorfall entdeckt wird, erhöht. Der Grund für die Forderung ist nachvollziehbar. Ein einzelner Mitarbeiter soll nicht gleichzeitig die Rechte besitzen, um eine Manipulation durchführen und diese dann vertuschen zu können. Zum Beispiel, wenn er eine Bestellung auslöst und dann auch noch dafür zuständig ist, den Wareneingang zu dieser Bestellung zu kontrollieren und möglicherweise auch noch die zugehörige Rechnung freizugeben. In diesem Fall ist es bei Unternehmen ab einer gewissen Größe durchaus üblich, dass die Tätigkeiten von unterschiedlichen Personen durchgeführt werden. Diese vorbeugende Kontrolle sollte auf jeden Fall mit einer aufdeckenden kombiniert werden. Sollte so eine Trennung der Rechte beispielsweise aufgrund der Größe eines Unternehmens nicht möglich sein, sollten zusätzliche Kontrollen eingeführt werden.

Segregation of Duties hat auch massive Auswirkungen auf die IT-Abteilung selbst.

Bezogen auf eine IT-Abteilung bedeutet eine Rechtetrennung, dass z.B. ein Programmierer nicht die Rechte besitzen darf, den von ihm entwickelten Code selbst in das Produktivsystem einzuspielen. Ist der Programmierer auch für die Wartung der Software zuständig bzw. muss er in speziellen Fällen Fehlerbehebungen direkt am Produktivsystem durchführen, braucht er auch in diesem System Berechtigungen. Zudem gibt es Systeme und Applikationen, die eine Trennung von Rechten in der erforderlichen Granularität nicht vorsehen. Dabei handelt es sich nicht nur um alte Systeme In solchen Fällen sollte der Mitarbeiter zumindestens mit unterschiedlichen Benutzeraccounts arbeiten. Ein Benutzeraccount für die Entwicklungstätigkeiten und ein eigener Benutzeraccount für Fehlerbehebungen, der Rechte am Produktivsystem hat. Die Tätigkeiten am Produktivsystem sollten dann in einer Logdatei aufgezeichnet werden. Dadurch kann ein Missbrauch zwar nicht verhindert werden, aber es ermöglicht den Nachweis. Es gibt viele andere Situationen, in denen eine konsequente Segregation of Duties[1] nicht machbar oder nicht wirtschaftlich ist. In diesen Fällen muss das Risiko einem möglichen Mehraufwand gegenübergestellt werden.

Beispiel Rechte-Matrix

In dieser Matrix werden Geschäftsprozesse in den Spalten und Zeilen eingetragen und alle Kombinationen, die nicht gemeinsam vergeben werden dürfen, sind mit einem »X« markiert.

1. In der Literatur werden Separation of Duties und Segregation of Duties gleichbedeutend verwendet.

Funktion	Lieferantenstamm verwalten	Bestellungen freigeben	Wareneingang prüfen	Rechnungen prüfen	Barzahlungen abwickeln	Gesperrte Rechnungen freigeben
Lieferantenstamm verwalten		X	X	X		
Bestellungen freigeben	X		X	X		
Wareneingang prüfen	X	X			X	
Rechnungen prüfen	X	X				
Barzahlungen abwickeln			X			
Gesperrte Rechnungen freigeben						

Bei komplexen Systemen kann eine Matrix, wie im vorhergegangenen Beispiel, recht umfangreich sein. Es ist sehr aufwändig, die Rechtetrennung in so einem System aufrechtzuerhalten. Dabei muss bei der Vergabe bzw. bereits bei der Anforderung geprüft werden, ob das neue Recht in Kombination mit den bereits erteilten Berechtigungen zulässig ist. In manchen Fällen wird es ohne die Unterstützung durch ein IdM-System gar nicht möglich sein.

Im COSO-Framework werden noch weitere allgemeine Kontrollmaßnahmen, wie Verifizieren, Beaufsichtigen oder Überprüfen der Betriebsleistung angeführt, die aber von einem IdM-System nicht unterstützt werden können.

Kontrolltätigkeiten in der IT

Wegen der besonderen Bedeutung der IT für die Geschäftsprozesse eines Unternehmens, werden im COSO-Framework spezielle Kontrollmaßnahmen identifiziert. Diese unterteilen sich in zwei Hauptgruppen: Allgemeine Kontrollen und anwendungsspezifische Kontrollen. Im ersten Fall geht es darum, den generellen Betrieb sicherzustellen, während im zweiten Fall der Informationsfluss einzelner Systeme auf Unregelmäßigkeiten und Fehler untersucht wird.

Die allgemeinen Kontrollen teilen sich wieder in sechs Hauptkategorien:

Die IT-Kontrollen teilen sich in sechs Hauptbereiche.

- Die organisationsweite Sicherheitsprogramm- und Sicherheitsmanagementplanung
  In dieser Kategorie wird der Rahmen für das Risikomanagement und die Sicherheitsstrategie gespannt.

- Zugriffskontrollen
  Dabei handelt es sich um eine Verfeinerung der allgemeinen Kontrollmaßnahme *Zugriff auf Ressourcen und Unterlagen.*
- Kontrollen betreffend die Entwicklung, die laufende Pflege und den Austausch von Anwendungssoftware
  Diese Kontrolle soll den Einsatz nicht genehmigter Programme verhindern.
- Systemsoftwarekontrollen
  Unter Systemsoftware fallen auch Programme zur Batch-Verarbeitung von Daten sowie EAI-Systeme, die als Datendrehscheibe zwischen den Applikationen dienen.
- Aufgabentrennung
  Der Schwerpunkt von COSO liegt auf der Finanzberichterstattung und den wertschöpfenden Prozessen eines Unternehmens. In diesen Kontrollen wurde die *Segregation of Duties* auf die Schlüsselaspekte des IT-Betriebs umgelegt.
- Servicekontinuität
  Auch wenn besondere Ereignisse eintreten, sollen kritische Operationen funktionieren und kritische Daten geschützt sein.

Anwendungsspezifische Kontrollen

Während die allgemeinen IT-Kontrollen vom ursprünglichen Ziel von COSO, der Finanzberichterstattung, etwas abweichen, geht es hier wieder um das Kernthema. Es betrifft die Verarbeitung von relevanten Daten in den einzelnen Systemen. Der Verarbeitungszyklus von Informationen in IT-Systemen kann in drei Phasen gegliedert werden.

- Eingabe
- Verarbeitung
- Ausgabe

Für jede dieser Phasen muss geprüft werden, ob die Verarbeitung der Daten rechtmäßig, vollständig und richtig erfolgt ist. Dabei geht es um die Bearbeitung durch die Benutzer wie auch um die Verarbeitung durch die Software. Wobei sich die Kontrollen dafür naturgemäß unterscheiden. Da bei Software angenommen werden kann, dass sie nach einem ausreichenden Test fehlerfrei läuft, solange sie nicht verändert wird, müssen sich die Kontrollen auf genau diese Änderungen oder andere außergewöhnliche Vorkommnisse konzentrieren. Was die Bedienung von Software angeht, ist es sinnvoll, in regelmäßigen Zeitabständen zu kontrollieren.

20.1.2 Information und Kommunikation

Über das Kontrollsystem muss auch entsprechend informiert werden.

Diese Komponente beschäftigt sich mit den Informationen, die für die Kontrollen verwendet werden, also die im Rahmen der Geschäftsprozesse entstehen, aber auch mit den Informationen über die Kontrollen und das Kontrollsystem an sich. Aus Basisdaten (Betriebs-, Finanz- und Geschäftsdaten) werden Berichte erstellt, die als Grundlage für Entscheidungen dienen oder zur Erfüllung der öffentlichen Rechenschaftspflicht notwendig sind. Die bereitgestellten Informationen müssen:

- angemessen,
- zeitgerecht,
- aktuell,
- korrekt und
- zugänglich sein.

E3 (Autorisierung)

Das IdM-System hat in diesem Rahmen die Aufgabe, Informationen über die Anwendung von Berechtigungen zu speichern und entsprechend der oben genannten Punkte zur Verfügung zu stellen. Ergänzend dazu muss dokumentiert sein, wer welche Berechtigungen hat bzw. gehabt hat und aufgrund welcher Anforderung bzw. Genehmigung.

20.2 COBIT

COBIT *(Control Objectives for Information and Related Technology)* ist ein Rahmenwerk, das 1993 von der ISACA (Information Systems Audit and Control Association), einer internationalen Vereinigung von IT-Prüfern, entwickelt wurde.

COBIT wurde als Werkzeug für IT-Prüfer entwickelt und behandelt alle Themen einer IT-Organisation.

In Form von sogenannten Control Objectives wird definiert, was aus Unternehmenssicht alles im Rahmen eines IT-Betriebs berücksichtigt werden soll. Das Framework war ursprünglich dafür gedacht, Prüfer bei ihrer Arbeit zu unterstützen. Diese gehen dabei alle Control Objectives durch und überprüfen die Umsetzung in den Unternehmen. Mittlerweile entwickelt es sich mehr und mehr zu einem Hilfsmittel der Unternehmens-IT, die anhand der vorgegebenen Struktur ihre Prozesse definiert und gegebenenfalls optimiert. Konsequenterweise wurden auch die Prüfungen für den Sarbanes-Oxley Act in das Rahmenwerk mit aufgenommen. Es lässt sehr gut erkennen, an wie vielen Stellen IdM mit anderen Prozessen verknüpft ist. Es wird dabei auf die Version 4.0 des COBIT-Frameworks Bezug genommen.

Abb. 20–1
COBIT-Framework

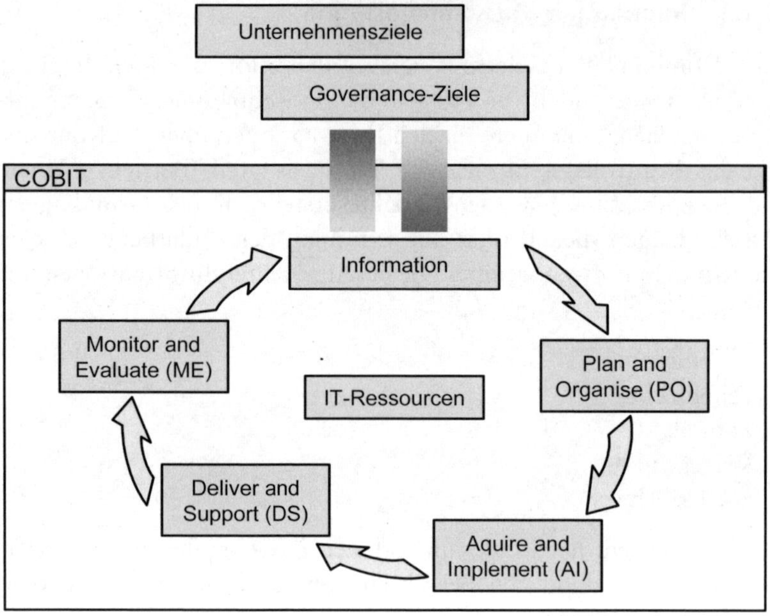

Im Framework wird ein Lebenszyklus abgebildet.

Das Framework teilt sich in vier Domänen:

- Plan and organise (PO)
  In dieser Domäne geht es darum, grundsätzliche Standards und Strategien festzulegen. Damit wird die Basis für die anderen Domänen geschaffen.
- Acquire and implement (AI)
  Auf Basis der Standards geht es in der zweiten Domäne darum, neue IT-Komponenten auszusuchen, zu beschaffen und in das Produktivsystem zu integrieren.
- Deliver and support (DS)
  Die dritte Domäne behandelt den Betrieb. Alles was notwendig ist, um eine IT zu betreiben, wird im Rahmen der DS-Prozesse definiert.
- Monitor and evaluate (ME)
  Die letzte Domäne beschreibt, wie die Qualität der Prozesse gemessen und verbessert werden soll.

Jede dieser Domänen ist wieder in einzelne Prozesse unterteilt. Die Prozesse beginnen mit einem Kurzzeichen für die Domäne, gefolgt von einer laufenden Nummer. In den Prozessen befinden sich die eigentlichen Control Objectives. In COBIT wird nur beschrieben, *was* zu machen ist. Die Umsetzung ist immer Aufgabe des Unternehmens. In den Beschreibungen der Punkte wird oft auch auf den Inhalt verwiesen. Dieser ist bei der Umsetzung von COBIT erst zu definieren.

Um ein grundsätzliches Verständnis für das Framework aufzubauen, werden nun alle Prozesse und ihre Relevanz für das IdM kurz beschrieben. Nachfolgend werden einige für IdM besonders relevante Prozesse noch im Detail besprochen.

- PO1 Define a Strategic IT Plan
  (Definiere einen strategischen IT-Plan)
  Es soll eine IT-Strategie erstellt werden, durch die alle IT-Ressourcen auf die Unternehmensstrategie abgestimmt werden. Also die Schwerpunkte der IT dort gesetzt werden, wo auch die Schwerpunkte der Geschäftsanforderungen liegen. Dieser Punkt hat keine Relevanz für das IdM.

➲ W6 weiter bei Seite 221

- PO2 Define the Information Architecture
  (Definiere die Informationsarchitektur)
  Die Informationen im Unternehmen sollen in einem Modell abgebildet werden. Dieses Modell soll laufend den Bedürfnissen des Unternehmens angepasst werden. Das beinhaltet auch Schemata zur Datenklassifikation und Sicherheitsstufen. Diese Definitionen sind eine Grundlage für Bereiche des IdM. Darüber hinaus sollen Systeme definiert werden, die eine optimale Nutzung der Informationen ermöglichen.

E2 (Ressourcen)

- PO3 Determine Technological Direction
  (Bestimme die technologische Richtung)
  Es soll ein technologischer Infrastrukturplan erstellt werden, der Aspekte wie Systemarchitektur, Standards, Migrationsstrategien und Ähnliches umfasst. Ein IdM-Projekt wird naturgemäß in diesem Infrastrukturplan Niederschlag finden. Dieser Infrastrukturplan soll von einem Architekturgremium erstellt werden. Es liegt auch in der Verantwortung dieses Gremiums, realistische Abschätzungen über technologische Möglichkeiten durchzuführen.

E1-E4

- PO4 Define the IT Processes, Organisation and Relationships
  (Definiere IT-Prozesse, Organisation und Beziehungen der IT)
  In diesem Punkt soll das Prozess-Framework, nach dem die IT arbeitet, festgelegt werden. Viel interessanter für das aktuelle Thema ist, dass hier auch Rollen und Verantwortlichkeiten und die IT-Organisationsstruktur definiert werden sollen. Damit werden wichtige Informationen für ein IdM-System geliefert.

E3 (Autorisierung)

- PO5 Manage the IT Investment
  (Manage IT-Investitionen)
  Es sollen die Abläufe definiert werden, mit denen IT-relevante Investitionen priorisiert und bewertet werden. Diese Abläufe müssen

den Budgetierungsregeln des Unternehmens entsprechen. Natürlich werden in einem IdM-Projekt auch Investitionen anfallen. PO5 hat aber an sich keine Relevanz für das IdM.

- PO6 Communicate Management Aims and Directions
  (Kommuniziere Ziel und Richtung des Managements)
  Es soll ein Rahmen geschaffen werden, wie Ziele des Managements kommuniziert werden. Dieser Prozess soll auch die Einhaltung von relevanten Gesetzen und Vorschriften sicherstellen. Auch dieser Punkt hat keinen Einfluss auf das IdM.

E3 (Autorisierung)

- PO7 Manage IT Human Resources
  (Manage die IT-Mitarbeiter)
  Es soll definiert werden, wie neue Mitarbeiter rekrutiert werden, aber auch wie Training, Bewertung der Mitarbeiter und Beförderungen durchzuführen sind. Auch wie bei der Beendigung eines Beschäftigungsverhältnisses vorzugehen ist, muss definiert werden. Gerade der Austritt eines IT-Mitarbeiters kann unter Umständen heikel werden, daher ist dieser Punkt auch für das IdM relevant.
- PO8 Manage Quality
  (Manage Qualität)
  Unter diesem Punkt wird das Qualitätsmanagementsystem der IT definiert. Dies beinhaltet auch die Vorgehensweise für die kontinuierliche Überwachung, Analyse und gegebenenfalls Behebung von Abweichungen. Ebenso muss die Qualität eines IdM-Systems überwacht werden, aber darüber hinaus hat dieser Punkt keine besondere Auswirkung auf das IdM.
- PO9 Assess and Manage IT Risks
  (Beurteile und manage IT-Risiken)
  Im Rahmenwerk zum Risikomanagement werden alle Risiken identifiziert und bewertet. Es werden Verantwortliche, Strategien zur Risikoreduktion sowie das vereinbarte Restrisiko festgehalten. Die identifizierten Risiken sind auf jeden Fall im Rahmen des Business Case relevant. IdM ist eine Maßnahme, um bestimmte Risiken zu minimieren und leitet daher die sicherheitsrelevanten Ziele aus diesem Punkt ab.
- PO10 Manage Projects
  (Manage Projekte)
  Ziel ist es, Projekte korrekt zu priorisieren und zu koordinieren. Das Programm- und Projektmanagement soll die Methoden für die Durchführung von Projekten festlegen, und damit auch für die Durchführung eines IdM-Projekts (für das IdM an sich ist dies nicht relevant).

20.2.1 Acquire and implement

- AI1 Identify Automated Solutions
  (Identifiziere automatisierte Lösungen)
  Vor der Beschaffung oder Entwicklung einer neuen Lösung müssen die genauen Anforderungen sowie die technische und wirtschaftliche Machbarkeit geprüft werden. Die dafür notwendigen Schritte müssen im Rahmen dieses Punktes dokumentiert werden. Hier wird die Vorgehensweise bei der Erhebung des IdM-Bedarfs beschrieben.
- AI2 Acquire and Maintain Application Software
  (Beschaffe und warte Anwendungssoftware)
  Während unter AI1 eher die Machbarkeit und Wirtschaftlichkeit der Anforderungen im Vordergrund standen, geht es jetzt darum, dass eine neue Anwendungssoftware den Unternehmensvorschriften und Zielen entspricht. Dieser Punkt wirkt sich nicht direkt auf das IdM aus. Umgekehrt kommen aus den IdM-Richtlinien wesentliche Anforderungen an neue Software. Im Unterpunkt AI2.4, Application Security and Availability, ist angeführt, dass Aspekte wie Zugriffsberechtigungen und das Management von Rechten, aber auch Authentisierung zu berücksichtigen sind. Hier wird also geprüft, ob die Anforderungen des IdM an neue Applikationen eingehalten werden.

  E2 (Ressourcen)
- AI3 Acquire and Maintain Technology Infrastructure
  (Beschaffe und warte die technologische Infrastruktur)
  Analog zu Applikationen wird hier die Beschaffung und Wartung der Infrastruktur behandelt. Das betrifft das IdM nur für die physischen Komponenten. Besonders relevant sind die Aspekte, falls zur Authentisierung spezielle Hardware notwendig ist, z.B. SmartCard-Reader oder Leser für biometrische Merkmale. Solche Geräte bilden schnell einen »Single Point of Failure« und müssen entsprechend abgesichert werden.
- AI4 Enable Operation and Use
  (Ermögliche Betrieb und Verwendung)
  Neue Systeme müssen auch fehlerfrei und vollständig an den Betrieb übergeben werden. Dazu gehören Dokumentationen ebenso wie Schulungen. Aus Sicht von IdM gehören hier unter anderem die Anforderungsprozesse für Berechtigungen geregelt.
- AI5 Procure IT Resources
  (Beschaffe IT-Ressourcen)
  Hier werden Beschaffungsverfahren und Auswahl von IT-Ressourcen behandelt. Auch welche Vereinbarungen zu treffen sind, muss

festgelegt werden. Das betrifft das IdM nur im Rahmen eines Einführungsprojekts, wenn Software, Hardware oder Dienstleistungen beschafft werden müssen.

- AI6 Manage Changes
(Manage Änderungen)
Alle Änderungen an Applikationen oder an der IT-Infrastruktur sollen auf eine kontrollierte und standardisierte Art und Weise durchgeführt werden. Dies betrifft selbstverständlich auch ein IdM-System. Allerdings nicht nur Soft- und Hardware. Auch Änderungen an Rollen, Regeln oder Importkonfigurationen sollen über ein Change-Management abgewickelt werden. Darüber hinaus sind für die Arbeit im Change-Prozess eine Reihe von Rollen zu definieren und zu verwalten.
- AI7 Install and Accredit Solutions and Changes
(Installiere und akkreditiere Lösungen und Changes)
Während sich AI6 mit der Bewertung, Planung und Durchführung der Änderung beschäftigt, wird in diesem Punkt festgelegt, wie die Änderung in die produktive IT-Umgebung eingebracht wird. Für das IdM gelten die gleichen Punkte wie oben.

20.2.2 Deliver and support

- DS1 Define and Manage Service Levels
(Definiere und manage Service Levels)
E1-E4 Service Levels dienen dazu, die Anforderungen der Benutzer mit der IT abzustimmen und zu beschreiben. Dazu gehört auch, die vereinbarten Qualitäts- und Quantitätsstufen zu kontrollieren, auf Abweichungen zu reagieren und die Messergebnisse mit den Benutzern zu besprechen. Dies trifft in besonderem Maß auch für das IdM zu, weil sehr viele Prozesse von den Personendaten und Berechtigungen betroffen sind. Dabei ist es wichtig, den Anforderungen der Benutzer die dafür notwendigen Maßnahmen gegenüberzustellen. Was bedeutet es für das IdM-System, wenn ein Benutzer nicht am nächsten Tag, sondern schon nach fünf Minuten die erforderlichen Rechte besitzt?
- DS2 Manage Third-party Services
(Manage Leistungen von Dritten)
E1, E3 Auch wenn eine Beschaffung nach den in AI5 definierten Vorgaben durchgeführt wird, ist nicht sichergestellt, dass die Leistung ordentlich erbracht wird. Gerade wenn Leistungen über einen längeren Zeitraum, vielleicht auch Jahre, erbracht werden, ist es notwendig, die Zusammenarbeit in sauberen Prozessen zu regeln.

Dazu gehört auch, wie die Daten der externen Mitarbeiter in die eigenen Systeme kommen bzw. wie sie auf die internen Systeme zugreifen. Aus Sicht von IdM ist es wichtig zu klären, wie die externe Firma den Austritt eines Mitarbeiters kommuniziert und wie mit Mitarbeitern, die nur gelegentlich eingesetzt werden, umzugehen ist.

- DS3 Manage Performance and Quality
  (Manage Performance und Qualität)
  In diesem Prozess soll die aktuelle Performance und Kapazität regelmäßig beurteilt und mit Prognosen über zukünftige Anforderungen verglichen werden. Der Prozess wirkt sich auf jedes IT-System (also auch auf ein IdM-System) aus, hat aber sonst keine Relevanz für das IdM.
- DS4 Ensure Continuous Service
  (Stelle den kontinuierlichen Betrieb sicher)
  In diesem Punkt geht es darum, Ausfälle zu vermeiden und im Notfall die IT-Services schnellstmöglich wieder anbieten zu können. Hier hat ein IdM-System eine ähnliche Bedeutung wie andere Basisdienste, die laufen müssen, damit die IT funktioniert. Das IdM-System kann so sehr schnell der Auslöser eines generellen Systemausfalls sein. Es ist also auch für den Ausfall des IdM-Systems ein Notfallkonzept zu erstellen. Wie werden beispielsweise bei einem Ausfall neue Berechtigungen in den Zielsystemen vergeben oder auch Benutzer gesperrt? Genauso wichtig ist es, zu definieren, wie nach solch einem Ausnahmezustand der Regelbetrieb wieder aufgenommen wird. Wer kümmert sich um die Bereinigung der manuellen Eingriffe? Verlieren die Benutzer die Berechtigungen wieder? Müssen sie diese erneut anfordern? Das sind nur einige Fragen, die geklärt werden müssen. *E3*

  Aber auch wenn das IdM-System nicht der Auslöser war, muss geklärt werden, wie Notfallpersonal zu den nötigen Berechtigungen kommt. Was passiert, wenn am 24. Dezember um 21.00 Uhr die Klimaanlage des Rechenzentrums ausfällt? Wer kann kritische Server herunterfahren, bevor sie sich selbst ausschalten? Hat der Techniker vor Ort die nötigen Berechtigungen, das zu tun? Wenn nein, wer erteilt sie ihm? Auch darauf sollte das IdM eine Antwort liefern.
- DS5 Ensure Systems Security
  (Stelle die Sicherheit von Systemen sicher)
  In diesem Prozess soll definiert werden, mit welchen Methoden und Standards die Systemsicherheit gewährleistet wird. Es werden auch die Verantwortlichkeiten festgelegt und beschrieben, wie die Überwachung und das Beseitigen von erkannten Schwachstellen zu

erfolgen hat. Hier gibt es unter DS5.3 auch ein Kontrollobjekt mit dem Namen Identitätsmanagement. Der DS5 wird etwas später noch detailliert behandelt.

- DS6 Identify and Allocate Costs
  (Identifiziere und verrechne Kosten)
  IT-Kosten sollen erhoben und gerecht verteilt werden. Die interne Leistungsverrechnung muss auch die Kosten für das IdM berücksichtigen, hat aber sonst keine direkten Auswirkungen.
- DS7 Educate and Train Users
  (Schule und trainiere Benutzer)
  Betrifft die regelmäßige Schulung der Mitarbeiter.
- DS8 Manage Service Desk and Incidents
  (Manage das Servicedesk und Incidents)
  Ebenso wichtig für die Produktivität der Mitarbeiter ist ein leistungsfähiges Servicedesk oder Helpdesk. Aus IdM-Sicht laufen beim Servicedesk alle Probleme mit Berechtigungen oder abgelaufenen Passwörtern ein. Wie in Abschnitt 21.1 beschrieben wird, gibt es hier Einsparungspotentiale durch ein IdM-System.
- DS9 Manage Configuration
  (Konfigurationen)
  Wie bei ITIL geht es hier um ein Repository, in dem alle Arten von relevanten Informationen über Configuration Items (CIs) gespeichert werden. Ein CI kann Hardware und Software sowie auch Daten, Verfahren und Anderes darstellen. Der wesentliche Unterschied zu einer Asset-Datenbank ist die Abbildung von Abhängigkeiten zwischen den CIs. Diese Abhängigkeiten werden für die Risikoanalyse benötigt. Auch ein IdM-System und seine Verbindungen zu anderen Systemen würden in dieser Datenbank dokumentiert werden.
- DS10 Manage Problems
  (Manage Probleme)
  Im Gegensatz zum Incident Management, in dem es darum geht, dem Benutzer so schnell als möglich die benötigten Funktionalitäten zur Verfügung zu stellen, sollen hier Probleme langfristig gelöst oder Umgehungslösungen für das Incident Management erstellt werden. Dieser Punkt besitzt keine besondere Relevanz für das IdM.
- DS11 Manage Data
  (Manage Daten)
  Wie werden Daten gespeichert, gesichert und wiederhergestellt? Hinzu kommt auch die zuverlässige Vernichtung von Daten. Auch dieser Prozess betrifft das IdM nur indirekt.

- DS12 Manage the Physical Environment
  (Manage die physische Umgebung)
  Durch die massive Konfrontation mit Gefahren, die uns in Form von Bits und Bytes über das Internet bedrohen, ist man geneigt, den Aspekt der physischen Sicherheit zu vergessen. Spätestens wenn Unternehmen in Ländern aktiv werden, deren System nicht den westeuropäischen Sicherheitsstandards entsprechen, wird diese Form der Sicherheit wieder ein Thema. Zutrittssysteme sind aus IdM-Sicht ganz klar der Ebene 4 (Autorisierung) zuzuordnen.
- DS13 Manage Operations
  (Manage den Betrieb)
  Nachdem in den vorhergehenden Prozessen sehr viele besondere Anlässe behandelt wurden, geht es schließlich um den Standardbetrieb von IT-Systemen. Es soll zwar unter DS3.14 der Umgang mit sensitiven Daten und Ausgabegeräten behandelt werden, für das IdM hat DS13 aber nur indirekte Bedeutung.

20.2.3 Monitor and evaluate

- ME1 Monitor and Evaluate IT-Performance
  (IT-Performance überwachen und auswerten)
  In diesem Prozess soll beschrieben werden, wie die Prozesse zeitnah gemessen werden und wie auf Abweichungen zu reagieren ist (keine direkte Relevanz für das IdM).
- ME2 Monitor and Evaluate Internal Control
  (Interne Kontrollen überwachen und auswerten)
  Nachdem in den COBIT-Domänen eine Vielzahl an Control Objects beschrieben werden, muss konsequenterweise auch definiert werden, wie damit umzugehen ist (ebenfalls keine besondere Relevanz für das IdM).
- ME3 Ensure Regulatory Compliance
  (Stelle regulative Vorgaben sicher)
  Nun geht es nach der internen Kontrolle um die Einhaltung gesetzlicher Vorschriften. Daraus werden sich oft Anforderungen an das IdM ableiten. Wichtig ist auch die Verbesserung der Compliance-Aktivitäten. Dieser Punkt kann ein Faktor für einen Business Case sein.
- ME4 Provide IT-Governance
  (Sorge für IT-Governance)
  Betrifft die Schaffung einer Governance. Diese Governance hat fünf Sektoren. Die strategische Ausrichtung, das Ziel, Nutzen zu

schaffen, das Managen von Ressourcen und das Managen von Risiko sowie das Messen der Performance. Alle zuvor genannten Prozesse sind einem oder mehreren der fünf Sektoren zugeordnet.

20.2.4 Aufbau der Prozesse

Die Prozesse sind gleich aufgebaut.

Anhand des Prozesses *DS5 Ensure Systems Security* wird nun beschrieben, nach welchem Aufbau die einzelnen Prozesse im COBIT-Framework behandelt werden.

Jeder Prozess hat ein High-Level Control Objective, das am Beginn beschrieben wird. Im Falle des DS5 ist es wie folgt beschrieben.

»Um die Integrität der Informationen zu wahren und die IT-Assets zu schützen, braucht es einen Security Management Prozess. Dieser Prozess beinhaltet die Implementation und den Betrieb von Security-Rollen und Verantwortlichkeiten, Policies, Standards und Prozeduren. Security Management beinhaltet auch das Monitoring, regelmäßige Tests und das korrigierende Eingreifen bei erkannten Schwächen oder Vorfällen. Effizientes Sicherheits-Management schützt alle IT-Assets, um die Auswirkungen von Schwächen und Vorfällen auf die Geschäftsprozesse zu minimieren.«

Danach folgen die detaillierten Control Objectives, wobei hier nur die für IdM relevanten beschrieben werden.

- DS5.1 Management of IT Security
- DS5.2 IT Security Plan
- DS5.3 Identity Management

E1, E2

Alle Benutzer (intern, extern oder temporär) und ihre Aktivitäten in IT-Systemen (Applikationen, Systembetrieb, Entwicklung und Wartung) sollen eindeutig identifizierbar sein.

E3 (Autorisierung)

Zugriffsrechte auf Daten und Systeme sollen dem Aufgabenbereich und den Geschäftsanforderungen entsprechen. Zugriffsrechte werden vom Benutzermanagement angefordert, vom Systemeigner genehmigt und von einer dritten, verantwortlichen Person eingerichtet. Benutzerdaten und Zugriffsrechte werden in einem zentralen Repository verwaltet. Die technischen Lösungen und Prozesse zur Verwaltung der Benutzer und Zugriffsrechte sollen besonders nach wirtschaftlichen Gesichtspunkten effizient sein.

- DS5.4 User Account-Management

E1, E2, E3

Das User Account-Management soll die gesamte Verwaltung von Benutzeraccounts und Benutzerrechten beinhalten. Dazu gehören Anfordern, Einrichten, Zuteilen, Verändern, Deaktivieren und Löschen. Ein

Genehmigungsprozess soll eingerichtet werden, bei dem der Verantwortliche für die Daten- oder das System die angeforderten Rechte genehmigt. Dieser Genehmigungsprozess soll für alle Benutzer angewendet werden. Das gilt für interne und externe Benutzer aber auch für Administratoren (privilegierte Benutzer) sowie in Notfällen. Es existieren vertragliche Regelungen über die Rechte und Verpflichtungen im Rahmen des Zugriffs auf Informationssysteme. Die Berechtigungen sind regelmäßig zu überprüfen.

- DS5.5 Security Testing, Surveillance and Monitoring
- DS5.6 Security Incident Definition
- DS5.7 Protection of Security Technology
- DS5.8 Cryptographic Key Management

E4

Erstelle Prozeduren und Policies für die Verwaltung von kryptografischen Schlüsseln. Das beinhaltet das Erstellen, Ändern, Zerstören, Verteilen, Zertifizieren, Speichern, Verwenden und Archivieren von Schlüsseln. Es ist sicherzustellen, dass die Schlüssel gegen Veränderung und unautorisierte Verwendung geschützt sind.

- DS5.9 Malicious Software Prevention, Detection and Correction
- DS5.10 Network Security
- DS5.11 Exchange of Sensitive Data

Danach folgen Inputs und Outputs des Prozesses, ein RACI-Chart[2], sowie Ziele und Metriken. Den Abschluss bildet eine Bewertung der Prozesse nach einem Reifegrad-Modell.

20.3 ISO 17799, 27001 und 27002

W6 hier weiter

Mit der ISO 27001 kann ein Unternehmen die Sicherheitsmaßnahmen seiner IT zertifizieren lassen.

Die British Standards Institution (BSI) hat im Jahr 1995 den Sicherheitsstandard BS7799 herausgegeben. Dieser Standard wurde vier Jahre später überarbeitet und in zwei Teile aufgeteilt. Der erste Teil BS7799-1 wurde von der ISO als internationale Norm ISO 17799 veröffentlicht. Dieser Teil beinhaltet Anweisungen zum Aufbau eines Informations-Sicherheits-Management-Systems (ISMS) in Form eines sogenannten *Code of Practice*. Der zweite Teil, BS7799-2, stellt eine Spezifikation für ein ISMS dar und wurde 2005 von der ISO übernommen. Dabei wurde bereits das neue Nummernschema (ISO 27000) verwendet, den die ISO für eine Reihe von Sicherheitsstandards reserviert hat. BS7799-2 wurde so zur Norm ISO 27001 und stellt einen Stan-

2. Die englische Variante des DEMI-Charts (Durchführungsverantwortung, Entscheidungspflicht, Mitarbeitsverantwortung, Informationsanspruch) – RACI Responsible, Accountable, Consulted, Informed

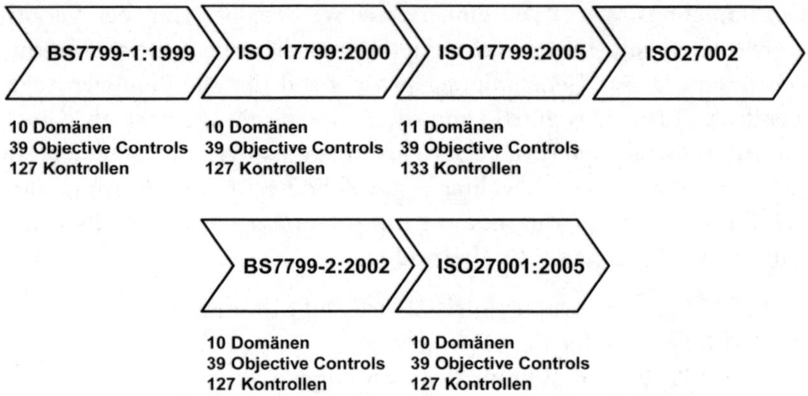

Abb. 20–2 *Entwicklung der ISO-Sicherheitsstandards*

dard dar, gegen den ein ISMS zertifiziert werden kann. ISO 27001 enthält auch ein Vorgehensmodell zur Einführung eines ISMS.

ISO 17799 wurde 2005 leicht überarbeitet[3] und soll 2007 in das neue Nummernschema als ISO 27002 übernommen werden. Auch dabei dürften sich die Änderungen in Grenzen halten. Schon allein deshalb, weil die Kontrollen der ISO 27001 mit denen der ISO 17799 übereinstimmen und dadurch zwangsläufig eine Änderung der ISO 17799 auch eine Änderung der ISO 27001 nach sich ziehen würde. Die Entwicklung der Normen wird in Abbildung 20–2. dargestellt.

Bei den weiteren Ausführungen nenne ich immer ISO 27001. Dabei ist synonym auch ISO 17799 gemeint, da die Kontrollen gleich sind.

Die Kontrollen der ISO 27001 gliedern sich in folgende Bereiche:

- *Information Security Policy*
  Beschreibt den Sinn und Inhalt einer Security Policy und die Überprüfung der Policy.
- *Organization of information security*
  Beinhaltet Organisation und Verantwortlichkeiten, Geheimhaltungserklärungen und den Umgang mit externen Parteien.
- *Asset management*
  Im Asset Management wird die Verantwortung für Assets geregelt, aber auch die Verwendung und die Klassifizierung und Kontrolle von Information.
- *Human resources security*
  Überprüfen der Mitarbeiter vor dem Einstellen, Überprüfen der aktiven Mitarbeiter und ordnungsgemäßes Abwickeln, wenn Mitarbeiter das Unternehmen verlassen.

3. Es wurde primär die Nummerierung und Struktur überarbeitet. Eine genaue Auflistung findet sich unter *www.17799.com* in der Rubrik »Papers«

- *Physical and Environmental Security*
  Physische Sicherheit des Werksgeländes bzw. von Gebäuden, Anlagen und Geräten.
- *Communications and Operations Management*
  Dieser Punkt beinhaltet alle Aspekte, um den Betrieb abzusichern. Es ist der größte Bereich und deckt Betriebs- und Planungsprozesse, das Management von Fremdleistungen, Backup, Netzwerk Security, Schutz vor Viren, aber auch Austausch von Informationen und Umgang mit Speichermedien ab.
- *Access Control*
  Kontrolle des Zugriffs auf Netzwerke, Applikationen, Betriebssystem und Informationen allgemein. Dabei handelt es sich fast ausschließlich um IdM-relevante Punkte, die noch genau betrachtet werden.
- *Information systems acquisition, development and maintenance*
  Stellt aus Sicht der Sicherheit Anforderungen an Informationssysteme.
- *Information security incident management*
  Aufzeigen und Bearbeiten von Sicherheitsvorfällen.
- *Business Continuity Management*
  Neben der Notfallvorsorgeplanung wird auch auf die Rolle der Informationssicherheit eingegangen.
- *Compliance*
  Die Einhaltung rechtlicher Vorgaben zur Informationssicherheit wird von verschiedenen Aspekten betrachtet.

Die ISO 27001 stellt sehr umfangreiche Anforderungen.

Wie sich bereits aus der Übersicht ableiten lässt, stellt die ISO 27001 sehr umfangreiche und genaue Anforderungen an das IdM. Obwohl es aus fast allen Bereichen Anforderungen im Sinne von Autorisierung und Rechtetrennung gibt, sollen nun nur einige relevante Bereiche behandelt werden. Um den Vergleich mit der Norm zu erleichtern, wird die Nummerierung der Norm mit angeführt und der englische Originaltitel verwendet. Der deutsche Text ist dann eine freie, teilweise interpretierte Übersetzung und Zusammenfassung der Inhalte aus der ISO 17799. Für Interessierte sei noch darauf hingewiesen, dass es die Norm ISO 17799 auch als Standard des American National Standard Institute (ANSI) gibt und dort wesentlich günstiger zu beziehen ist als über die europäischen Normungsinstitute.

➲ W7 weiter bei Seite 232

Hier folgt eine Beschreibung der Bereiche, die IdM-relevante Themen als Schwerpunkt haben. Es werden der Vollständigkeit halber immer alle Punkte des Bereichs angeführt, wobei nur diejenigen behandelt werden, die das IdM betreffen. Die Nummerierung bezieht sich auf die Norm und nicht auf die Kapitel des Buchs.

7 Asset Management

7.2 Information classification

Es soll sichergestellt werden, dass Informationen angemessen geschützt werden. Durch eine entsprechende Klassifikation sollen die Priorität und der Schutzbedarf der Informationen ersichtlich werden. Die Klassifikation soll auf Grund des Werts, gesetzlicher Rahmenbestimmungen und der Wichtigkeit für das Unternehmen durchgeführt werden.

Damit wird die Basis für die Autorisierung auf Informationen geschaffen.

8 Human resources security

8.3 Termination or change of Employment

Es ist sicherzustellen, dass ein Austritt oder eine Änderung des Verantwortungsbereichs eines Angestellten, Vertragsbediensteten oder externen Mitarbeiters nach einem geordneten Prozess durchgeführt wird.

Bei einem Austritt sind die Zugriffsrechte zu entziehen. Ebenso, wenn die Rechte bei einem internen Wechsel für die neue Stelle nicht mehr benötigt werden. Es ist zu überlegen, ob bestimmte Rechte bereits vor dem Austritt entzogen werden.

11 Access Control

11.1 *Business requirement for access control*

Der Zugriff auf Informationen oder Informationsverarbeitungssysteme soll den Geschäfts- und Sicherheitsanforderungen angepasst sein.

11.1.1 *Access control policy*

Eine Access Control Policy soll entsprechend der Sicherheits- und Geschäftsanforderungen erstellt und regelmäßig überprüft werden. Die Policy soll unter anderem ein Standard-Benutzer-Profil, die Vergabe und den Entzug von Rechten sowie die regelmäßige Kontrolle der Berechtigungen beschreiben.

11.1.2 *User access management*

Die Autorisierung von Zugriffen soll geregelt und ein unautorisierter Zugriff auf Informationssysteme soll verhindert werden.

11.1.3 *User registration*

Es soll für alle Informationssysteme und -services ein formaler Prozess für die Vergabe und den Entzug von Rechten definiert werden. Das beinhaltet unter anderem die Vergabe einer eindeutigen Benutzer-ID, eine Rechtetrennung von Genehmigung und Vergabe von Zugriffsrechten sowie ein Verzeichnis aller vergebenen Berechtigungen. Weitere Punkte sind die (schriftliche) Information des Benutzers über seine Rechte und eine Bestätigung des Benutzers, dass er die Zugriffsbedingungen und Sicherheitsanforderungen verstanden hat.

11.1.4 *Privilege measurement*

Sonderberechtigungen, zum Beispiel Administrator-Rechte, sollen über einen eigenen Prozess verwaltet werden. Es gelten alle Themen der »normalen« Benutzerregistrierung. Außerdem sollen Sonderberechtigungen an eine eigene Benutzer-ID gebunden werden, die nicht für den Tagesbetrieb verwendet wird. Wo möglich, sollen die Berechtigungen anlassbezogen vergeben und die damit durchgeführten Tätigkeiten aufgezeichnet werden.

11.1.5 *User password management*

Ein formaler Prozess für die Vergabe und den Umgang mit Passwörtern ist zu beschreiben. Dabei soll der Benutzer die Vorgaben bezüglich des Passworts bestätigen. Das initiale Passwort muss umgehend geändert werden und sollte trotzdem individuell und ausreichend sicher sein.

11.1.6 *Review of user access rights*

Ein formaler Prozess für die Überprüfung von Benutzerrechten ist zu implementieren. Dabei sollen die Benutzerrechte alle sechs Monate und die Sonderberechtigungen alle drei Monate überprüft werden. Änderungen an Sonderberechtigungen sollen aufgezeichnet und regelmäßig überprüft werden.

11.3 ***User responsibilities***

Die Mitarbeit der Benutzer ist essentiell, um einen adäquaten Sicherheitslevel zu erreichen und zu halten.

11.3.1 *Password use*

Das Passwort soll nicht weitergegeben und nicht, oder nur verschlüsselt, gespeichert werden. Gibt es den Verdacht eines Missbrauchs, ist das Passwort sofort zu ändern. Zudem sollen Passwörter eine minimale Länge aufweisen, ausreichend sicher sein und regelmäßig geändert werden.

11.3.2 *Unattended user equipment*
Unbeobachtete Geräte sind zu schützen. Dazu gehört das Abmelden vom Gerät oder das Sperren des Geräts, wenn man es verlässt.

11.3.3 *Clear desk and clear screen policy*
Sensible oder kritische Informationen sollen nicht am Schreibtisch oder beim Drucker liegen. Das Gleiche gilt für Speichermedien mit kritischen Daten.

11.4 ***Network access control***
Sowohl der interne als auch der externe Zugriff auf das Netzwerk, ist entsprechend abzusichern.

11.4.1 *Policy on use of network services*
Der Zugriff auf Services im Netzwerk wird in der Regel ebenfalls in der Access Policy geregelt werden.

11.4.2 *User authentication for external connections*
Zugriffe von außen haben einen höheren Schutzbedarf, da die Netze in der Regel unsicherer sind.

Die nachfolgenden Punkte haben keine direkte Auswirkung auf das IdM und werden nur der Vollständigkeit halber angeführt.

11.4.3 *Equipment identification in networks*

11.4.4 *Remote diagnostic and configuration port protection*

11.4.5 *Segregation in networks*

11.4.6 *Network connection control*

11.4.7 *Network routing control*

11.5 ***Operating system access control***
Ein unautorisierter Zugriff auf Betriebssysteme ist zu verhindern. Dabei ist die Access-Policy anzuwenden.

11.5.1 *Secure log-on procedures*
Um den Log-in-Prozess abzusichern, sollen keine Log-in-informationen in Klartext übersendet und die Anzahl der Versuche limitiert werden. Fehlerhafte Log-in-Versuche sollen festgehalten und ein Alarm ausgelöst werden. Ob dieser Vorschlag in Zeiten großer PC-Netzwerke praktikabel ist, wird stark von dem Sicherheitsbedarf des Unternehmens abhängen. Ebenso wird eine weitere Forderung, und zwar die Zeit für den Log-in-Vorgang an sich zu beschränken, am PC schwer umsetzbar sein.

11.5.2 *User identification and authentication*
Dieser Punkt hebt noch einmal hervor, dass eine eindeutige Benutzer-ID zu verwenden ist. Dies gilt für alle Benutzer, auch für Administratoren und Support-Personal. Leider ist es gängige Praxis, dass gerade die Accounts mit den meisten Berechtigungen, wie Domänen-Admins oder Root-Benutzer, von mehreren Personen verwendet werden.

11.5.3 *Password management system*
Zum Management-Prozess unter 11.2.3 und den Pflichten des Benutzers unter 11.3.1 folgen nun die technischen Anforderungen an die Systeme.

11.5.4 *Use of system utilities*
Falls es möglich ist, die Sicherheitsmechanismen von Applikationen oder Betriebssystemen mithilfe spezieller Tools zu umgehen, ist der Einsatz dieser Werkzeuge strikt zu überwachen. In Applikationen und Systemen, die eine Rechtetrennung erfordern, ist es nicht zulässig, dass Benutzer, die aktiv mit den Systemen arbeiten, auch Zugang zu solchen Tools haben.

11.5.5 *Session time-out*
Inaktive Sitzungen sollen nach einer definierten Zeit automatisch beendet werden.

11.5.6 *Limitation of connection time*
Bei kritischen Applikationen soll der Zugriff, wenn möglich, generell zeitlich begrenzt werden. Im Militärbereich existieren Systeme, die in speziell gesicherten Räumen stehen und zu denen die Benutzer, unabhängig vom Dienstgrad, nur zu speziellen Zeiten für eine genau festgelegte Zeitspanne Zugriff haben.

11.6 ***Application access control***
Wie beim Passwort-Management 11.5.3 wird hier von den Applikationen gefordert, was zuvor in den Policies gefordert wurde.

11.6.1 *Information access restriction*
In diesem Punkt wird zusätzlich zwischen Zugriff auf Daten und Zugriff auf Funktionen unterschieden. Auf Datenebene geht es ums Lesen, Schreiben, Löschen und Ausführen. Bei den Applikationen sind die spezifischen Funktionen zu verwalten.

11.6.2 *Sensitive system isolation*
Kritische Systeme sollen in einer isolierten Umgebung laufen. So ist es beispielsweise sinnvoll, für einen Produktionsbetrieb das Netz, über das die Office-Benutzer arbeiten, von demjenigen Netz zu trennen, in dem die Produktionsinfrastruktur steht.

11.7 ***Mobile computing and teleworking***
Beide Möglichkeiten bringen ganz neue Bedrohungsszenarien. Viele davon sind physischer Natur wie Verlust oder Diebstahl und technisch nicht zu verhindern.

11.7.1 *Mobile computing and communication*
Kritische Informationen auf mobilen Geräten müssen entsprechend geschützt werden. Dazu gehört auch eine Möglichkeit, die Daten unterwegs zu sichern. Die Benutzer sollen bezüglich der Gefahren geschult werden. Neue Technologien im Bereich Mobile Computing sind oft unausgereift und bergen massive Sicherheitsrisiken.

11.7.2 *Teleworking*
Neben den technischen Maßnahmen zur Absicherung sind auch die entsprechenden organisatorischen Maßnahmen zu treffen. Dazu gehören auch Regeln hinsichtlich des Zugriffs von Familie und Freunden auf die Geräte.

12 Information Systems Acquisition Development and Maintenance

12.1 und 12.2 beschäftigen sich mit den Anforderungen an neue IT-Systeme. Dazu gehören auch die Anforderungen an Dateneingabe, Datenverarbeitung und Datenausgabe.

12.3 ***Cryptografic controls***
Um die Integrität, Vertraulichkeit, Authentizität und Verbindlichkeit von Informationen sicherzustellen, kann es erforderlich sein, die Daten zu verschlüsseln.

12.3.1 *Policy on the use of cryptographic controls*
Der Einsatz von kryptografischen Maßnahmen ist in einer Policy klar zu regeln. Dazu gehört eine Definition, was zu verschlüsseln ist und welche Methode anzuwenden ist.

12.3.2 *Key Management*
Falls eine Verschlüsselung eingesetzt wird, ist vorab der Umgang mit den Schlüsseln festzulegen. Die Schlüssel müssen gegen Veränderung, Verlust und Zerstörung gesichert werden. Schließlich ist auch der Umgang mit kompromittierten Schlüsseln zu regeln.

12.4 ***Security of system Files***
Der Zugriff auf Systemdateien und den Quellcode ist zu überwachen.

12.4.1 *Control of operational software*
Dieser Punkt zielt auf ein solides Change-Management ab. Aus Sicht von IdM ist zu berücksichtigen, dass die Berechtigung, Software in einem Produktivsystem zu installieren, als eigene Berechtigungsklasse zu betrachten ist. Diese muss getrennt von der Entwicklung und dem Test von Software sein. Es wird notwendig sein, Software und Systeme zu klassifizieren, da es in vielen Unternehmen nicht möglich oder sinnvoll ist, jede Software von einem Administrator installieren zu lassen. So wird beispielsweise eine spezielle Software zur Berechnung finiter Elemente vielleicht auch für die Installation Kenntnisse voraussetzen, die in einer zentralen IT nicht vorhanden sind. In diesem Fall wird der Benutzer auch die Installation vornehmen. Es sollte dabei wieder der Ansatz verfolgt werden, mit zwei Benutzereinstiegen zu arbeiten.

12.4.2 *Protection of system test data*
Wenn mit Echtdaten getestet wird, ist sicherzustellen, dass auch in der Testumgebung derselbe Schutz gegeben ist wie im produktiven Umfeld. Es muss sichergestellt sein, dass die Daten nach Beendigung der Tests wieder gelöscht werden.

12.4.3 *Access control to program source library*
Der Zugriff auf Sourcecodes ist zu regeln und zu kontrollieren. Es ist sicherzustellen, dass keine unzulässigen Funktionen und nur genehmigte Änderungen implementiert werden.

12.5 ***Security in Development and Support Processes***

Die Punkte 12.5.1 bis 12.5.3 behandeln das Change-Management. Aus Sicht des IdM sind nur die Rollen im Prozess abzubilden. So ist sicherzustellen, dass Freigaben nur von Personen mit den erforderlichen Rechten erfolgen und die erforderliche Trennung der Rechte eingehalten wird.

12.5.4 *Information leakage*
Es ist zu untersuchen, bei welchen Gelegenheiten die Gefahr besteht, dass Informationen nach außen dringen. Dazu gehören technische Maßnahmen, aber auch Benutzerschulungen und entsprechende Kontrollmechanismen.

12.5.5 *Outsourced software development*
Wenn Software extern entwickelt wird, ist in der Regel eine sehr enge Zusammenarbeit in verschiedenen Bereichen notwendig. Das bedingt oft auch weitreichende Zugriffsrechte für die externen Entwickler. Der gesamte Entwicklungsprozess ist genauer zu überwachen und der Code sollte vor Inbetriebnahme auf böswilligen Code (malicious code) untersucht werden. Aus Sicht von IdM ist sicherzustellen, dass die Entwickler nur für den Zeitraum der Entwicklung die Rechte besitzen und Rechte am Produktivsystem nur anlassbezogen vergeben werden. Mit dem Outsourcingnehmer ist zu vereinbaren, dass Personalwechsel unverzüglich zu melden sind. Trotzdem ist, vor allem bei längeren Projekten, regelmäßig ein Managementreview durchzuführen. Von technischer Seite sollten Einstiege identifiziert werden, die über einen längeren Zeitraum nicht benutzt werden. Dies kann bei einem Entwicklungsprojekt bereits ein Werktag sein.

12.5.6 und 12.5.7 behandeln den Umgang mit technischen Schwachstellen.

15 Compliance

15.1 ***Compliance with legal requirements***
Das Ziel ist, jede Verletzung gültiger Rechte zu vermeiden, also compliant zu sein.

15.1.1 *Identification of applicable legislations*
Zunächst müssen alle relevanten Gesetze identifiziert werden. Diese gehören dokumentiert und regelmäßig auf Änderungen überprüft.

15.1.2 *Intellectual property rights (IPR)*
Hierbei geht es um die Wahrung der Rechte Dritter. Auch wenn explizit jedes Material, das geistiges Eigentum darstellen kann, gemeint wird, handeln die meisten Punkte von Software und Lizenznutzung. Das kann in manchen Systemen auch eine reine Berechtigungsthematik sein.

15.1.3 *Protection of organizational records*
Es ist selbstverständlich, dass Daten, die aus regulativen Gründen benötigt werden, nicht gelöscht, verändert oder verloren werden sollten. Doch das Verständnis allein schützt die Daten nicht. Gerade bei Daten, die lange aufbewahrt werden müssen und vielleicht gar nicht online zugreifbar sind, ist die Berechtigungsthematik nicht zu vernachlässigen.

15.1.4 *Data protection and privacy of personal information*
Beim Schutz persönlicher Informationen sind, wie die EU-Direktive anschaulich zeigt, nicht nur die lokalen Gesetze zu berücksichtigen, sondern auch die all derjenigen Länder, in denen ein Unternehmen Niederlassungen hat. Unter Umständen sogar die Gesetze, die ausländische Kunden und Lieferanten betreffen. Ob es allerdings sinnvoll ist, das schärfste Gesetz als Standard zu wählen, hängt sicher vom jeweiligen Geschäftsfall ab. Dies könnte ein Ansatz für den Einsatz von User Centric Identity im Unternehmen sein. Die Verantwortung liegt dann beim Benutzer, der im Bedarfsfall die Daten weitergibt und der Verarbeitung zustimmt. Damit ist eine Übertragung der Daten elegant umgangen worden. Ob sich der organisatorische Aufwand rechnet, kann erst beurteilt werden, wenn die technischen Möglichkeiten weiter gereift sind.

15.1.5 *Prevention of misuse of information processing facilities*
Dieser Punkt behandelt unter anderem den Missbrauch von IT-Systemen zu unternehmensfremden Zwecken. So darf es zum Beispiel nicht möglich sein, von einem Gerät im Unternehmen aus anonym E-Mails zu versenden.

Bei den Maßnahmen ist auf einer Seite zu betrachten, wofür das Unternehmen haftet bzw. was zu verhindern ist, und auf der anderen Seite, wie viel und welche Kontrolle zulässig ist.

15.1.6 *Regulation of cryptographic controls*
Nachdem die Kryptografie eine große Nähe zur Wehrtechnik hat, gibt es zahlreiche Limitationen bezüglich der Einfuhr und des Exports von Hardware und Software, die dem Zwecke der Kryptografie dienen. In sehr vielen Ländern gibt es Bestrebungen, starke Kryptografie generell zu verbieten und nur dann zu erlauben, wenn eine »Hintertür« für den Staat eingebaut ist.

15.2 ***Compliance with Security Policies and Standards and Technical compliance***
Dahinter verbergen sich Maßnahmen, um die Einhaltung der Richtlinien zu überprüfen.

15.2.1 *Compliance with security policy*
Das Management hat die Aufgabe zu kontrollieren, ob die Mitarbeiter die Richtlinien einhalten. Bei Abweichungen müssen korrigierende Maßnahmen erfolgen.

15.2.2 *Technical compliance checking*
Die technische Umsetzung ist regelmäßig zu überprüfen. Geeignete Mittel sind Penetrationstests und *vulnerability audits*. Dies trifft in vollem Umfang auch auf ein IdM-System zu.

15.3 ***Information System Audit Considerations***
Die Anforderungen im Rahmen von Audits sind zu erfassen und alle Mittel, die notwendig sind, um die Einhaltung der Anforderungen zu belegen, sind vorzubereiten. Ein IdM-System wird naturgemäß bei den meisten Audits eine zentrale Rolle spielen.

15.3.1 *Information System Audit controls*
Es sind die erforderlichen Vorkehrungen zu treffen, um die Auswirkungen des Audits auf den produktiven Betrieb so gering wie möglich zu halten.

15.3.2 *Protection of information system audit tools*
Die Werkzeuge und Informationen, die für ein Audit bereitgestellt werden, sind entsprechend zu schützen. Schließlich ist zu verhindern, dass die Daten verändert werden, bevor sie auditiert wurden.

W7 hier weiter

20.4 ISO 20000

ITIL-Prozesse in einem Unternehmen einzuführen, ist sehr aufwändig. Ob die Prozesse gut umgesetzt wurden, sollte man an einem stabilen Betrieb erkennen können. Manchmal ist es auch notwendig oder gewünscht, die Qualität durch eine Zertifizierung bestätigen zu lassen. Dazu dient die ISO 20000, die dem BS15000[4] entspricht. Beide Standards beziehen sich allerdings noch nicht auf die aktuelle Version ITILv3.

Wie in Abschnitt 7.4 beschrieben, haben die ITIL-Prozesse vor der Version 3 aber nur wenige IdM-spezifische Anforderungen. Natürlich muss auch bei diesen Prozessen geregelt werden, wer auf welche Daten Zugriff hat und wer welchen Arbeitsschritt freigeben darf. Eine Freigabe im Change-Prozess macht wenig Sinn, wenn der Mitarbeiter, der eine Änderung erstellt, auch freigeben darf, dass die Änderung in den Betrieb übernommen wird. Ähnliches trifft auch auf andere Prozesse

4. Der BS15000 (British Standard 15000) erschien früher, und wurde von der ISO übernommen.

zu. Die Inhalte der ISO 20000 sind eine Teilmenge der bei COBIT geprüften Themen.

Eine Überarbeitung, die ITILv3 in vollem Umfang abdeckt, war bei der Erstellung dieses Buches noch nicht in Sicht.

20.5 IT-Grundschutz-Kataloge des BSI

Die Grundschutz-Kataloge des Bundesamts für Sicherheit in der Informationstechnik (früher BSI-Grundschutzhandbuch) sind eine sehr umfangreiche und detaillierte Sammlung an Informationen für den Aufbau eines ISMS[5]. Dazu gehören Standards zum Aufbau eines ISMS, ein Schichtenmodell (siehe Abb. 20–3) und eine Reihe von Katalogen.

Ein ISMS, das nach den Vorgaben der Grundschutz-Kataloge aufgebaut ist, kann auch zertifiziert werden. Wobei nach ISO 27001 zertifiziert wird. Die Grundschutz-Kataloge sind aus mehreren Gründen interessant. Da ist einmal der große Umfang und der teilweise doch recht hohe Detaillierungsgrad. Wichtig ist auch die Tatsache, dass die Kataloge jährlich überarbeitet werden und gratis im Internet (*www.bsi.de*) zur Verfügung stehen. Ich beziehe mich auf den Stand 2006 (8. Ergänzungslieferung).

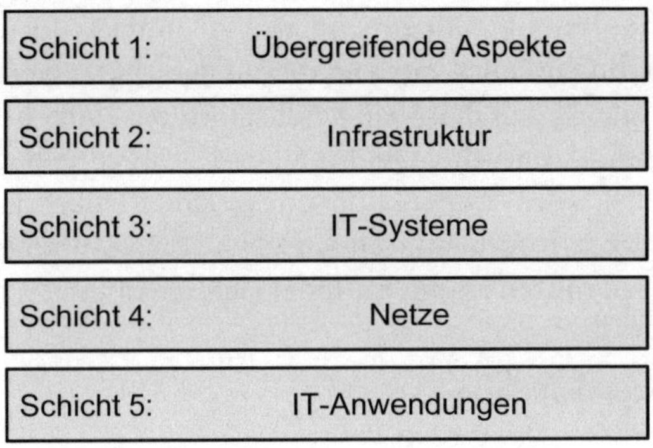

Abb. 20–3
Grundschutz-Schichtenmodell

Die Kataloge sind in drei Bereiche geteilt: Bausteine, Gefährdungen und Maßnahmen.

Die *Bausteinkataloge* sind nach dem IT-Grundschutz-Schichtenmodell (siehe Abb. 20–3) gruppiert. Jede Schicht beinhaltet zwischen sieben und dreizehn Bausteine. Jeder Baustein (z.B. Server unter Unix, WLAN usw.) enthält eine kurze Beschreibung des Bereichs, mögliche Gefahren, eine Vorgehensweise sowie einen Verweis auf empfohlene Maßnahmen.

5. Informations–Sicherheits-Management-Systems

Eine umfangreiche Aufzählung möglicher Gefahren bilden die *Gefährdungskataloge*. Sie bestehen aus:

- G1 Höhere Gewalt
- G2 Organisatorischer Mangel
- G3 Menschliche Fehlhandlung
- G4 Technisches Versagen
- G5 Vorsätzliche Handlungen

Jeder Gefahrenkatalog beschreibt teilweise weit über hundert Gefährdungen, die auch jeweils mit einem Beispiel unterlegt sind.

Der dritte Teil sind die *Maßnahmenkataloge*. Diese teilen sich in:

- M1 Infrastruktur
- M2 Organisation
- M3 Personal
- M4 Hardware und Software
- M5 Kommunikation
- M6 Notfallversorgung

Die Maßnahmen beschreiben, welche Aktivitäten notwendig sind, um die Ziele der einzelnen Bausteine zu erreichen und die Auswirkungen bzw. die Wahrscheinlichkeit der betreffenden Gefahren zu reduzieren.

Die Grundschutz-Kataloge sind viel zu umfassend, um ihnen im Rahmen diese Buches auch nur annähernd gerecht zu werden. Ich habe mich daher auf ein paar Beispiele beschränkt, die einen Einblick in den Detaillierungsgrad und die Qualität der Kataloge geben sollen. Die zitierten Stellen sind mit Anführungszeichen gekennzeichnet und jeweils mit kurzen Kommentaren versehen. Eine umfangreichere Aufzählung von relevanten Kapiteln findet sich in Anhang 1.

➲ *W8 weiter bei Seite 243*

20.5.1 Bausteinkataloge

Jeder Baustein ist gleich aufgebaut und stellt einen Ausgangspunkt dar, der auf die entsprechenden Gefahren und Maßnahmen verweist. Als Beispiel für einen Baustein soll der Baustein *B1.7 Kryptokonzept* dienen.

Dieser Baustein beschreibt die Vorgehensweise für die Einführung und den Betrieb kryptografischer Verfahren. Kryptografische Verfahren werden eingesetzt, um Vertraulichkeit, Integrität, Authentizität und Nichtabstreitbarkeit zu gewährleisten.

Als primäre Gefährdungen werden angeführt:

- G4.33 Schlechte oder fehlende Authentikation
- G5.27 Nichtanerkennung einer Nachricht
- G5.71 Vertraulichkeitsverlust schützenswerter Informationen
- G5.58 Integritätsverlust schützenswerter Informationen

Diese Gefährdungen sind natürlich mit den Gefahrenkatalogen verknüpft.

Unter *Maßnahmenempfehlungen* werden nun die Schritte für Einführung und Betrieb im Einzelnen beschrieben.

> »... Darüber hinaus sind im Bereich der kryptografischen Verfahren im Wesentlichen die folgenden Schritte durchzuführen:
>
> - Entwicklung eines Kryptokonzepts
>
> Der Einsatz kryptografischer Verfahren wird von einer großen Zahl von Einflussfaktoren bestimmt. Das IT-System, das Datenvolumen, das angestrebte Sicherheitsniveau und die Verfügbarkeitsanforderungen sind einige dieser Faktoren. Daher sollte zunächst ein Konzept entwickelt werden, in dem alle Einflussgrößen und Entscheidungskriterien für die Wahl eines konkreten kryptografischen Verfahrens und der entsprechenden Produkte berücksichtigt werden und das gleichzeitig wirtschaftlich vertretbar ist.
>
> - Ermittlung der Anforderungen an die kryptographischen Verfahren
>
> Es muss ein Anforderungskatalog erstellt werden, in dem die Einflussgrößen und die Entscheidungskriterien beschrieben werden.«

Ein Maßnahmenbündel verweist auf die entsprechenden Maßnahmen aus den Maßnahmenkatalogen. Die Maßnahmen werden entsprechend der Schritte *Planung und Konzeption, Beschaffung, Umsetzung und Notfallvorsorge* gegliedert.

Tab. 20–1 Empfohlene Maßnahmen zum Baustein B1.7 Kryptokonzept

Planung und Konzeption	
M2.161	Entwicklung eines Kryptokonzepts
M2.162	Bedarfserhebung für den Einsatz kryptografischer Verfahren und Produkte
M2.163	Erhebung der Einflussfaktoren für kryptografische Verfahren und Produkte
M2.164	Auswahl eines geeigneten kryptograpfischen Verfahrens
M2.166	Regelung des Einsatzes von Kryptomodulen
M3.23	Einführung in kryptografische Grundbegriffe
M4.90	Einsatz von kryptografischen Verfahren auf den verschiedenen Schichten des ISO/OSI-Referenzmodells
Beschaffung	
M2.165	Auswahl eines geeigneten kryptografischen Produktes
M4.85	Geeignetes Schnittstellendesign bei Kryptomodulen
M4.88	Anforderungen an die Betriebssystem-Sicherheit beim Einsatz von Kryptomodulen
Umsetzung	
M2.46	Geeignetes Schlüsselmanagement
M4.86	Sichere Rollenteilung und Konfiguration der Kryptomodule
M4.87	Physikalische Sicherheit von Kryptomodulen
M4.89	Abstrahlsicherheit
Notfallvorsorge	
M6.56	Datensicherung bei Einsatz kryptografischer Verfahren

20.5.2 Gefährdungskataloge

Die Gefährdungen sind relativ knapp beschrieben. Wo es sinnvoll ist, wird die Beschreibung noch durch Beispiele ergänzt.

Als Beispiel dient G3.17 (Kein ordnungsgemäßer Benutzerwechsel).

Arbeiten mehrere Benutzer an einem PC, so kann es aufgrund von Nachlässigkeit oder Bequemlichkeit dazu kommen, dass sich bei einem Wechsel der vorhergehende Benutzer nicht abmeldet und der neue sich nicht ordnungsgemäß anmeldet. Dies wird von den Betroffenen meist damit begründet, dass die Zeit, die das IT-System zum Neustarten benötigt, sehr lang ist und als nicht akzeptabel empfunden wird.

Dieses Fehlverhalten führt jedoch dazu, dass die Protokollierung von An- und Abmeldevorgängen und damit ein Teil der Beweissicherung unwirksam werden. Es lässt sich anhand der Protokolle nicht mehr zuverlässig feststellen, wer den Rechner zu einem bestimmten Zeitpunkt genutzt hat.

Beispiele:

- Ein PC wird abwechselnd von drei Benutzern eingesetzt, um Reisekostenabrechnungen zu erstellen. Nachdem sich der erste Benutzer angemeldet hat, erfolgt kein ordnungsgemäßer PC-Benutzerwechsel mehr, weil die damit verbundenen Ab- und Anmeldevorgänge aus Bequemlichkeit nicht durchgeführt werden.
- Aufgrund von Unregelmäßigkeiten wird geprüft, wer welchen Vorgang am Rechner bearbeitet hat. Da nach Protokollierung nur ein Benutzer am PC gearbeitet hat, kann der Verursacher im Nachhinein nicht mehr festgestellt werden bzw. der einzige angemeldete Benutzer muss die Konsequenzen tragen.

20.5.3 Maßnahmenkataloge

Die Maßnahmenkataloge sind von sehr unterschiedlicher Qualität und manche sind nicht mehr aktuell. Das ist aber bei der Fülle an Maßnahmen in einer so schnelllebigen Branche wie der IT praktisch gar nicht anders möglich. Trotzdem sollten gerade die Maßnahmenkataloge ein Arbeitsmittel sein, in dem man nachschaut, bevor man versucht, das Rad neu zu erfinden.

Neben der Beschreibung ist auch immer angegeben, wer für die Initiierung und für die Umsetzung verantwortlich sein könnte.

M2.5 Aufgabenverteilung und Funktionstrennung

Dieser Punkt ist ein gutes Beispiel für die Maßnahme als Basisinformation. Die Maßnahme ist sicher nicht ausreichend, aber immerhin ein sehr guter Einstieg.

Im ersten Schritt wird auf die Aufgabenverteilung innerhalb der IT verwiesen. Dabei werden zwei Ebenen unterschieden:

- Die erste Ebene besteht aus den Funktionen, die den IT-Einsatz ermöglichen oder unterstützen wie Arbeitsvorbereitung, Datennachbereitung, Operating, Programmierung, Netzadministration, Rechteverwaltung und Revision.
- Die zweite Ebene besteht aus den Funktionen, die die zur Aufgabenerfüllung bereitstehenden IT-Verfahren anwenden. Beispiele solcher Funktionen sind: Fachverantwortlicher, IT-Anwendungsbetreuer, Datenerfasser, Sachbearbeiter, Zahlungsanordnungsbefugter.

Danach geht es um die allgemeine Funktionstrennung:

Es ist zu begründen, welche Funktionen nicht miteinander vereinbar sind, also auch nicht von einer Person gleichzeitig wahrgenommen werden dürfen. Vorgaben hierfür können aus den Aufgaben selbst oder aus gesetzlichen Bestimmungen resultieren. Beispiele dafür sind:

- Rechteverwaltung und Revision,
- Netzadministration und Revision,
- Programmierung und Test bei selbst erstellter Software,
- Datenerfassung und Zahlungsanordnungsbefugnis,
- Revision und Zahlungsanordnungsbefugnis.

Insbesondere wird deutlich, dass meistens operative Funktionen nicht mit kontrollierenden Funktionen vereinbar sind.

M2.8 Vergabe von Zugriffsrechten

Auch diese Maßnahme gibt eine gute Basisinformation, auf die für die weitere Vorgehensweise aufgebaut werden kann. Zuerst folgt eine allgemeine Definition von Zugriffsrechten. Dabei wird darauf eingegangen, dass die Rechte von der Funktion der Person im Unternehmen abhängen. Der Begriff Rolle wird aber nicht verwendet.

> »Eine Vielzahl von IT-Systemen lässt es zu, dass verschiedene Rechte als Gruppenrechte bzw. als Rechteprofil definiert werden (z.B. Gruppe Datenerfassung). Diese Definition entspricht der technischen Umsetzung der Rechte, die einer Funktion zugeordnet werden. Für die Administration der Rechte eines IT-Systems ist es vorteilhaft, solche Gruppen oder Profile zu erstellen, da damit die Rechtezuteilung und deren Aktualisierung erheblich vereinfacht werden kann.
>
> Die Festlegung und Veränderung von Zugriffsrechten ist vom jeweils Verantwortlichen zu veranlassen und zu dokumentieren. Aus der Dokumentation muss hervorgehen:
>
> - welche Funktion unter Beachtung der Funktionstrennung mit welchen Zugriffsrechten ausgestattet wird,
> - welche Gruppen bzw. Profile eingerichtet werden,
> - welche Person welche Funktion wahrnimmt,
> - welche Zugriffsrechte eine Person im Rahmen welcher Rolle erhält (hierbei sollten auch die Zugriffsrechte von Vertretern erfasst werden),
> - welche Konflikte bei der Vergabe von Zugriffsrechten aufgetreten sind, diese Konflikte können zum Beispiel daraus resultieren, dass eine Person unvereinbare Funktionen wahrnimmt oder daraus, dass abhängig vom IT-System die Trennung bestimmter Zugriffsrechte nicht vorgenommen werden kann,

- welche Personen in einem Notfall welche Zugriffsrechte erhalten, zum Beispiel da sie zum Krisenstab gehören.

Zudem wird die Vorgehensweise bei der Vergabe von Zutrittsrechten konsequenterweise gleich empfohlen, wie die von Berechtigungen in der IT. In einem Beispiel werden zwar Ansätze zu einer Rollenverwaltung vorgestellt, aber in der einfachsten Form.

Im Folgenden werden die Zugriffsrechte, die eine Funktion zur Ausübung benötigt, dargestellt. Es bezeichnen:

A= Recht zur Ausführung der Anwendung/Software
L = Leserecht auf Daten
S = Schreibrecht, d.h. Erzeugen von Daten
M = Recht zum Modifizieren von Daten
Ö = Recht zum Löschen von Daten
U = Recht zum Unterschreiben von Zahlungsanweisungen

Tab. 20–2
Rechtematrix

	Funktion des Mitarbeiters	Betriebs-system Server	Anwendung Daten-erfassung	Anwendung Beleg-bearbeitung
1	LAN-Administration	A,L,S,M,Ö		
2	Revision	A,L		A,L
3	Datenerfassung		A,S	
4	Sachbearbeitung rechn.		A,S	
5	Sachbearbeitung sachl.			A,L,M
6	Anordnungsbefugnis			A,L,U

Eine solche Dokumentation erleichtert die Rechteverteilung. Angenommen ein Mitarbeiter aus der Revision wechselt den Arbeitgeber und die Stelle müsste nun neu besetzt werden. Dann lässt sich anhand der obigen Tabelle einfach feststellen, welche der ehemaligen Rechte des ausgetretenen Mitarbeiters zu löschen und für den neuen Mitarbeiter einzurichten sind. Wenn dieser zusätzlich vertretungsweise die Funktion Sachbearbeitung mit Anordnungsbefugnis übernehmen soll, so wird anhand der durchzuführenden Rechteverteilung der Konflikt offenbar, dass der neue Mitarbeiter im Vertretungsfall Manipulationen unbemerkt durchführen könnte.«

M2.11 Regelung des Passwortgebrauchs

Dieser Punkt gibt allgemeine Empfehlungen zum Umgang mit Passwörtern. Wenn man den Inhalt aus der Webseite kopiert und überarbeitet, hat man in zehn Minuten seine eigene Passwort-Policy.

- Das Passwort darf nicht leicht zu erraten sein. Namen, Kfz-Kennzeichen, Geburtsdatum usw. dürfen deshalb nicht als Passwörter gewählt werden.
- Innerhalb des Passwortes sollte mindestens ein Zeichen verwendet werden, das kein Buchstabe ist (Sonderzeichen oder Zahl).
- Wenn für das Passwort alphanumerische Zeichen gewählt werden können, sollte es mindestens acht Zeichen lang sein.
- Wenn für das Passwort nur Ziffern zur Verfügung stehen, sollte es mindestens sechs Zeichen lang sein. Das Authentisierungssystem sollte den Zugang nach wenigen Fehlversuchen sperren (für eine bestimmte Zeitspanne oder dauerhaft).
- Es muss getestet werden, wie viele Stellen des Passwortes vom Rechner wirklich überprüft werden.
- Voreingestellte Passwörter (z.B. des Herstellers bei Auslieferung von Systemen) müssen durch individuelle Passwörter ersetzt werden.
- Passwörter dürfen nicht auf programmierbaren Funktionstasten gespeichert werden.
- Das Passwort muss geheim gehalten werden und sollte nur dem Benutzer persönlich bekannt sein.
- Das Passwort sollte allenfalls für die Hinterlegung schriftlich fixiert werden, wobei es in diesem Fall in einem verschlossenen Umschlag sicher aufbewahrt werden muss. Wird es darüber hinaus aufgeschrieben, ist das Passwort zumindest so sicher wie eine Scheckkarte oder ein Geldschein aufzubewahren.
- Das Passwort muss regelmäßig gewechselt werden, z.B. alle 90 Tage.
- Ein Passwortwechsel ist durchzuführen, wenn das Passwort unautorisierten Personen bekannt geworden ist oder der Verdacht besteht.
- Alte Passwörter sollten nach einem Passwortwechsel nicht mehr gebraucht werden.
- Die Eingabe des Passwortes sollte unbeobachtet stattfinden.

Falls IT-technisch möglich, sollten folgende Randbedingungen eingehalten werden:

- Die Wahl von Trivialpasswörtern (z.B. BBBBBBBB, 123456) sollte verhindert werden.
- Jeder Benutzer muss sein eigenes Passwort jederzeit ändern können.

- Für die Erstanmeldung neuer Benutzer sollten Einmalpasswörter vergeben werden, also Passwörter, die nach einmaligem Gebrauch gewechselt werden müssen. In Netzen, in denen Passwörter unverschlüsselt übertragen werden, empfiehlt sich die dauerhafte Verwendung von Einmalpasswörtern.
- Nach dreifacher fehlerhafter Passworteingabe sollte das Authentisierungssystem den Zugang sperren (für eine bestimmte Zeitspanne oder dauerhaft).
- Bei der Authentisierung in vernetzten Systemen sollten Passwörter selbst im Intranet nicht unverschlüsselt übertragen werden. Erfolgt die Authentisierung über ein ungesichertes Netz hinweg, so dürfen Passwörter keinesfalls unverschlüsselt übertragen werden.
- Bei der Eingabe sollte das Passwort nicht auf dem Bildschirm angezeigt werden.
- Die Passwörter müssen im System zugriffssicher gespeichert werden, z.B. mittels Einweg-Verschlüsselung (Hash-Funktionen).
- Der Passwortwechsel sollte vom System regelmäßig initiiert werden.
- Die Wiederholung alter Passwörter beim Passwortwechsel sollte vom IT-System verhindert werden (Passworthistorie).

M2.30 Regelung für die Einrichtung von Benutzern/Benutzergruppen

Diese Maßnahme entspricht leider nicht mehr ganz der Zeit. Auch wenn die Grundanforderungen an sich genannt werden, gehen die Maßnahmen nicht auf die Probleme ein, die durch die Komplexität aktueller IT-Umgebungen entstanden sind.

Es sollte ein Formblatt existieren, um von jedem Benutzer bzw. für jede Benutzergruppe zunächst die erforderlichen Daten abzufragen:

- Name, Vorname,
- Vorschlag für die Benutzer- bzw. Gruppenkennung, wenn diese nicht durch Konventionen vorgegeben sind,
- Organisationseinheit,
- Erreichbarkeit (z.B. Telefon, Raum),
- gegebenenfalls Projekt,
- gegebenenfalls Angaben über die geplante Tätigkeit im System und die dazu erforderlichen Rechte sowie die Dauer der Tätigkeit,
- gegebenenfalls Restriktionen auf Zeiten, Endgeräte, Plattenvolumen, Zugriffsberechtigungen (für bestimmte Verzeichnisse, Remote-Zugriffe etc.), eingeschränkte Benutzerumgebung,
- gegebenenfalls Zustimmung von Vorgesetzten.

Die Zugriffsberechtigung für Dateien ist auf Benutzer bzw. Gruppen mit berechtigtem Interesse zu beschränken. Wenn mehrere Personen auf eine Datei zugreifen müssen, soll für diese eine Gruppe eingerichtet werden. In der Regel muss jedem Benutzer eine eigene Benutzer-Kennung zugeordnet sein; es dürfen nicht mehrere Benutzer unter derselben Kennung arbeiten. Für jeden Benutzer muss ein eindeutiges Heimatverzeichnis angelegt werden.

M2.33 Aufteilung der Administratortätigkeiten unter Unix

In diesem Beispiel wird sehr konkret auf die technische Umsetzung eingegangen. Diese Detailtiefe unterscheidet die Grundschutz-Kataloge von allen anderen Rahmenwerken. Auch wenn man in Kauf nehmen muss, dass bei solchen Informationen die Gefahr besteht, dass sie schnell altern.

Eine Reihe von Administrationstätigkeiten können auch ohne Zugang zum Log-in *root* ausgeführt werden. Wenn es Administratoren mit solchen Spezialaufgaben gibt, sollte davon Gebrauch gemacht werden. Insbesondere, wenn in großen Systemen mehrere Personen mit Administrationsaufgaben betraut werden müssen, kann das Risiko durch eine entsprechende Aufgabenteilung vermindert werden. Es gibt dazu zwei Möglichkeiten:

- Schaffung administrativer Log-ins
  Sie haben zwar die UID 0, jedoch wird beim Log-in nur ein Programm gestartet, mit dem die administrative Aufgabe ausgeführt werden kann und das mit einem Log-out endet. Beispiele: Einrichten neuer Benutzer, Mounten eines Laufwerks. Zu Unix V.4 können zum Beispiel die administrativen Log-in-Namen *setup*, *sysadm*, *powerdown*, *checkfsys*, *mountfsys* und *umountfsys* mit den gleichnamigen Programmen eingerichtet werden.
- Benutzung von Log-ins ohne UID 0
  Diese Log-in-Namen (*sys*, *bin*, *adm*, *uucp*, *nuucp*, *daemon* und *lp*) sind Eigentümer von Dateien und Programmen, die für die Funktionalität des Systems entscheidend sind und die daher besonderem Schutz unterliegen. Sie sind in den meisten Unix-Systemen zur Verwaltung der entsprechenden Dienste vorgegeben.

Um festzustellen, welche Log-ins Administratorrechte haben, sollten regelmäßig Hilfsprogramme (z.B. *cops, tiger*) eingesetzt werden, die nach Log-ins mit der UID 0 in der Passwort-Datei suchen.

21 Kosten reduzieren

W8 hier weiter ⮌

Man kann die Kosten nur senken, wenn es einem gelingt, den Ressourcenbedarf der Geschäftsprozesse zu senken.

Ressourcen können Arbeitskräfte, Maschinenzeit, Softwarelizenzen, Hardware oder Material sein, aber auch Flächen in Form von Gebäude, Rechenzentrumsfläche usw.

Bei einem IdM-System entstehen zuerst einmal zusätzliche Kosten.

Für ein IdM-System ist es aber in der Regel unerlässlich, dass zusätzliche Systeme angeschafft oder bestehende Systeme ausgebaut werden. Mit zunehmendem Reifegrad und zunehmenden Anforderungen an das IdM-System, werden die Anforderungen an Hard- und Software steigen und dadurch auch der Ressourcenbedarf. Durch zusätzliche Funktionen wie ein zentrales Benutzer-Repository oder ein Single-Sign-On-System entstehen hochkritische Knotenpunkte, die entsprechend abgesichert werden müssen. Es ist also zu erwarten, dass die Kosten für Hardware und Softwarelizenzen eher steigen. Wir haben also einen Widerspruch zur ersten Aussage. Sicher, ein effizientes Identity Management wird unter Umständen auch Rechenleistung sparen, wenn es gelingt, redundante Datenhaltung zu reduzieren, aber eine wirkliche Einsparung wird man nur erreichen, wenn Aufwand und Wartezeit auf Mitarbeiterseite sinken, also weniger Mitarbeiter Ressourcen binden.

Was in einem Business Case als valide betrachtet wird, hängt stark vom einzelnen Unternehmen ab.

Beim Thema Business Case musste ich lernen, dass es einen grundsätzlichen Unterschied zwischen den USA und Mitteleuropa, speziell dem deutschsprachigen Raum, gibt. Während Business-Case-Berechnungen, die Einsparungen in Minuten pro Mitarbeiter auswerfen, in den USA durchaus Erfolg versprechend sind, gibt es in Mitteleuropa die traurige Vorliebe, Einsparungen nur in »ganzen Köpfen«, also in wirklich »abbaubaren« Mitarbeitern, zu akzeptieren. Vielleicht liegt es aber auch daran, dass in vielen Unternehmen die geleisteten Arbeitsstunden immer noch das einzige Leistungskriterium sind.

Wenn die Mitarbeiter für eine Tätigkeit weniger Zeit benötigen, sollte das auch ausgewiesen werden.

Ob diese Mutmaßungen nun richtig sind oder nicht, eine Einsparung in x Minuten pro Mitarbeiter wird in der Regel nicht ausreichen. Trotzdem wird man in einem IdM-Projekt nicht umhinkommen, solche Berechnungen anzustellen. Einmal weil es außer der bereits vorgestellten Bewertung von Maßnahmen zur Risikominimierung wenig Rechenbares gibt, und zum anderen, weil die Berechnungen durchaus berechtigt sind. Der Ablehnung gegen »schwer messbare Effizienzsteigerungen« der Mitarbeiter steht ja der »Jobkiller IT« gegenüber, der schon seit Jahrzehnten durch die Medien geistert. AT Kearney, ein weltweit agierendes Beratungsunternehmen, lancierte im Sommer 2006 eine Pressemitteilung mit dem Titel: Deutsche Industrie baut 100.000 Arbeitsplätze in der Verwaltung ab. In dem Artikel geht das Beratungsunternehmen davon aus, dass die Einsparungen vor allem durch die Industrialisierung der Verwaltung erzielt werden. Eine Meldung, die durchaus plausibel erscheint und auch in Managementkreisen nicht angezweifelt werden wird. Hinter der zweifelsohne negativen Aussage steht aber die Grundbotschaft, dass hier noch einiges an Potential besteht, um die Effizienz zu steigern. Nun gerade Identity Management stellt so einen Schritt zur Industrialisierung und damit zur Steigerung der Effizienz dar. Es bleibt zu hoffen, dass die Unternehmen kreativere Wege finden, die frei werdenden Ressourcen zu nutzen.

In den folgenden Kapiteln wird beschrieben, welche konkreten Einsparungspotentiale es gibt und wie man diese messen und bewerten kann.

21.1 Betriebskosten

Da es sich um die Betriebskosten der IT handelt, sind die Einsparungen sehr gut messbar und bringen oft einen wirklich nachweisbaren Nutzen.

Aufwand für die Vergabe von Berechtigungen (Provisionieren)

Der interne Aufwand der IT-Abteilung lässt sich sehr genau messen.

Welcher Aufwand entsteht innerhalb der IT, bis ein neuer Mitarbeiter alle notwendigen Rechte hat? Dazu muss man festzustellen, wer überhaupt am Prozess beteiligt ist. Wer nimmt innerhalb der IT die Anforderung entgegen, wer legt den Benutzer in welchem System an? All diese Erhebungen ergeben am Ende die gesamte Bearbeitungsdauer. Die Bearbeitungsdauer darf nicht mit der Durchlaufzeit, also der Zeit, die der gesamte Prozess dauert, verwechselt werden. Die Durchlaufzeit wirkt sich vor allem beim Benutzer aus und wird an späterer Stelle betrachtet.

Die Bearbeitungsdauer (in Stunden) wird mit dem Stundensatz und der Anzahl der Anlassfälle multipliziert.

Beispiel

Interner Stundensatz eines Administrators:	60 €
Anzahl der Mitarbeiter des Unternehmens:	1000
Mitarbeiterwachstum:	3 % pro Jahr; ergibt 30 Änderungen
Mitarbeiter, die austreten und ersetzt werden:	7 % pro Jahr; ergibt 70 Änderungen
Mitarbeiter, die intern wechseln:	5 % pro Jahr; ergibt 50 Änderungen
Insgesamt:	150 Änderungen pro Jahr
Interner Aufwand für eine Änderung:	4 Stunden
Kosten:	150 × 4 × 60 = 36.000 €
Interner Aufwand mit der neuen Lösung:	1,5 Stunden
Kosten neu:	150 × 1,5 × 60 = 13.500 €
Einsparung pro Jahr:	36.000 – 13.500 = **22.500 €**

Diese Berechnungen müssen für jene Nutzer des Systems gemacht werden, deren Verwaltung sich auf die Betriebskosten auswirkt. Wenn beispielsweise Lieferanten das System nutzen, um ihre Benutzer selbst zu administrieren, werden sie sich über den erzielten Zeitgewinn durch ein neues IdM-System freuen. Eine Einsparung für die Firma, die das System zur Verfügung stellt, gibt es aber dadurch nicht. Wenn allerdings die Verwaltung der Benutzer des Lieferanten bisher über Telefon und E-Mail angestoßen wurde und intern erfolgt ist, könnte sich ein Projekt schon dadurch rechnen, dass durch ein neues System die Arbeit an den Lieferanten delegiert werden kann.

Helpdesk

Es gibt viele Faktoren, die den Benutzersupport beeinflussen. Am schnellsten sichtbar ist die Einführung eines Single-Sign-On-Systems oder einer Anwendung, mit deren Hilfe der Benutzer sein Passwort selbst zurücksetzen kann. Damit fallen Anrufe der Benutzer weg. Dies wird allerdings nur relevant, wenn der Aufwand für den Benutzersupport bekannt ist, im besten Fall also ein eigenes Helpdesk existiert. Wenn das Helpdesk nach Troubletickets (Anrufen) verrechnet wird, kann das direkt umgerechnet werden. Aber auch sonst wird anhand der Tickets die Anzahl des benötigten Helpdesk-Personals ermittelt. Auch in diesem Fall lässt sich ein Preis pro Anruf errechnen.

Störungen kosten beim Helpdesk und beim Benutzer Geld.

Selbstverständlich gibt es auch beim Benutzer Aufwände, wenn er beispielsweise ein Passwort vergessen hat. Abgesehen von den fehlerhaften Versuchen und der Zeit für das Nachdenken, telefoniert der Anrufer gleich lang wie sein Gegenüber am Helpdesk. Diese Zeit fällt natürlich auch weg.

Wenn im Rahmen des IdM-Systems die Authentisierung mittels Chipkarte oder biometrischen Methoden erfolgen, kann auch die Zeit, die sich der Benutzer spart, berücksichtigt werden. Wenn aber der Benutzer durch Beantwortung von Fragen sein Passwort selbst zurücksetzen kann, muss die Zeit für diese Prozedur der Anrufdauer am Helpdesk gegenübergestellt werden.

Beispiel Zurücksetzen des Passwortes

Preis pro Troubleticket:	15 €
Anrufe zum Thema Passwortrücksetzen:	1000 pro Jahr
Kosten:	1000 × 15 = 15.000 €
Anrufe nach Projekt:	200 pro Jahr
Kosten neu:	200 × 15 = 3000 € pro Jahr
Einsparung:	15.000 – 3000 = 12.000 € pro Jahr

Man sollte allerdings bedenken, dass jedes neue System in der Regel zuerst zu einem Ansteigen der Tickets führt. Das gilt auch für IdM-Systeme. Es kann also sein, dass die Anzahl der Troubletickets zuerst einmal steigt und dann kontinuierlich sinkt. Wenn die Einführung des IdM-Systems in Teilschritten erfolgt, könnte der Ticketverlauf wie in Abbildung 21–1 aussehen.

Es müsste also die errechnete Einsparung über den Projektverlauf angepasst werden.

Der Aufwand für einen Business Case darf den Nutzen nicht übersteigen.

Dazu an dieser Stelle ein Hinweis, der generell für die Berechnung eines Business Case gilt: So einfach wie möglich, so genau wie notwendig. Dabei macht es Sinn, iterativ vorzugehen. Bei der ersten Abschätzung sollte man sehr grob kalkulieren, um ein Gefühl zu bekommen. Wenn das erste Ergebnis gut aussieht, sollte man im nächsten Schritt versuchen, jene Punkte zu finden, die das Ergebnis ins Negative ziehen können. Dazu würden auch Zeitverläufe wie der oben dargestellte gehören. Ist das Ergebnis sehr knapp oder sofort negativ, muss man

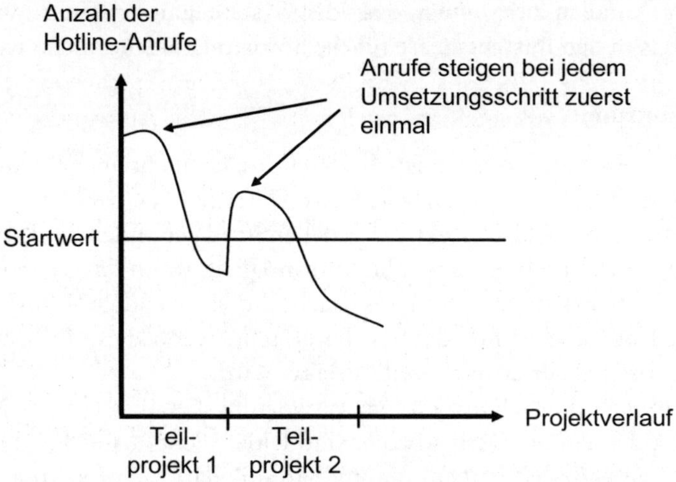

Abb. 21–1
Möglicher Verlauf der Anrufe am Helpdesk in einem IdM-Projekt

den primären Verursacher suchen oder gleich andere Ansätze wählen. Natürlich kann man auch etwas Zeit investieren um zu prüfen, ob man nicht ein Nutzenpotential übersehen hat. Der Aufwand für diese Suche sollte aber klar abgegrenzt sein.

21.2 Investitionskosten

Aufwand bei der Softwareentwicklung

IdM-Funktionalitäten brauchen nicht für jede Applikation neu entwickelt zu werden.

Jede Applikation muss in irgendeiner Form Berechtigungen und Benutzer verwalten. Im einfachsten Fall ist es nur ein Benutzer, der alles darf. Je mächtiger die Applikation aber wird, desto größer ist der Bedarf, Zugriffsrechte gezielt zuzuweisen. Wenn ein Unternehmen auch auf Eigenentwicklungen setzt, gibt es ein zusätzliches Einsparungspotential. Allein einheitliche Prozesse helfen schon, den Entwicklungsaufwand deutlich zu reduzieren. Falls durch ein IdM-System auch die Verwaltung der Berechtigungen und die Authentisierung übernommen werden, fallen redundante Programmierarbeiten weg. Die Benutzer haben darüber hinaus in Bezug auf Authentisierung und Autorisierung bei jeder Applikation ein gewohntes Bild. Um die Einsparung zu ermitteln, kann die Anzahl der geplanten bzw. der durchschnittlich erstellten Applikationen mit der gesparten Entwicklungszeit (Annahme oder Test) multipliziert werden.

Bei Kaufsoftware sieht es ganz anders aus. Hier sollte man ab der Einführung eines IdM-Systems bereits bei der Auswahl einer neuen Applikation darauf achten, ob sich die Software leicht in das IdM-System integrieren lässt. Sollten auf Seite des IdM zusätzliche Lizenzgebühren anfallen oder muss das IdM-System gar erweitert werden, muss das in den Business Case für die Software aufgenommen werden.

Lizenznutzung

Ungenutzte Lizenzen kosten gleich viel wie verwendete.

Ein oft lohnender Ansatz ist die Suche nach nicht mehr genutzten Lizenzen. Wenn ein Mitarbeiter das Unternehmen verlässt, sollten Softwarelizenzen, die direkt an den Benutzer gebunden sind, wieder freigegeben werden. Dies ist aber nur möglich, wenn das System oder der Administrator des Systems auch die notwendige Information erhält. Das ist aber nur dann sichergestellt, wenn diese Information automatisch generiert und weitergeleitet wird.

Prozesse, die sich auf das Verantwortungsbewusstsein des Mitarbeiters oder Vorgesetzten stützen, sind leider nicht ausreichend sicher. Der Vorgesetzte hat keinen unmittelbaren Bedarf, den Ex-Mitarbeiter bei allen Systemen abzumelden und schon gar nicht der ehemalige Mitarbeiter selbst – beides ganz im Gegensatz zum Anforderungsprozess. Selbst in Unternehmen mit einer sehr detaillierten internen IT-Leistungsverrechnung ist nicht sichergestellt, dass der Kostenstellenverantwortliche jeden Monat die Zahlen im Detail vergleicht. Wenn die Lizenz bei einer quartalsmäßigen oder jährlichen Revision auffällt, sind die Lizenzgebühren bereits angefallen. Hinzu kommt, dass die Kosten einer einzelnen Lizenz für die Kostenstellenverantwortlichen eines großen Bereichs in den Gesamtkosten »untergehen«.

Noch schwieriger wird es, wenn ein Mitarbeiter nur den Aufgabenbereich wechselt. Hier wird es erst bei einem sehr hohen Reifegrad des Identity Managements möglich, ungenutzte Lizenzen frei zu machen. Dann nämlich, wenn die Vergabe der Applikationen von der Arbeitsstelle abhängig ist. Dadurch werden die Applikationen der alten Stelle frei und die für die neue Stelle benötigten automatisch zugewiesen.

Die möglichen Einsparungen hängen vom Lizenzmodell der Software ab.

Unabhängig davon, ob man nur die ausgeschiedenen Mitarbeiter beachten möchte oder auch die internen Stellenwechsel, zuallererst muss man die »lohnenden« Applikationen identifizieren. Relevant sind nur Applikationen mit einem sogenannten »named user«-Lizenzmodell. Dabei ist der Mitarbeiter mit einem eigenen Account angelegt oder der Einstieg ist mit dem Betriebssystembenutzer des Mitarbeiters verknüpft. Lizenzmodelle, bei denen sich die Lizenzkosten aufgrund der »concurrent user«, also gleichzeitig angemeldeter Benutzer, oder durch technische Eigenschaften des Servers berechnen, fallen verständlicherweise weg. Es bietet sich an, die infrage kommenden Applikationen nach dem Ergebnis der Multiplikation der Lizenzkosten mit der Anzahl der Lizenzen zu reihen. Diese beiden Faktoren bilden auch die

Basis für die Berechnung des Einsparungspotentials. Was fehlt, ist die Anzahl der ungenutzten Lizenzen. Um diese zu ermitteln, bieten sich zwei Varianten an. In der schnelleren Variante wird ein Prozentsatz aus der Fluktuation abgeleitet. Die Qualität dieses Prozentsatzes steigt mit der Anzahl der Lizenzen im Unternehmen, respektive mit der Durchdringung. So kann man bei einem E-Mail-Client, den jeder Angestellte des Unternehmens automatisch bekommt, die Fluktuation in Prozent direkt übernehmen. Sollte ein Teil der ungenutzten Lizenzen bereits händisch oder über technische Mechanismen bereinigt werden, ist dies entsprechend zu berücksichtigen.

Das Einsparungspotential kann anhand der Fluktuation oder mit Stichproben ermittelt werden.

Das führt uns zur zweiten Variante. In diesem Ansatz wird das Potential über Stichproben erhoben. Dazu müssen die Lizenzen zuerst einmal bereinigt werden. Die dabei gefundenen verwaisten Lizenzen sind die erste Maßzahl. Bei Applikationen, die schon über viele Jahre bestehen, stellt diese Anzahl vielleicht einen Schwellwert dar, der immer wieder erreicht, aber nicht wesentlich überschritten wird. Damit wäre das maximale Potential gegeben. Natürlich fehlt noch die Zeitkomponente. Sind Applikationen erst ein oder zwei Jahre in Betrieb, kann durch einen Vergleich mit der jährlichen Fluktuation der Mitarbeiter bereits ein relativ guter Näherungswert gefunden werden. Wenn es die Zeit und der erforderliche Aufwand erlauben, sollte nach ein bis drei Monaten die nächste Stichprobe genommen werden. Ich empfehle mit einem kürzeren Intervall (z.B. einem Monat) zu starten, um zu sehen, wie schnell sich die Anzahl der ungenutzten Lizenzen dem Wert der ersten Stichprobe nähert. Je nach Zeit, Ergebnis und gewünschter Genauigkeit kann der Vorgang beliebig oft wiederholt werden.

Bei den Stichproben sind, falls möglich, auch die nicht mehr genutzten Lizenzen aktiver Mitarbeiter zu berücksichtigen, im einfachsten Fall über eine Umfrage per Mail oder Intranet. Vielleicht ist es ja sinnvoll, nur für einzelne Applikationen die Berechtigungen über ein Rollenmodell zu steuern, oder es zeigen sich zumindest diejenigen, mit denen begonnen werden sollte. Dadurch reduziert sich die Komplexität, und schnelle Projekterfolge sind wahrscheinlicher.

21.3 Prozesskosten

Dem Aufwand innerhalb der IT stehen die Wartezeiten auf der Anwenderseite gegenüber. Ein Mitarbeiter, der nicht über die nötigen Rechte verfügt, ist nicht voll produktiv. Je nach Anwenderzahl werden diese Werte in Summe schnell sehr groß.

Single Sign On

Wenn sich ein Benutzer für alle Applikationen nur noch ein Passwort merken muss, steigt nicht nur der Komfort, sondern es spart auch Zeit. Falls das Passwort auch noch durch einen Fingerabdruck oder eine Chipkarte ersetzt wird, fällt das Ändern von Passwörtern ebenfalls weg, ebenso das Zurücksetzen von Passwörtern. Die Zeit, die sich der Benutzer spart, wurde schon bei den Helpdesk-Kosten erwähnt, würde aber zu den sekundären Kosten zählen.

Weniger Passwörter sparen Zeit und Geld.

Beispiel Single Sign On

Interner Stundensatz eines Mitarbeiters:	45 €
Anzahl der Mitarbeiter des Unternehmens:	1000
Anzahl der Passwörter pro Benutzer:	7
Wie oft muss das Passwort geändert werden:	6 /Jahr
Dauer für eine Änderung des Passworts:	5 Minuten
Aufwand pro Mitarbeiter:	7 (Pwd) × 6 (Änd. pro Jahr) × 5 min. = 210 min.
Aufwand neu:	1 (Pwd) × 6 (Änd. pro Jahr) × 5 min = 30 min
Einsparung:	180 min = 3 Stunden pro Mitarbeiter

Für das gesamte Unternehmen gibt das 3000 Stunden.

Mit dem Stundensatz multipliziert ergibt sich eine Einsparung von: **180.000 € pro Jahr**

Achtung!

Zu Minutenrechnungen dieser Art habe ich schon in der Einleitung Stellung genommen. Diese 180.000 € sind nicht nutzbar. Der einzelne Mitarbeiter spart sich, über ein Jahr verteilt, genau drei Stunden. Der Nutzen aus der gewonnenen Zeit kann praktisch nicht nachgewiesen werden. Diese Zahl ist also nur mit äußerster Vorsicht zu verwenden, weil sie den ganzen Business Case in ein schlechtes Licht rücken kann.

Wartezeit bei der Vergabe von Rechten

Wie lange dauert es, bis ein Benutzer produktiv ist? Wenn man einen Service im Internet anbietet, stellt sich die Frage nicht. Die Kunden als Benutzer erwarten nach einer Anmeldung, sofort einsteigen zu können. Einen Registrierungsprozess, der mehrere Tage dauert, wird man sich da nur in Ausnahmefällen erlauben können. Beispiele dafür wären der E-Banking- und der E-Government-Bereich, wo es aus Sicherheitsgründen eine aufwändigere Anmeldeprozedur gibt. Bei Banken kann das aber schon eine Einstiegshürde sein.

Einen anderen Sonderfall stellen Hochschulen und Universitäten dar. Am Anmeldetag registrieren sich oft Tausende Studenten, die dann verwaltet und mit den verschiedensten Rechten ausgestattet werden wollen. Während beim Internetservice der schnelle Anmeldeprozess geschäftsentscheidend ist, geht es bei den Universitäten darum, den internen Aufwand zu reduzieren. Ein Thema wäre, wie viele Anmeldetage für die erwartete Anzahl an Studenten benötigt werden. Dieser interne Aufwand wurde aber bereits behandelt.

Benutzer, die auf Rechte warten, können nicht voll produktiv arbeiten.

Anders schaut es bei einem Unternehmen aus, bei dem der Mitarbeiter während seiner »Wartezeit« bezahlt wird. Hier kostet eine lange Durchlaufzeit Geld.

Betrachten wir dazu einmal den gesamten Prozess. Eine Person erhält ein Angebot von einer Firma und nimmt an. Es wird ein Eintrittsdatum definiert und der Mitarbeiter im Personalverwaltungssystem angelegt. Der neue Mitarbeiter bekommt auf Grund seiner Stelle eine oder mehrere Rollen zugeteilt. Es werden Accounts generiert, die mit Berechtigungen ausgestattet sind. Der Mitarbeiter bekommt an seinem ersten Arbeitstag das Passwort und kann seinen Aufgaben nachgehen. Wie kann es nur passieren, dass Mitarbeiter mehrere Tage warten müssen, bis sie alle benötigten Rechte haben?

Bis zum Anlegen der Daten im Personaldatensystem wird der Ablauf in der Regel stimmen. Meistens kennt man die Benutzer mit einer ausreichenden Vorlaufzeit. Es gibt aber einige Ausnahmen. In Produktionsbetrieben mit einer hohen Fluktuation wird regelmäßig eine größere Anzahl von Mitarbeitern eingestellt. Aus unterschiedlichen Gründen erscheint ein Teil der neuen Arbeitnehmer aber am ersten Tag nicht am Arbeitsplatz. Daher werden Ersatzkräfte in Bereitschaft gehalten, die dann einspringen. Wenn in der Produktion mit IT-Systemen gearbeitet wird, muss schnell ein neuer Benutzer angelegt und mit Rechten versehen werden. Sollten die Systeme eine bestimmte Vorlaufzeit haben, muss wohl oder übel der ursprünglich angelegte Account herhalten.

Die Anforderungen an die Personalabteilungen ändern sich.

Es soll nicht unerwähnt bleiben, dass sich die Anforderungen an die Personalabteilung im Rahmen des Identity Managements deutlich ändern. Historisch betrachtet ist die Hauptaufgabe der Personalabteilung, Mitarbeiter aufzunehmen und dafür zu sorgen, dass sie am Ende des Monats ihr Gehalt ausbezahlt bekommen. Für diese Aufgabe reicht es, wenn die Personaldaten irgendwann im Laufe des Monats in die Systeme gelangen. Werden nun die Systeme der Personalverwaltung mit den anderen IT-Systemen gekoppelt, sodass ein Account nur erstellt werden kann, wenn die Daten aus dem Personalverwaltungssystem übergeben wurden, ist es notwendig, dass die Daten spätestens am Eintrittstag vorliegen.

Zurück zum Prozess. Der erste Punkt, an dem es zu Verzögerungen kommen kann, ist also die Übergabe der Personendaten. Diese müssen rechtzeitig übermittelt werden, damit der Fachbereich weiter Rechte anfordern kann. Der nächste Punkt, der in meiner Prozessbeschreibung idealisiert dargestellt ist, ist die Vergabe von Rechten. Es gibt aktuell nur ganz wenige Unternehmen, in denen alle Berechtigungen aufgrund der Stelle vergeben werden. Üblich ist ein Anforderungsverfahren, in dem eine zuständige Stelle einen Benutzeraccount und die benötigten Rechte anfordert. Dieser Anforderungsprozess hat zwei Schwachstellen. Einmal muss der Zuständige rechtzeitig den Prozess starten und notwendige Genehmigungen müssen zeitgerecht erfolgen. Zum anderen muss die Anforderung auch noch bearbeitet werden, üblicherweise in der IT. Oft werden Accounts oder Berechtigungen im Rahmen eines Batchlaufes, der nur zu bestimmten Zeiten erfolgt, erstellt. Zum Schluss bleibt noch die Übermittlung des Passwortes und des Benutzernamens an den Benutzer. Hier kann man sich mit einem Standardpasswort helfen, das für alle neuen Benutzeraccounts gleich ist und beim ersten Einstieg geändert werden muss. Den Benutzernamen kann man telefonisch übermitteln. Sehr sicher ist das allerdings nicht. Und in kritischen Fällen ist es besser, Benutzernamen und Passwort auf Papier oder persönlich zu übermitteln. Werden die Berechtigungen nicht über die Stelle gesteuert und begnügt man sich mit einem Anforderungsprozess, so sind einige Punkte nicht beeinflussbar. Ob der Fachbereich rechtzeitig an die Anforderung denkt und ob die Genehmigungen schnell erfolgen, wird sich durch die Einführung eines IdM-Systems nur eingeschränkt verändern. Was aber sehr wohl verbessert werden kann, ist die Durchlaufzeit in der IT. Deshalb wird für das Beispiel nur die interne Durchlaufzeit angenommen.

Berechnungen über viele Benutzer ergeben oft so gute Ergebnisse, dass diese unglaubwürdig sind.

Beispiel

Interner Stundensatz eines Mitarbeiters:	45 €
Anzahl der Mitarbeiter des Unternehmens:	1000
Mitarbeiterwachstum:	3 % pro Jahr; ergibt 30 Eintritte
Mitarbeiter, die austreten und ersetzt werden:	7 % pro Jahr ergibt 70 Eintritte
Änderungen	
Insgesamt:	100 Eintritte pro Jahr
Durchschnittliche Dauer bis ein neuer MA arbeiten kann:	2 Tage
Durchschnittlicher Produktivitätsverlust durch fehlende Rechte:	50%
Verlorene Produktivität:	50% von 2 Tagen ergibt 1 Tag
Kosten pro Mitarbeiter:	8 Stunden zu 45 € ergibt 360 €
Durchschn. Dauer mit der neuen Lösung:	2 Stunden
Kosten neu:	2 Stunden zu 45 € ergibt 90 €
Einsparung:	270 € pro Mitarbeiter.
Für das Unternehmen ergibt das pro Jahr:	**270.000 €**

Wie bei der vorigen Berechnung handelt es sich auch bei diesem Wert oft nur um eine theoretische Einsparung. Nur wenn die tägliche Arbeitsleistung klar nachweisbar ist, wie zum Beispiel in Produktionsbetrieben oder an einer Hotline, ergibt sich durch den schnelleren Start eines Mitarbeiters ein geldwerter Nutzen.

Compliance Management

Audits erfolgreich zu bestehen, zählt zu den strategischen Zielen. Der damit verbundene Aufwand ist aber durchaus auch ein wirtschaftlicher Faktor.

Der Aufwand für Compliance ist gerade in großen Unternehmen enorm.

Die Management-Beratung Detecon und die Wirtschaftsprüfungsgesellschaft Rölfs WP Partner haben 2006 eine Studie unter 21 europäischen Unternehmen aus unterschiedlichen Branchen durchgeführt. Die Unternehmen hatten einen Jahresumsatz zwischen 350 Millionen und 50 Milliarden US-Dollar. 30% dieser Unternehmen hatten der Studie zufolge einen Aufwand von über 20 Millionen US-Dollar.

Zudem stellte die Studie fest, dass die jährlichen Kosten für den Betrieb mindestens 25% der Einführungskosten betragen.

Zur Berechnung der Einsparung sollte der Aufwand für Audits bekannt sein. Wenn solche Zahlen fehlen, muss auf Schätzungen der Analysten ausgewichen werden. Es ist wichtig, diese Schätzungen nicht einfach zu übernehmen, sondern an das eigene Unternehmen anzupassen. Die ermittelte Anzahl an Arbeitsstunden wird dem Aufwand nach Einführung der IdM-Lösung gegenübergestellt.

22 Business-Case-Berechnung

Nun geht es um die Grundlagen für eine Business-Case-Berechnung. Die gefundenen Potentiale sollen den Kosten gegenübergestellt werden. Dafür gibt es unterschiedlich komplexe Methoden, wobei sich die einfacheren durchgesetzt haben. Um die Berechnungen durchzuführen, ist es erforderlich, die Kosten zu analysieren und ein paar Rahmenbedingungen wie die geplante Benutzeranzahl festzulegen.

22.1 Methoden zur Business-Case-Berechnung

Der Business Case ist eine Kosten-Nutzen-Analyse, die darüber Aufschluss geben soll, ob eine Investition sinnvoll ist. Aus meiner Erfahrung werden Methoden, deren Berechnung einfach nachzuvollziehen ist, bevorzugt, auch wenn sie ungenauer sind. Was aber nicht so schlimm ist, denn die im Vorfeld getroffenen Annahmen beeinflussen das Ergebnis ohnehin weit mehr als die Art der Berechnung. Um zu prüfen, ob ein Business Case als Entscheidungsgrundlage valide ist, ist es daher sinnvoll, die Annahmen zu hinterfragen und nicht die Formel zur Berechnung. Es ist leider eher die Regel, dass weder das Eine noch das Andere hinterfragt wird und oftmals die Angabe, dass ein ROI von 150% errechnet wurde, ausreicht. Die gängigsten Varianten sind *Payback Period* und der *Return on Investment*.

22.1.1 Payback Period

Payback Period ist eine sehr einfache, aber ungenaue Methode.

Payback Period ist eine sehr einfache Methode, um zu berechnen, wie schnell das eingesetzte Kapital wieder zurückfließt. Dazu werden die Kosten des Projekts durch die jährlichen Einnahmen bzw. Einsparungen dividiert (auch eine andere Zeiteinheit wäre möglich). Das Ergebnis ist eine Zeitspanne, in der sich das Projekt gerechnet hat.

Kosten:	400.000 €
Einsparung pro Jahr:	290.000 €
Daraus ergibt sich eine Payback Period von 1,4 Jahren	

Der Wert hilft als schnelle Entscheidungshilfe. Der Nutzen nach der betrachteten Zeitspanne sowie der Zeitwert der Zahlungsströme werden in der Berechnung nicht berücksichtigt.

22.1.2 Return On Investment (ROI)

Neben der Payback Period ist der ROI die am häufigsten verwendete Methode für einen Business Case.

Ähnlich populär ist der ROI, bei dem eine gegebene Zeitspanne betrachtet wird. Dabei werden die Nettoerlöse durch die Kosten dividiert. Das Ergebnis kann auch als Prozentwert dargestellt werden.

Bewertungsperiode:	2 Jahre
Kosten über die Bewertungsperiode:	400.000 €
Einsparungen in der Bewertungsperiode:	540.000 €
Nettoerlös:	540.000 € – 400.000 € = 140.000 €
ROI:	140.000/400.000 = 0,35 (entspricht 35%)

Nachdem die Kosten und Einnahmen über die Laufzeit bewertet werden, können auch sinkende Kosten und steigende Einsparungen bewertet werden. Es ist auch möglich, die Zeitwerte zu berücksichtigen.

22.2 Aufbau eines Business Case

Neben den bereits ausführlich behandelten Einsparungs- und Nutzenpotentialen brauchen wir noch die Kosten und weitere Basiswerte für den Business Case.

Laufzeit

Über welchen Zeitraum soll sich die Lösung rechnen? Alle Kosten und Einsparungen werden über diese Laufzeit gerechnet. Je länger die Laufzeit, desto eher rechnet sich ein IdM-Projekt. In der Praxis sind aber heute Laufzeiten von 36 Monaten das Maximum. Üblich sind maximal 24 Monate und in einigen Unternehmen werden sogar ROI-Berechnungen auf einer Basis von 12 Monaten gefordert.

Kosten der Lösung

- Softwarelizenzen
  Dabei müssen alle benötigten Softwareprodukte berücksichtigt werden. Abhängig vom Lizenzmodell müssen oft Annahmen getroffen werden. Da diese Annahmen aber durchaus unterschiedlich sein müssen, ist es schwer, die Produkte zu vergleichen.

> **Ein Beispiel**
>
> Produkt A lizenziert nach der Anzahl der verwalteten Benutzer. Hier muss eine Annahme über die künftigen Anforderungen des Unternehmens getroffen werden. Produkt B lizenziert aber nach Serverhardware, beispielsweise nach der Anzahl der Prozessoren im Server. Bei Produkt B muss neben den bereits für A notwendigen künftigen Anforderungen noch die Anzahl der Änderungen, die Anzahl der Zugriffe, Datenimporte und -exporte sowie andere Faktoren, die Prozessorleistung fordern, in Betracht gezogen werden.

Dazu kommen oft weitere Produkte, wie Agenten für spezielle Systeme, bei denen schwer zu schätzen ist, ob sie zukünftig benötigt werden.

- Softwarewartung über die Laufzeit
  Dahinter verbirgt sich zum einen die Möglichkeit, ein »kostenloses« Update auf die nächste Version durchzuführen, zum anderen oft auch Unterstützung bei Problemen. Dabei variieren die Preise oft in Abhängigkeit vom erwarteten Service Level. Betreuung erfolgt nur während der Bürozeiten oder rund um die Uhr. Achtung! Wenn ein IdM-System international betrieben wird, ist zu berücksichtigen, in welchen Zeitzonen der Support benötigt wird.
- Serverhardware
  Eine Teststellung hilft bei der Abschätzung in der Regel nicht. Selbst Lasttests sind nicht immer zuverlässig. Man wird also nicht umhin kommen, sich auf die Aussagen des Herstellers zu verlassen. Die beste Variante ist eine Referenz in ähnlicher Größe.
- Serverbetrieb über die Laufzeit
  Ein gut greifbarer Faktor, wenn der Server über einen externen Dienstleister bezogen wird. Bei einer internen IT hängt es von Reifegrad und der Methode der internen Leistungsdarstellung ab, ob dieser Wert mit ausreichender Qualität vorliegt. Unabhängig davon gibt es bei einer internen IT in der Regel mehr Möglichkeiten, diesen Wert im Sinne des Business Case zu »interpolieren«.

- Projektkosten extern
  Wird für die Einführung externe Hilfe benötigt (Beratung, Programmierung usw.). Der Wert ergibt sich aus dem Angebot des externen Partners. Ob dieser Wert stimmt bzw. ob es möglich ist, ihn im Vertrag ausreichend abzusichern, hängt primär davon ab, wie klar die Projektziele definiert sind. Mangelhafte Ziele und Änderungen über die Laufzeit sind generell die Hauptgründe, warum sehr viele IT-Projekte scheitern. Hier gilt auch für IdM-Projekte, dass die Chancen auf Erfolg umgekehrt proportional zur Größe und Dauer des Projekts sind. Da IdM-Projekte in der Regel lange dauern und einen großen Themenbereich einschließen, gibt es kaum Anlass zu Optimismus. Ein Grund mehr, eine IdM-Einführung in überschaubare Teilprojekte, beispielsweise anhand des vorgestellten Modells, aufzuteilen.
- Projektkosten intern
  Der Nachteil dieses Werts ist, dass er sich nur grob schätzen lässt. Ein externer Anbieter kann die Leistung seiner Projektmitarbeiter an bereits durchgeführten Projekten messen. Wie effizient interne Mitarbeiter an diesem Projekt mitarbeiten, ist nicht genau abschätzbar, da es in der Regel das erste Projekt dieser Art ist und oft auch nicht im unmittelbaren Aufgabengebiet des Mitarbeiters liegt.

Kosten der Mitarbeiter

Mithilfe des Stundensatzes der Mitarbeiter können die Einsparungen monetär bewertet werden. Dabei ist der interne Stundensatz gemeint. Wenn es abhängig vom Bereich unterschiedliche Stundensätze gibt, so sind diese natürlich zu berücksichtigen. Oft haben IT-Administratoren andere Stundensätze als Helpdesk-Mitarbeiter. Aber auch bei den Benutzern werden ein Sachbearbeiter und ein Außendienstmitarbeiter einen unterschiedlichen Stundensatz haben.

Anzahl der Nutzer

Die Nutzer werden durch die Ziele bestimmt. Geht es nur um die Verwaltung der Berechtigungen von Mitarbeitern oder sollen auch Partner, Kunden oder Lieferanten provisioniert werden? Die Anzahl der Personen und die Fluktuation in der jeweiligen Gruppe fließen direkt in die Berechnungen ein.

Glaubhaftigkeit und Psychologie

Ein Business Case ist erst dann gut, wenn man ihm glaubt. Damit hängt die Form direkt von der Kultur des Unternehmens ab. Wird in einem Unternehmen ein Projekt nur nach einem validen Business Case genehmigt, dann gibt es in der Regel auch entsprechende Vorlagen und Anweisungen. Wenn es diese nicht gibt, sollte man auch den Aufwand für einen Business Case weniger in die Berechnungsmethode stecken, sondern in die Präsentation. Dazu müssen Sie aber die Entscheider gut kennen. Aber auf jeden Fall sollte man sich folgende Frage stellen: Was hat der Entscheider davon, wenn er das Projekt genehmigt? Denn bei aller Professionalität, geht es letztlich in irgendeiner Form immer um einen persönlichen Nutzen für den Entscheider.

Anhang

A Relevante Dokumente aus den BSI-Grundschutz-Katalogen

In diesem Anhang werden alle Dokumente aus den Grundschutz-Katalogen angeführt, die in den Bereich IdM fallen. Die Nummerierung wurde aus den Katalogen übernommen.

A.1 Bausteine

Aus den Bausteinen ergeben sich sehr wenige Themen, die direkt relevant sind.

Übergreifende Aspekte

- B1.5 Datenschutz
- B1.7 Kryptokonzept

A.2 Gefährdungskataloge

G1 höhere Gewalt

Dieser Aspekt hat für IdM keine direkte Bedeutung. Hier gelten dieselben Gefahren wie für alle anderen IT-Systeme.

G2 organisatorische Mängel

- G2.7 Unerlaubte Ausübung von Rechten
- G2.19 Unzureichendes Schlüsselmanagement bei Verschlüsselung
- G2.21 Mangelhafte Organisation des Wechsels zwischen den Benutzern
- G2.28 Verstöße gegen das Urheberrecht
- G2.41 Mangelhafte Organisation des Wechsels von Datenbank-Benutzern
- G2.61 Unberechtigte Sammlung personenbezogener Daten

- G2.67 Ungeeignete Verwaltung von Zugangs- und Zugriffsrechten
- G2.105 Verstoß gegen gesetzliche Regelungen und vertragliche Vereinbarungen
- G2.111 Kompromittierung von Anmeldedaten bei Dienstleisterwechsel
- G2.119 Ungeeignete Auswahl von WLAN-Authentikationsverfahren

G3 Gefahrenkatalog Menschliche Fehlhandlungen

- G3.1 Vertraulichkeits-/Integritätsverlust von Daten durch Fehlverhalten der IT-Benutzer
- G3.16 Fehlerhafte Administration von Zugangs- und Zugriffsrechten
- G3.17 Kein ordnungsgemäßer PC-Benutzerwechsel
- G3.32 Verstoß gegen rechtliche Rahmenbedingungen beim Einsatz von kryptografischen Verfahren
- G3.40 Ungeeignete Nutzung von Authentisierungsdiensten bei Remote Access
- G3.43 Ungeeigneter Umgang mit Passwörtern

G4 Gefährdungskatalog Technisches Versagen

- G4.10 Komplexität der Zugangsmöglichkeiten zu vernetzten IT-Systemen
- G4.27 Unterlaufen von Zugriffskontrollen über ODBC
- G4.33 Schlechte oder fehlende Authentikation
- G4.55 Datenverlust beim Zurücksetzen des Kennworts in Windows Server 2003/XP

G5 Gefährdungskatalog Vorsätzliche Handlungen

- G5.9 Unberechtigte IT-Nutzung
- G5.11 Vertraulichkeitsverlust in TK-Anlagen gespeicherter Daten
- G5.18 Systematisches Ausprobieren von Passwörtern
- G5.19 Missbrauch von Benutzerrechten
- G5.20 Missbrauch von Administrator-Rechten
- G5.55 Log-in Bypass
- G5.56 Temporär frei zugängliche Accounts
- G5.85 Integritätsverlust schützenswerter Informationen
- G5.133 Unautorisierte Benutzung Web-basierter Administrationswerkzeuge

A.3 Maßnahmenkataloge

M1 Infrastruktur bietet keine unmittelbar relevanten Informationen

M2 Organisation

- M2.31 Dokumentation der zugelassenen Benutzer und Rechteprofile
- M2.32 Einrichtung einer eingeschränkten Benutzerumgebung
- M2.38 Aufteilung der Administrationstätigkeiten
- M2.46 Geeignetes Schlüsselmanagement (Kryptografie)
- M2.63 Einrichten der Zugriffsrechte
- M2.65 Kontrolle der Wirksamkeit der Benutzer-Trennung am IT-System

M3 Personal

- M3.2 Verpflichtung der Mitarbeiter auf Einhaltung einschlägiger Gesetze, Vorschriften und Regelungen
- M3.6 Geregelte Verfahrensweise beim Ausscheiden von Mitarbeitern
- M3.18 Verpflichtung der Benutzer zum Abmelden nach Aufgabenerfüllung

M4 Hardware und Software

- M4.1 Passwortschutz für IT-Systeme
- M4.7 Änderung voreingestellter Passwörter
- M4.13 Sorgfältige Vergabe von IDs
- M4.14 Obligatorischer Passwortschutz unter Unix
- M4.15 Gesichertes Log-in
- M4.16 Zugangsbeschränkungen für Accounts und/oder Terminals
- M4.17 Sperren und Löschen nicht benötigter Accounts und Terminals
- M4.21 Verhinderung des unautorisierten Erlangens von Administrator-Rechten
- M4.22 Verhinderung des Vertraulichkeitsverlusts schutzbedürftiger Daten im Unix-System
- M4.27 Passwortschutz am tragbaren PC
- M4.30 Nutzung der in Anwendungsprogrammen angebotenen Sicherheitsfunktionen
- M4.48 Passwortschutz unter Windows NT/2000/XP
- M4.67 Sperren und Löschen nicht benötigter Datenbank-Accounts
- M4.79 Sichere Zugriffsmechanismen bei lokaler Administration

- M4.80 Sichere Zugriffsmechanismen bei Fernadministration
- M4.86 Sichere Rollenteilung und Konfiguration der Kryptomodule
- M4.113 Nutzung eines Authentisierungsservers beim RAS-Einsatz
- M4.124 Konfiguration der Authentisierungsmechanismen beim Browser-Zugriff auf Lotus Notes
- M4.133 Geeignete Auswahl von Authentikations-Mechanismen
- M 4.176 Auswahl einer Authentisierungsmethode für Webangebote
- M4.180 Konfiguration der Authentisierungsmechanismen für den Zugriff auf den IIS (Internet Information Server)
- M4.195 Konfiguration der Zugriffssteuerung beim Apache-Webserver
- M4.211 Einsatz des z/OS-Sicherheitssystems RACF
- M4.245 Basiseinstellungen für Windows XP GPOs
- M4.247 Restriktive Berechtigungsvergabe unter Windows XP
- M4.250 Auswahl eines zentralen, netzbasierten Authentisierungsdienstes
- M4.259 Sicherer Einsatz der ABAP-Stack-Benutzerverwaltung
- M4.260 Berechtigungsverwaltung für SAP-Systeme
- M4.267 Sicherer Einsatz der SAP-Java-Stack-Benutzerverwaltung

M5 Kommunikation

- M5.34 Einsatz von Einmalpasswörtern
- M5.63 Einsatz von GnuPG oder PGP

Dank geht an ...

Ich habe mich in den vergangenen zwei Jahren intensiv mit IdM beschäftigt und dabei mit sehr vielen Menschen gesprochen. Viele haben ihr Wissen sehr großzügig mit mir geteilt und mir geholfen, mein Wissen zum IdM aufzubauen. Auf unterschiedliche Weise haben sie alle zum Entstehen dieses Buches beigetragen.

Ich möchte mich an dieser Stelle bei diesen Personen bedanken. Nachdem es mir um die Menschen geht, erfolgt die Reihung alphabetisch nach dem Nachnamen. Die Firmen habe ich nur als Attribut beigefügt.

- Reto Bachmann, Quest Software
- Oliver Belikan, doubleSlash Net-Business GmbH
- Prof. Dr. Hans-Ottmar Beckmann, Volkswagen AG
- Rüdiger Berndt, Oxford Computer Group
- Bernhard Bizjak, IBM
- Roman Brandl, Sun
- Dr. Alfons Bridi, CSC Computer Sciences Corporation
- Mag. Karin Bruhnsen, Magna Steyr Fahrzeugtechnik
- Ingrid Brunner, Österreichische Post AG
- Ga-Lam Chang, Peak Solution
- Axel Ciml, Oxford Computer Group
- Jutta Cymanek, Evidian
- Robert Czitsch, Novell
- Peter Dauner, Deron
- Martin Dienstl, BMC Software
- DI (FH) Josef Dirmüller, Stadt Wien
- Norbert Drecker, Evidian
- Dr. Goswin Eisen, CSC Computer Sciences Corporation
- Alexander Görig, Usenet
- Susanne Haase, Beta Systems Software AG
- Dr. Fergus Henderson, Integralis

- Thomas Hladik, IBM
- DI Bernhard Jaklin, Magna Steyr Fahrzeugtechnik
- Johannes Jochum, Sun
- Jürgen Käfer
- Dr. Hans-Jörg Kremer, Peak Solution
- DI Heinz-Jürgen Köberl, Magna Steyr Fahrzeugtechnik
- Mag. Christian Kudler, IBM
- Martin W. Murhammer, IBM
- Matthias Neher, doubleSlash Net-Business GmbH
- Dipl.Inf. Andreas Netzer, UseNet
- Manfred Peine, Admeritia
- Jürgen Perersik, Evidian
- Jens Petersen, FirstAttribute
- Dipl.Phys. Werner Pfadler, Usenet
- Waldemar Radmacher, iC Consult
- Klaus Reuther, KOGIT Enterprise Identity
- Andrew Richardson, Quest Software
- Peter Van Roosbroeck, HP
- Prof.Dr.Dr. Gerd Rossa, Secu-Sys
- Felix Schallock, Ernst&Young
- DI Klaus Scherrbacher, Deron
- DI Helmut Schluderbacher, MERLINnovations
- Matthias Schnabl, Novell
- Patrik Schraut, Integralis
- DI Günter Stepanek, BMC Software
- Berthold Student, Beta Systems Software AG
- Ing. Helmut Theurer, Oracle
- Dr. Friedel L. Vogel, Covisint/Compuware
- Dr. Horst Walther, Kuppinger Cole + Partner
- Robert Weitzendorfer, Bundesrechenzentrum
- Christine Wiener, Magna Steyr Fahrzeugtechnik
- Herbert Zitzelsberger, Sun

Quellenverzeichnis

Messaoud Benantar, *Access Control Systems*; Springer, 2005.

Burton Group, *Enterprise Identity Management: It's about Business, Root Document*

Central Computer & Telecommunications Agency
Service Support (ITIL)
Service Delivery (ITIL)
Service Strategy (ITILv3)
Service Design (ITILv3)
Service Transition (ITILv3)
Service Operation (ITILv3)
Continual Service Improvement (ITILv3)

Ferraiolo, Kuhn, Chandramouli, *Role-Based Access Control*; Artech House, 2003.

IT Governance Institute, *IT Control Objectives for Sarbanes-Oxley, 2nd Edition*; www.itgi.org

OSSTMM – Open Source Security Testing Methodology Manual; *www.osstmm.org* oder *www.isecom.org*

Phillip J. Windley, *Digital Identity*; O'Reilly, 2005.
Siehe auch Phil Windley's Technometria XRI, XDI, and Identity: *http://www.windley.com*

Steigele Helmut,
CIO Brevier, Band 2 :Wert und Leistungsnachweis in der IT
CIO Brevier, Band 3: Von Investitionsentscheiden und anderen Märchen
http://www.cascadeit.ch

Links

4Whatitis – IT-chinesisch schnell erklärt:
http://4whatitis.ch

Arbeitsgruppe Identitätsschutz in Internet:
https://www.a-i3.org/

Bandit:
http://www.bandit.org

Basel II:
Infoseite der österreichischen Nationalbank.
http://www.oenb.at/de/finanzm_stab/basel_II/basel_ii.jsp

Computer Security Institute:
http://www.gocsi,com

DEMAL GmbH – Datenschutz-Gesetze in einer Zusammenfassung:
http://www.demal-gmbh.de/datenschutz/info/gesetze/index.htm

doubleSlash IdM-Glossar:
http://www.doubleslash.de/de/Themen/Technologien/IAM_Glossar/

EuroSOX (Änderung der 8. EU-Direktive): Die Richtlinie findet sich unter:
http://eur-lex.europa.eu/
viel Information gibt es auch unter *http://www.eurosox.at/*

Datenschutzseite der EU:
http://ec.europa.eu/justice_home/fsj/privacy/

GenericIAM:
http://www.genericiam.org

Grundschutz-Kataloge:
www.bsi.de

IAM-Lexikon Identity Management:
http://www.iam-wiki.org/IAM-Lexikon

Identity Theft Prevention and Survival:
http://www.identitytheft.org/

Kim Cameron's Identity Weblog:
http://www.identityblog.com/

Liberty Alliance:
http://www.projectliberty.org/

ISO27000:
http://www.iso27001security.com

MERLINnovations Information zu SecLookOn:
http://www.merlinnovations.com/

RBAC:
http://csrc.nist.gov/rbac/

Safe Harbor:
http://www.export.gov/safeharbor/

Sarbanes-Oxley:
http://www.sarbanes-oxley.com/
http://www.sec.gov/about/laws.shtml

SASL:
http://www.ietf.org/html.charters/sasl-charter.html

SXIP:
http://www.sxip.org/

Windows CardSpace (formerly InfoCard):
http://msdn2.microsoft.com/en-us/netframework/aa663320.aspx

Stichwortverzeichnis